高等院校实验实践课程"十一五"规划教材

精细化工实验

主编　李浙齐

国防工业出版社

·北京·

内 容 简 介

精细化工包括染料、医药、农药、表面活性剂、颜料、助剂、香料、涂料及化学试剂等诸多领域。精细化工实验涵盖的内容繁多,本书以精细化工中最常用的领域为内容,精选了难易程度不同的实验,较为详细地介绍了精细化学品的性质、用途及制备方法。

全书共分 10 章,介绍了 64 个实验,包括表面活性剂(7 个)、助剂(10 个)、胶黏剂(4 个)、涂料(5 个)、食品添加剂(3 个)、香料(7 个)、日用化学品(10 个)、染料与颜料(7 个)、催化剂(5 个)、综合性实验(6 个)。附录中介绍了精细化工常用仪器与设备的使用方法、部分精细化学品的国家标准及常用实验参数。

本书可作为高等院校精细化工专业及其他相关专业的本科、专科实验教材或教学参考书,也可作为化学、化工等领域的生产、科研人员的参考用书。

图书在版编目(CIP)数据

精细化工实验/李浙齐主编. —北京:国防工业出版社,
2009.3
高等院校实验实践课程"十一五"规划教材
ISBN 978-7-118-06158-1

Ⅰ. 精… Ⅱ. 李… Ⅲ. 精细化工—化学实验—
高等学校—教材 Ⅳ. TQ062—33

中国版本图书馆 CIP 数据核字(2009)第 008782 号

※

*国防工业出版社*出版发行

(北京市海淀区紫竹院南路 23 号 邮政编码 100048)
北京诚信伟业印刷有限公司印刷
新华书店经售

*

开本 787×1092 1/16 印张 15½ 字数 358 千字
2009 年 3 月第 1 版第 1 次印刷 印数 1—4000 册 定价 25.00 元

(本书如有印装错误,我社负责调换)

国防书店:(010)68428422 发行邮购:(010)68414474
发行传真:(010)68411535 发行业务:(010)68472764

前　言

　　精细化工是化学工业发展的战略重点之一,属于技术密集型产业,涉及的行业多,产品种类繁杂,与农业、国防、人民生活和尖端科技密切相关,是工业生产和人民生活不可或缺的部分。为适应国民经济发展的需要,培养更多的精细化工专业人才,许多高校相继开设了精细化工专业。精细化工实验是精细化工专业方向的必修课,由于精细化工领域发展迅速,实验内容应不断更新。本书在内容选择上尽量避免与基础有机实验相重复的基本操作、实验方法介绍和化合物的合成,选编了一些较新的精细化工实验,扩大了涵盖范围,并将综合性实验作为独立的一章编写。实验内容更注重系统性、规范性、通用性、综合性,有利于培养学生的实验操作能力、分析和解决问题的能力以及创新能力。

　　本书以精细化工中最常用的领域作为教材内容,在参阅了国内、外部分实验教材及各类精细化工产品生产工艺的基础上编写而成。全书共分 10 章,64 个实验,具体包括表面活性剂、助剂、胶黏剂、涂料、食品添加剂、香料、日用化学品、染料与颜料、催化剂、综合性实验等内容。实验内容分布清晰,表述严谨,易于理解,难易程度不同,可供不同的院校和人员自主选择。

　　本书由大连交通大学李浙齐主编。第一章表面活性剂、第三章胶黏剂、第五章食品添加剂、第九章催化剂、附录 B 部分精细化学品的国家标准由吴艳波和陈艳敏编写;第二章助剂、第七章日用化学品、第八章染料与颜料、第十章综合性实验、附录 C 常用参数由李浙齐编写;第四章涂料、第六章香料由沈昱编写,附录 A 常用仪器与设备由曹魁和王莹编写。

　　由于编者水平有限,书中出现的不足与错误之处,恳请广大读者批评指正。

编　者

2009 年 2 月于大连

目　录

第一章 表面活性剂

表面活性剂是一类具有两亲性结构的有机化合物,一般含有极性与亲液性两种截然不同的基团,能溶于水或其他有机溶剂,并在界面上定向排列,改变界面性质。

表面活性剂的理论和应用研究的历史并不长,但它独特多样的功能性使其发展非常迅速,逐渐形成了一种新兴的精细化学品产业。尤其是石油化工的迅速发展,为表面活性剂的生产提供了丰富的原料,使表面活性剂的产量和品种迅速增加,几乎应用到所有领域,成为国民经济的重要组成部分。

表面活性剂的基本作用是降低水或其他液体的表面张力,即液—液界面张力,并形成胶束,因此具有润湿、渗透、分散、乳化、增溶、发泡、消泡及洗涤等作用。另外,还具有平滑、柔软、抗静电、匀染、防锈、杀菌等多种功效。主要用于合成洗涤剂和化妆品工业,还能直接作为助剂用于纺织、造纸、皮革、医药、食品、石油开采、塑料、橡胶、农药、化肥、涂料、染料、金属加工、信息材料、选矿、建筑、环保、消防等各个领域。

表面活性剂的分类方法有多种,通常依据表面活性剂溶解性进行分类,有水溶性和油溶性两大类。油溶性表面活性剂的应用极少,水溶性表面活性剂按其是否解离又可分为离子型和非离子型两大类,前者在水中解离成离子,后者在水中不解离。离子型表面活性剂根据其活性部分的离子类型又分为:阴离子、阳离子和两性离子表面活性剂。常用的表面活性剂分类如图1-1所示。

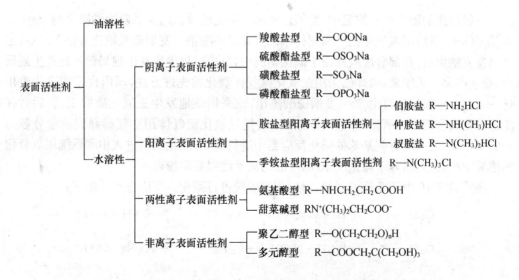

图1-1 常用表面活性剂分类

实验一　阴离子表面活性剂——十二烷基苯磺酸钠的制备

一、实验目的

(1) 掌握十二烷基苯磺酸钠(LAS)的制备原理和方法。
(2) 了解烷基芳基磺酸盐类阴离子表面活性剂的性质、用途和使用方法。
(3) 熟悉溶液相对密度的测定方法。

二、性质与用途

1. 性质

十二烷基苯磺酸钠(Sodium Dodecyl Benzo Sulfonate)又称石油磺酸钠,简称 LAS,ABS-Na,为白色浆状物或粉末,易溶于水,在碱性、中性及弱酸性溶液中比较稳定;在硬水中有良好的润湿、乳化、分散、发泡和去污能力。易生物降解,降解度大于 90%;易吸水,遇浓酸分解,热稳定性较好,是重要的阴离子表面活性剂。

十二烷基苯磺酸的铵盐也能溶于水,呈中性,对水的硬度不敏感,遇酸碱稳定;其钙盐和镁盐在水中的溶解度相对较低,但可溶于烃类溶剂中。

2. 用途

十二烷基苯磺酸钠可用于生产各种洗涤剂、乳化剂、香波、沐浴乳等日用品中,也可用做纺织工业的清洗剂、染色助剂,电镀工业的脱脂剂,造纸工业的脱墨剂,国内多用于洗衣粉的制造。另外,由于直链烷基苯磺酸盐对氧化剂十分稳定,溶于水,因此适合制备添加氧化漂白剂的洗衣粉。

三、实验原理

一般使用的磺化剂有浓硫酸、发烟硫酸和三氧化硫等。用发烟硫酸做磺化剂,与十二烷基苯作用,然后用氢氧化钠中和制得十二烷基苯磺酸钠。发烟硫酸磺化有很多缺点,主要是反应结束后,有部分废酸残留于磺化物料中,反应过程中容易出现局部过热产生副反应,影响产率。近年来,国外已采用三氧化硫气体磺化的先进方法,国内也正在逐步改用这一工艺。三氧化硫可由 60% 发烟硫酸蒸出,或采用就地发生三氧化硫的工艺,后者在工艺上更为合理。三氧化硫气体磺化法先是把三氧化硫气体用空气稀释到质量分数为 3%～5%,再通入装有烷基苯的磺化反应器中进行磺化,磺化物料进入中和系统用氢氧化钠溶液中和,进入喷雾干燥系统干燥,产品为流动性很好的粉末。

在实验室中,由于条件的限制,可以用浓硫酸进行磺化。反应方程式如下:

$$C_{12}H_{25} \!-\!\!\langle\ \rangle\!\!-\! + H_2SO_4 (或 SO_3) \longrightarrow C_{12}H_{25}\!-\!\!\langle\ \rangle\!\!-\!SO_3H + H_2O$$

$$C_{12}H_{25}\!-\!\!\langle\ \rangle\!\!-\!SO_3H + NaOH \longrightarrow C_{12}H_{25}\!-\!\!\langle\ \rangle\!\!-\!SO_3Na + H_2O$$

四、主要仪器和药品

烧杯、四口烧瓶、滴液漏斗、分液漏斗、量筒、温度计、锥形瓶、回流冷凝管、托盘天平、水浴锅、电动搅拌器。

NaOH、NaCl、98％硫酸、十二烷基苯、pH 试纸。

五、实验内容

1. 磺化

在装有搅拌器、温度计、滴液漏斗和回流冷凝管的 250mL 的四口烧瓶中加入 35mL (34.6g)十二烷基苯，搅拌下缓慢加入 35mL 98％的浓硫酸，温度控制在 40℃以下，加完后升温至 65℃～70℃，反应 2h。

2. 分酸

将上述磺化混合物降温至 40℃～50℃，缓慢滴加约 15mL 的水，倒入分液漏斗中，静置分层，放掉下层的水和无机盐，保留上层有机相。

注意：如果分酸的温度过低，析出的无机盐会堵塞分液漏斗，使分酸困难。

3. 中和

配制 80mL 10％NaOH 溶液，取 60mL～70mL 加入到 250mL 的四口烧瓶中，搅拌下缓慢加入上述有机相，控制温度为 40℃～50℃，用 10％ NaOH 调节 pH＝7～8，并记录下 10％ NaOH 的总用量。

4. 盐析

于上述反应体系中，加入少量氯化钠，渗圈实验清晰后过滤，得到白色膏状烷基苯磺酸钠，称重。

六、注意事项

(1) 磺化反应为剧烈放热反应，需严格控制加料速度及反应温度。

(2) 分酸时应控制加料速度和温度，搅拌要充分，避免结块。

(3) 硫酸、磺酸、废酸、氢氧化钠均有腐蚀性，操作时切勿溅到手上和衣物上。

七、思考题

(1) 影响磺化反应的因素有哪些？

(2) 烷基苯磺酸钠可用于哪些产品配方中？

(3) 烷基、芳基磺酸盐有哪些主要性质？

(4) 试计算废酸量。

实验二　阳离子表面活性剂——十二烷基二甲基
苄基氯化铵的制备

一、实验目的

(1) 掌握季铵盐型阳离子表面活性剂的制备原理及方法。

(2) 了解季铵盐型阳离子表面活性剂的性质和用途。

二、性质与用途

1. 性质

十二烷基二甲基苄基氯化铵(Dodecyl Dimethyl Benzyl Ammonium Chloride)又称匀染剂 TAN、DDP、洁尔灭、1227 表面活性剂等。产品为无色或淡黄色透明黏稠状液体,易溶于水,不溶于非极性溶剂,具有良好的泡沫性和化学稳定性,耐冻、耐酸、耐硬水,还具有杀菌、乳化、抗静电、柔软调理等多种性能,是一种季铵盐型阳离子表面活性剂。其黏度为 $120cm^2/s(20℃)$;相对密度为 $0.985(20℃)$。刺激皮肤并严重刺激眼睛。

2. 用途

本品用做餐馆、酿酒厂、食品加工厂等处的消毒杀菌剂,也可用做游泳池的杀藻、杀菌剂,油田助剂,阳离子染料和腈纶染色的缓染匀染剂,织物柔软剂、抗静电剂,石油化工装置的水质稳定剂等。国内应用比较普遍,使用时如掺入少许非离子表面活性剂,杀菌效果更强。

三、实验原理

阳离子表面活性剂在水溶液中解离后,生成带正电荷的活性基团。按化学结构可分为(伯、仲、叔)胺盐、季铵盐、胺氧化物等。应用较多的是胺盐和季铵盐两大类,胺盐和季铵盐在制备方法和性质上有很大差别,在酸性介质中,胺盐和季铵盐都易溶于水,但在碱性介质中只有季铵盐可溶于水。胺盐直接由伯、仲、叔胺与各种酸反应来制取,反应极易进行;季铵盐一般需要由叔胺和烷基化剂反应才能制备,反应较难进行。

阳离子表面活性剂一般是具有长链烷基的胺盐和季铵盐,因此作为极性亲水基的原料主要是各类胺化合物。阳离子表面活性剂的结构与阴离子表面活性剂的结构相似,亲油基与亲水基可通过酯、醚、酰胺、铵等键连接。

制取季铵盐所使用的烷基化剂是烷基卤化物或其他易给出烷基的化合物。常用的烷基化剂有一氯甲烷、氯化苄、溴甲烷、硫酸二甲酯、硫酸二乙酯、环氧乙烷、苄基环氧乙烷等。

本实验以十二烷基二甲基叔胺为原料、氯化苄为烷基化剂来制取十二烷基二甲基苄基氯化铵。反应方程式如下:

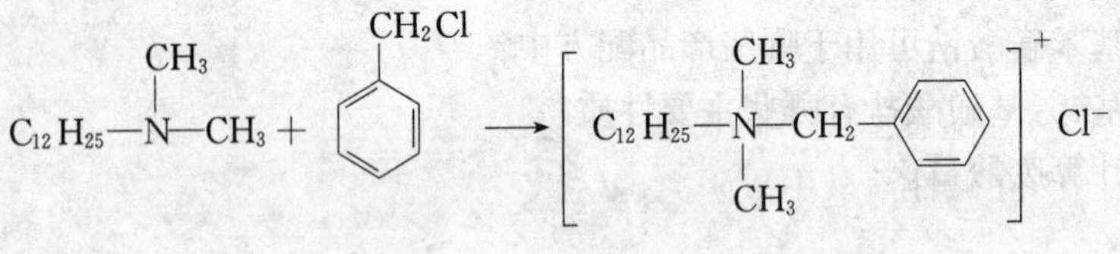

四、主要仪器和药品

电动搅拌器、电热套、温度计、回流冷凝管、三口烧瓶、烧杯。
十二烷基二甲基叔胺、氯化苄。

五、实验内容

在装有搅拌器、回流冷凝管、温度计的 250mL 三口烧瓶中,加入 44g 十二烷基二甲基叔胺、24g 氯化苄,搅拌并升温至 90℃~100℃,回流反应 2h,即得到产品。

六、思考题

(1) 季铵盐类和胺盐类阳离子表面活性剂的性质有何区别?

(2) 制备季铵盐型阳离子表面活性剂常用的烷基化剂有哪些?

(3) 试述季铵盐型阳离子表面活性剂的工业用途。

实验三 两性离子表面活性剂——十二烷基二甲基甜菜碱的制备

一、实验目的

(1) 掌握甜菜碱型两性离子表面活性剂的制备原理和方法。

(2) 了解甜菜碱型两性离子表面活性剂的性质和用途。

(3) 熟悉熔点的测定方法。

二、性质与用途

1. 性质

十二烷基二甲基甜菜碱(Dodecyl Dimethyl Betaine)又名 BS-12,为无色或浅黄色透明黏稠液体,在碱性、酸性和中性条件下均溶于水,即使在等电点也无沉淀,不溶于乙醇等极性溶剂,任何 pH 值下均可使用;有良好的去污、起泡、乳化和渗透性能;对酸、碱和各种金属离子都比较稳定;杀菌作用温和,刺激性小;生物降解性好,并具有抗静电等特殊性能;属两性离子表面活性剂。

2. 用途

本品适用于制造无刺激性的调理香波、纤维柔软剂、抗静电剂、匀染剂、防锈剂、金属表面加工助剂和杀菌剂等。

三、实验原理

两性离子表面活性剂的亲水基是由带正电荷和负电荷的两部分构成的,在水溶液中呈现两性的状态,会随着介质不同表现出不同的活性。两性离子呈现的离子性随着溶液的 pH 值而变化,在碱性溶液中呈阴离子活性,在酸性溶液中呈阳离子活性,在中性溶液中呈两性活性。

甜菜碱型两性离子表面活性剂是由季铵盐型阳离子部分和羧酸盐型阴离子部分构成。十二烷基二甲基甜菜碱是甜菜碱型两性离子表面活性剂中最普通的品种,以 N,N-二甲基十二烷胺和氯乙酸钠反应来制取。反应方程式如下:

$$n-C_{12}H_{25}NH_2 + 2CH_2O + 2HCOOH \longrightarrow n-C_{12}H_{25}N(CH_3)_2 + 2CO_2 + 2H_2O$$

$$n-C_{12}H_{25}N(CH_3)_2 + ClCH_2COONa \longrightarrow n-C_{12}H_{25}\overset{\underset{\displaystyle CH_3}{|}}{\underset{\underset{\displaystyle CH_3}{|}}{N^+}}-CH_2COO^- + NaCl$$

四、主要仪器和药品

电动搅拌器、熔点仪、电热套、三口烧瓶、烧杯、回流冷凝管、玻璃漏斗、温度计。

N,N-二甲基十二烷胺、氯乙酸钠、乙醇、浓盐酸、乙醚。

五、实验内容

在装有温度计、回流冷凝管、电动搅拌器的 250mL 三口烧瓶中,加入 10.7g 的 N,N-二甲基十二烷胺,再加入 5.8g 氯乙酸钠和 30mL 50% 的乙醇溶液,在水浴中加热至 60℃~80℃,并在此温度下回流至反应液变成透明。

冷却反应液,在搅拌下滴加浓盐酸,直至出现乳状液不再消失为止,放置过夜至十二烷基二甲基甜菜碱盐酸盐结晶析出,过滤。每次用 10mL 乙醇和水(1:1)的混合溶液洗涤两次,然后干燥滤饼。

粗产品用乙醚:乙醇=2:1 溶液重结晶,得到精制的十二烷基二甲基甜菜碱,测定熔点。

六、注意事项

(1) 玻璃仪器必须干燥。

(2) 滴加浓盐酸至乳状液不再消失即可。

(3) 洗涤滤饼时,洗涤剂要按规定量使用。

七、思考题

(1) 两性表面活性剂有哪几类? 在工业和日用化工方面有哪些用途?

(2) 甜菜碱型与氨基酸型两性表面活性剂相比,其性质的最大差别是什么?

实验四 非离子表面活性剂——月桂醇聚氧乙烯醚的制备

一、实验目的

(1) 掌握月桂醇聚氧乙烯醚的制备原理和方法。

(2) 了解聚氧乙烯醚型非离子表面活性剂的性质、用途和使用方法。

二、性质与用途

1. 性质

月桂醇聚氧乙烯醚(Polyoxyethylene Lauryl Alcohol Ether)又称聚氧乙烯十二醇醚,代号 AE,属于非离子型表面活性剂。产品为无色透明黏稠液体,具有生物降解性能好、溶解度高、耐电解质、可低温洗涤、泡沫低等特点。

聚氧乙烯醚型非离子表面活性剂的亲水基由羟基(—OH)和醚键结构(—O—)组成。疏水基上加成的环氧乙烷越多,醚键结合就越多,亲水性也越大,也就越易溶于水。这一点与只要一个亲水基就能很好发挥亲水性的阳离子及阴离子表面活性剂大不相同。

2. 用途

主要用于配制家用和工业用的洗涤剂,也可作为乳化剂、匀染剂。价格低廉,应用范围广泛。

三、实验原理

非离子表面活性剂是一种在水中不解离的,以羟基和醚键结构为亲水基的表面活性剂。由于羟基和醚键结构在水中不解离,因而亲水性极差。只靠一个羟基或醚键结构并不能将很大的疏水基溶解于水,因此,必须同时具有几个羟基或醚键结构才能发挥其亲水性。

聚氧乙烯醚型非离子表面活性剂是非离子表面活性剂中最重要的一类产品,是用亲水基原料环氧乙烷与疏水基原料高级醇进行加成反应而制得的。由于在不同反应温度条件下,其反应机理不同,高碳醇($C_{10} \sim C_{18}$)在碱催化剂(金属钠、甲醇钠、氢氧化钾、氢氧化钠等)存在下和环氧乙烷的反应,随反应温度不同而异。当反应温度在130℃~190℃时,虽所用催化剂不同,但其反应速度没有明显差异。但在温度低于130℃时,反应速度则按催化剂不同而有如下顺序:烷基醇钾＞丁醇钠＞氢氧化钾＞烷基醇钠＞乙醇钠＞甲醇钠＞氢氧化钠。

月桂醇聚氧乙烯醚是聚氧乙烯醚型非离子表面活性剂中最重要的一种,它由1mol的月桂醇和3mol~5mol的环氧乙烷加成制得,反应方程式如下:

$$C_{12}H_{25}OH + n\,CH_2\!\!-\!\!CH_2 \longrightarrow C_{12}H_{25}\!\!-\!\!O(CH_2CH_2O)_n\!\!-\!\!H$$
$$\underset{O}{\diagdown\diagup}$$

四、主要仪器和药品

电动搅拌器、电热套、三口烧瓶、回流冷凝管、温度计。
月桂醇、液体环氧乙烷、氢氧化钾、氮气。

五、实验内容

取46.5g(0.25 mol)月桂醇,0.2 g氢氧化钾加入装有搅拌器、回流冷凝管、通气管的250mL三口烧瓶中,将反应物加热至120℃,通入氮气,置换空气。然后升温至160℃,边搅拌边滴加44g(1mol)液体环氧乙烷,控制反应温度在160℃,环氧乙烷在1h内加完。保温反应3h。冷却反应物至室温即得产品。

六、注意事项

(1) 严格按照钢瓶使用方法使用氮气钢瓶。氮气通入量不要太大,以冷凝管口看不到气体为宜。
(2) 反应自身放热,注意控温。

七、思考题

(1) 非离子表面活性剂按化学结构可分为哪些类型?

(2) 脂肪醇聚氧乙烯醚类非离子表面活性剂有哪些主要性质？用做洗涤剂的根据是什么？

(3) 本实验成败的关键是什么？

实验五　非离子表面活性剂——N，N-双羟乙基十二烷基酰胺的制备

一、实验目的

(1) 掌握脂肪醇酰胺型非离子表面活性剂的制备原理和方法。

(2) 了解脂肪醇酰胺型非离子表面活性剂的性质、用途和使用方法。

(3) 熟悉表面张力、泡沫性能和黏度的测定方法。

二、性质与用途

1. 性质

N，N-双羟乙基十二烷基酰胺（N，N-Dihydroxyethyl Dodecyl Amide）又名椰子油酸二乙醇酰胺、脂肪酸二乙醇酰胺、尼诺尔，代号 FFA、6501，为非离子型表面活性剂。其为淡黄色或琥珀色黏稠液，易溶于水，具有良好的发泡和稳泡性能；渗透力、脱脂力、去污力较强；没有浊点，有很好的增稠作用，抗硬水能力好；有一定的抗静电作用，对电解质敏感；对金属有一定的防锈作用；对皮肤的刺激性较小。

2. 用途

广泛用于配制香波、液体洗涤剂、液体皂及除油脱脂清洗剂等，有防锈作用；还可做纤维调理剂，使织物柔软、抗静电，是合成纤维油剂的组分之一。

三、实验原理

脂肪酸与乙醇胺或二乙醇胺共热到 180℃，发生酰胺化反应。其中最重要的是脂肪酸与二乙醇胺反应得到的脂肪醇酰胺，该反应比较复杂，除酰胺外，还有酯生成。而酯可与过量的二乙醇胺经过一些中间产物或直接地转化成酰胺。在反应中剩余的二乙醇胺也会自动与脂肪酸生成盐。由于反应复杂，产物是多组分的混合物，并且随脂肪酸与二乙醇胺的分子比以及反应条件而变化。工业上脂肪醇酰胺有两种类型，即 2：1 型醇酰胺和 1：1 型醇酰胺。

2：1 型醇酰胺采用 1 mol 脂肪酸与 2mol 二乙醇胺，在 160℃～180℃加热 2h～4h，其中 1mol 二乙醇胺与生成的酰胺配合，生成可溶于水的配合物。其反应方程式如下：

$$C_{11}H_{23}COOH + 2HN(CH_2CH_2OH)_2 \longrightarrow C_{11}H_{23}CON(CH_2CH_2OH)_2 \cdot HN(CH_2CH_2OH)_2 + H_2O$$

1：1 型醇酰胺则用 1mol 脂肪酸与 1mol 二乙醇胺，在 100℃～110℃加热 2h～4h，脱水缩合。1：1 型醇酰胺的纯度很高。其反应方程式如下：

$$C_{11}H_{23}COOH + HN(CH_2CH_2OH)_2 \longrightarrow C_{11}H_{23}CON(CH_2CH_2OH)_2 + H_2O$$

四、主要仪器和药品

电动搅拌器、旋转黏度计、电热套、三口烧瓶、回流冷凝管、分水器、温度计、罗氏泡沫

仪、表面张力仪。

月桂酸、二乙醇胺、氮气。

五、实验内容

在装有搅拌器、回流冷凝管、分水器、温度计的 250 mL 三口烧瓶中,加入 50g 月桂酸和 26g 二乙醇胺。反应物加热到 120℃,通入氮气,持续升温至 160℃,恒温 4h~6h。当从分水器中放出反应生成水量达 4mL 时,反应基本完成,冷却反应物至室温,即得产品。测定表面张力、泡沫性能和黏度。

六、注意事项

(1) 严格按照钢瓶使用方法使用氮气钢瓶。
(2) 反应的温度很高,应注意防火。
(3) 氮气流量不要太大,以冷凝管口看不到气体为宜。

七、思考题

(1) 本实验除主反应外,还可能发生哪些副反应?
(2) 脂肪醇二乙酰胺在液体洗涤剂中起什么作用?
(3) 非离子表面活性剂有哪几类?它们在结构上有什么不同?

实验六　酸值、碘值、皂化值的测定

一、实验目的

(1) 掌握酸值、碘值、皂化值的测定原理及方法。
(2) 了解酸值、碘值、皂化值的应用。

二、实验原理

酸值、碘值、皂化值是评定油类、脂肪的质量和属性的三个重要参数。

(1) 酸值是指中和 1g 物料中的游离酸所需消耗氢氧化钾的质量(mg)。酸值的大小反映了脂肪酸中游离酸含量的多少。

(2) 碘值是指 100g 物料与碘加成时所消耗碘的克数,以 $g(I_2)/100g$ 试样表示。碘值是用来测定油类或脂肪不饱和性的一个指标,并以此衡量油脂的属性。碘值的测定方法有很多,有标准法、碘—酒精法、韦氏试剂法等。本实验采用碘—酒精法。

碘的酒精溶液与水作用生成次碘酸:

$$I_2 + H_2O \longrightarrow HIO + HI$$

与碘相比,次碘酸能更迅速地与不饱和酸反应:

$$R-CH=CH-COOR' \xrightarrow{HIO} R-CH-CH-COOR'$$
$$\qquad\qquad\qquad\qquad\qquad | \quad\; |$$
$$\qquad\qquad\qquad\qquad\; I \quad OH$$

9

碘的酒精溶液滴加过量,然后用碘量法以硫代硫酸钠($Na_2S_2O_3$)溶液来滴定过量的碘。

(3) 皂化值是指中和 1g 物料完全水解后得到的酸所消耗 KOH 的质量(mg)。皂化值通常用来表示在 1g 油脂中游离态和化合态的脂肪酸总含量,也表示油或脂肪的平均相对分子质量。一般游离脂肪酸的数量较大,皂化值也较高。例如,棕榈红油主要是由月桂酸、豆蔻酸和油酸的甘油酯组成,其皂化值为 245~255。测量时,是以过量的氢氧化钾乙醇溶液在回流条件下煮沸试样,接着用盐酸标准溶液滴定过量的 KOH。由所得结果即可得到皂化值。

三、实验内容

(一) 酸值的测定

1. 主要仪器和药品

锥形瓶、碱式滴定管、滴定台、分析天平、回流冷凝管、恒温水浴。

0.1mol/L KOH 标准溶液、饱和食盐水、1%酚酞、乙醚酒精混合液[乙醚:95%酒精＝2:1(体积比),加 5 滴 1%酚酞,呈酸性时可加碱液中和]。

2. 操作步骤

取两份 5g 样品分别加入两个锥形瓶中,加 50mL 乙醚酒精混合液摇匀,冷却至室温,再加入 3 滴酚酞指示剂和 10mL 饱和食盐水,用 KOH 标准溶液滴定至呈粉红色。

3. 结果计算

$$X = \frac{Vc \times 56.11}{m}$$

式中　X——酸值,mgKOH/g;

　　　V——消耗 KOH 标准溶液体积,mL;

　　　c——KOH 标准溶液实际浓度,mol/L;

　　　m——试样质量,g;

　　　56.11——KOH 的摩尔质量,g/mol。

4. 注意事项

(1) 如油不溶,可在水浴上加热摇动,瓶口加冷凝管,防止乙醚酒精蒸出。

(2) 除指示剂外,每种物质均需精确称量。

(二) 碘值的测定

1. 主要仪器和药品

滴定台、酸式滴定管、分析天平、碘量瓶、移液管。

0.1mol/L $Na_2S_2O_3$ 标准溶液、1%淀粉指示剂、0.2mol/L 碘—酒精溶液、无水乙醇。

2. 操作步骤

取两份 0.2g~0.4g 样品分别加入两个碘量瓶中,加 10mL 无水乙醇,待样品溶解后(如不溶可稍加热再冷至室温),用移液管准确量取 10mL 0.2mol/L 碘—酒精溶液加入碘量瓶中,放置 5min,加入 100mL 水,不断振荡,形成乳浊液,再加入 25 滴淀粉指示剂,用标准 $Na_2S_2O_3$ 溶液滴定过量的碘,至蓝色刚好消失。每个样品平行测定两次,并做一次空白试验。

3. 结果计算

$$W = \frac{\frac{1}{2} M_{I_2} c(V_2 - V_1)}{m} \times 100$$

式中　W——碘值，$g(I_2)/100g$；

　　　M_{I_2}——碘的摩尔质量，g/mol；

　　　c——标准 $Na_2S_2O_3$ 溶液的浓度，mol/L；

　　　V_2——空白溶液消耗的 $Na_2S_2O_3$ 体积，mL；

　　　V_1——样品消耗 $Na_2S_2O_3$ 的体积，mL；

　　　m——样品质量，g。

4. 思考题

(1) 能否用含水酒精溶解样品？

(2) 样品与碘—酒精溶液在放置 5min 的过程中是否发生了取代反应？

(三) 皂化值的测定

1. 主要仪器和药品

多孔恒温水浴、回流冷凝管、锥形瓶、酸式滴定管、移液管、分析天平。

0.5mol/L 氢氧化钾—乙醇溶液、0.1‰酚酞酒精溶液、1.0mol/L 盐酸标准溶液。

2. 操作步骤

取两份 2g 样品分别加入两个锥形瓶中，用移液管量取 25mL 氢氧化钾—乙醇溶液加入锥形瓶中，加入沸石回流煮沸 1h 以上，不断摇动，取下冷凝管，加入酚酞指示剂，趁热用 HCl 标准溶液滴定，用同样方法做空白实验。

3. 结果计算

$$皂化值 = \frac{(V_2 - V_1) c_{HCl} \times 56.11}{m}$$

式中　V_2——空白溶液消耗盐酸标准溶液的体积，mL；

　　　V_1——样品消耗盐酸标准溶液体积，mL；

　　　56.11——KOH 的摩尔质量，g/mol；

　　　m——样品质量，g；

　　　c_{HCl}——盐酸标准溶液的实际浓度，mol/L。

4. 注意事项

计算公式中出现的物质均需准确称量。

5. 思考题

(1) 影响皂化反应速度的因素有哪些？

(2) 用皂化反应测定酯时，哪些化合物存在干扰？写出反应式。

(3) 空白实验是否需回流水解？

实验七　表面活性剂溶液临界胶束浓度的测定

一、实验目的

(1) 掌握表面活性剂溶液表面张力的测定原理和方法。

(2) 掌握表面活性剂溶液临界胶束浓度的测定原理和方法。

二、实验原理

临界胶束浓度是指表面活性剂分子或离子在溶液中开始形成胶束的最低浓度,简称 CMC。由于表面活性剂溶液的许多物理化学性质随着胶束的形成而发生突变(图 1-2),故将临界胶束浓度看做表面活性剂的一个重要特性,是表面活性剂溶液表面活性大小的量度。因此,测定 CMC,掌握影响 CMC 的因素,对于深入研究表面活性剂的物理化学性质是非常重要的。

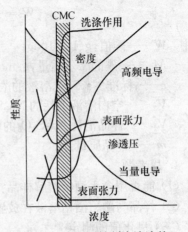

图 1-2　表面活性剂水溶液的
一些物化性质

测定 CMC 的方法很多,一般只要溶液的物理化学性质随着表面活性剂溶液浓度在 CMC 处发生突变,都可以用来测定 CMC。以下是常用的测定方法。

1. 表面张力法

表面活性剂溶液的表面张力随浓度而变化,在浓度达 CMC 时发生转折。以表面张力(γ)对表面活性剂溶液浓度的对数($\lg c$)作图,由曲线的转折点来确定 CMC。该法适合各种类型的表面活性剂,准确性好,不受无机盐的影响,只有当表面活性剂中混有表面活性高的极性有机物时,曲线中才会出现最低点。

2. 电导法

通过离子型表面活性剂水溶液电导率随浓度的变化关系,从电导率(κ)对浓度(c)曲线或摩尔电导浓度(λ_m)$-c^{1/2}$曲线上转折点求 CMC。由于转折点不明显,此法仅对离子型表面活性剂适用,对 CMC 值较大、表面活性低的表面活性剂不灵敏。

3. 染料法

基于有些有机染料的生色团吸附于胶束之上,其颜色发生明显的改变,故可用染料做指示剂,测定最大吸收光谱的变化来确定 CMC。采用此法测定 CMC 会因染料的加入而影响测定的精确性,尤其对 CMC 较小的表面活性剂影响更大。另外,当表面活性剂中含有无机盐及醇时,测定结果也不太准确。

4. 增溶法

表面活性剂溶液对有机化合物的增溶能力随浓度变化而变化,在 CMC 处有明显的改变,因此可以利用该性质来确定临界胶束浓度。

5. 光散射法

光线通过表面活性剂溶液时,如果溶液中有胶束粒子存在,部分光线将被胶束粒子所散射,因此测定散射光强度即浊度可反映溶液中是否有表面活性剂胶束的形成。以溶液浊度对表面活性剂浓度作图,在到达 CMC 时,浊度将急剧上升,因此曲线转折点即为CMC。利用光散射法还可测定胶束大小(水合直径),推测其缔合度等。测定环境要洁净,避免灰尘污染。

目前还有许多现代仪器方法测定 CMC,如荧光光度法、核磁共振法、导数光谱法等。

本实验采用表面张力法、电导法与染料法来测定表面活性剂溶液的临界胶束浓度。

三、表面张力法测定

表面张力是指作用于液体表面单位长度上使液体收缩的力(mN/m),是液体的内在性质,其大小主要取决于液体自身和与其接触的另一相物质的种类。表面张力的测定方法有多种,较为常用的有滴体积(滴重)法和拉起液膜法(环法、吊片法)。

1. 滴体积(滴重)法

滴体积法测定液体表面张力的特点是简便精确。此法的原理是:当液体在毛细管端头缓慢形成的液滴滴落时,液滴的大小(体积或质量)与液体表面张力有关。液滴质量 W 和表面张力 γ 的关系为

$$W = mg = 2\pi r\gamma \tag{1-1}$$

式中　m——液滴质量,kg;

　　　g——重力加速度,m/s^2;

　　　r——毛细管半径,m。

式(1-1)表示支持液滴质量的力为沿滴头周边垂直的表面张力。但实验表明,在液滴形成过程中,由于形成圆柱形细颈进一步收缩,并在此处断开,在管端形成的液滴只有一部分滴落,另一部分留在管端。此外,由于形成细颈时表面张力作用的方向与重力作用方向并不一致,而是有一定的角度,表面张力所支持的液滴质量变小(图1-3)。因此,式(1-1)并不能准确计算出表面张力值,必须予以校正。即

$$W = mg = 2\pi r\gamma f \tag{1-2}$$

式中　f——校正系数。

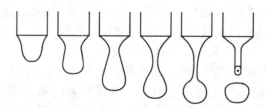

图1-3　落滴的高速摄影示意图

令校正因子 $F = 2\pi f$,且将液滴质量换算为液滴体积,则有

$$\gamma = \frac{V\rho g}{r}F \tag{1-3}$$

式中　V——液滴体积,m^3;

　　　ρ——液体相对密度,kg/m^3。

实验与数学分析法证明,F 是 V/r^3 的函数,其具体数值可由 $F-V/r^3$ 关系曲线查取。经过进一步的改进,已得到了较为完整的校正因子。

一般表面活性较高的表面活性剂水溶液的相对密度与水差不多,故用式(1-3)计算表面张力时,可直接以水的相对密度代替,误差在允许的范围内。

滴体积法比较适用于表面张力的测定。可将滴头插入油中(如油相对密度小于溶液时),让水溶液自管中滴下,按式(1-4)计算表面张力,即

$$\gamma_{12} = \frac{(\rho_2 - \rho_1)g}{r}F \qquad (1-4)$$

式中 γ_{12}——表面张力；

$(\rho_2 - \rho_1)$——两种不相溶液体的相对密度差。

滴体积（滴重）法对于一般液体或溶液的表面张力测定都很适用，但此法系非完全平衡方法，故不太适用于对表面张力有很长的时间效应的体系。

2. 环法

把一个圆环平置于待测的表面活性剂溶液的液面，当圆环被向上提出液面时，会在圆环与液面之间形成一液膜，此液膜对圆环产生一个垂直向下的力，测量将圆环拉离液面所需最大的力，即为该待测溶液的表面张力。

实际表面张力值 γ（mN/m）应该根据测得的表面张力值 p 乘以校正因子 F 而得，计算式为

$$\gamma = pF \qquad (1-5)$$

环法中直接测量的量为拉力 p，各种测量力的仪器皆可应用，一般最常用的仪器为扭力丝天平。

对于阳离子表面活性剂表面张力的测定，环法并不适用。

3. 主要仪器和药品

表面张力仪、烧杯、移液管、容量瓶。

十二烷基硫酸钠（SDS）（经乙醇重结晶）、二次蒸馏水。

4. 实验内容

取 1.44gSDS，用少量二次蒸馏水溶解（尽量避免产生泡沫），然后在 50mL 容量瓶中定容（浓度为 1.00×10^{-1} mol/L）。

从 1.00×10^{-1} mol/L 的 SDS 溶液中移取 5mL，放入 50mL 的容量瓶中定容（浓度为 1.00×10^{-2} mol/L）。然后依次从上一浓度的溶液中移取 5mL 稀释 10 倍，配制 1.00×10^{-5} mol/L~1.00×10^{-1} mol/L 五种浓度的溶液。

用滴体积法或环法首先测定二次蒸馏水的表面张力，并对仪器进行校正。然后从稀至浓依次测定 SDS 溶液（测定温度高于 15℃），并计算表面张力，作出表面张力—浓度对数曲线，拐点处即为 CMC 值。如需准确测定 CMC 值，在拐点处增加几个测定值即可实现。

5. 注意事项

(1) 为减少误差，测量要在高于克拉夫特点（Krafft）的温度下进行。

(2) 配制表面活性剂溶液时，要在恒温条件下进行。温度变化应在 0.5℃ 之内。

(3) 在溶液配制及测量过程中，不要让不同浓度的溶液间产生相互影响，防止震动，注意灰尘及挥发性物质的影响。

6. 思考题

(1) 为什么表面活性剂的表面张力—浓度曲线有时出现最低点？

(2) 为什么环法不适用于阳离子表面活性剂表面张力的测定？

四、电导法测定

对于一般电解质溶液，其导电能力由电导 L，即电阻的倒数（$1/R$）来衡量。若所用电

极面积为 a ,电极间距为 h 的电导管测定电解质溶液电导,则

$$L = \frac{1}{R} = \frac{\kappa a}{h} \tag{1-6}$$

式中 κ——$a=1m^2$ 、$h=1m$ 时的电导,称做比电导或电导率,S/m;

      a/h——电导管常数。

电导率 κ 和摩尔电导 λ_m 的关系为

$$\lambda_m = \kappa/c \tag{1-7}$$

式中 λ_m——1mol 电解质溶液的导电能力;

      c——电解质溶液的摩尔浓度。

λ_m 随电解质浓度而变,对强电解质的稀溶液,有

$$\lambda_m = \lambda_m^\infty - Ac^{1/2} \tag{1-8}$$

式中 λ_m^∞——浓度无限稀时的摩尔电导;

      A——常数。

对于离子型表面活性剂溶液,当溶液浓度非常稀的时候,电导的变化规律和强电解质相同,但当溶液浓度达到临界胶束浓度时,随着胶束的生成,电导率发生改变,摩尔电导急剧下降,这就是电导法测定 CMC 的依据。

1. 主要实验仪器和药品

电导管、四钮或六钮电阻箱、滑线电阻、音频振荡器、示波器、导线、容量瓶、恒温槽。

电导水、0.02mol/L KCl 溶液、SDS。

2. 实验内容

(1) 电导的测量。交流电桥法测溶液的电阻,其线路如图 1-4 所示。其中,R_1 为待测溶液的电阻(待测液放在电导管中),R_2 为四钮或六钮电阻箱的电阻,R_3 和 R_4 为电位计的滑线电阻,阻值为 10Ω,均分为 1000 等分。音频振荡器供给交流讯号,示波器(图中用 OSC 表示)检波。滑线上的接触点固定在 A,调节 R_2 ,使示波器荧光屏上的正弦波变为一条水平线为止,此时 A 与 B 两点电位相等,即电桥达到平衡,则

$$\frac{R_1}{R_2} = \frac{R_2}{R_1} = \frac{A}{1000 - A}$$

$$R_1 = R_2 \frac{A}{1000 - A} \tag{1-9}$$

若 L、H 两点接柱改接 L′、H′,则

$$R_1 = R_2 \frac{4500 + A}{4500 - A} \tag{1-10}$$

示波器检波灵敏度高,且不受噪声干扰,测量时 A 的数值可固定在 500 的位置,使相对误差趋于最小,也可以减少处理数据的麻烦。

按图 1-4 接好装置线路,准确测量。

(2) 安装好恒温槽,温度调到(25±0.1)℃。

(3) 测定电导管常数。用电导水将电导管冲洗干净,用少量 0.02mol/L KCl 溶液润洗两次,测量时先恒温 10min,按(1)操作步骤进行测量。

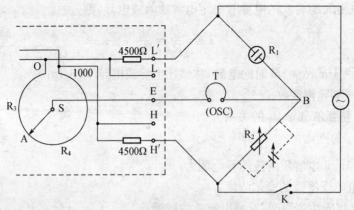

图1-4 交流电桥法测溶液电阻线路

(4) 用 25mL 容量瓶精确配制浓度范围为 3.0×10^{-3} mol/L ~ 3.0×10^{-2} mol/L、8 个 ~ 10 个不同浓度的十二烷基硫酸钠水溶液。配制时最好用新蒸出的电导水。

(5) 从低浓度到高浓度依次测定表面活性剂溶液的电阻值。每次测量前电导管用待测溶液润洗 2 ~ 3 次。

3. 数据处理

(1) 由 25℃ 时 0.02mol/L KCl 溶液的电导率及测出的电阻值，求出电导管的电导管常数。

(2) 计算各浓度十二烷基硫酸钠水溶液的电导率和摩尔电导。

(3) 将数据列表，作 $\kappa - c$ 图与 $\lambda_m - c^{1/2}$ 图，由曲线转折点确定 CMC 值。

4. 思考题

(1) 电导法测定表面活性剂临界胶束浓度的优势是什么？

(2) 如何对测定的数值进行处理？

五、染料法测定

染料法是测定表面活性剂溶液 CMC 的一个简单方法。一些有机染料在被胶团增溶时，其吸收光谱与未增溶时相比发生明显改变，例如，哒哪氰醇溶液为紫红色，被表面活性剂增溶后成为蓝色。所以只要在大于 CMC 的表面活性剂溶液中加入少量染料，然后定量加水稀释至颜色改变即可判定 CMC 值。采用滴定终点观察法或分光光度法均可完成测定。对于阴离子表面活性剂，常用的染料有哒哪氰醇、碱性蕊香红 G；阳离子表面活性剂可用曙红或荧光黄；非离子表面活性剂可用哒哪氰醇、四碘荧光素、碘、苯并紫红 4B 等。

分光光度计测定吸收光谱的原理是比尔定律：

$$A = \varepsilon b c \qquad (1-11)$$

式中　A ——吸光度；

　　　c ——溶液的浓度，mol/L；

　　　b ——比色皿的厚度，cm；

　　　ε ——摩尔吸光系数，L/(mol·cm)。

比尔定律仅适用于单色光,同一溶液对于不同波长的单色光的吸光系数 ε 值不同,测得的吸光度 A 也不同。在测定吸光度时需选择适当的波长作吸收曲线。将吸光度(A)对波长(λ)作图,便可得到吸收曲线,这是物质的吸光特性,常被用于定性分析。选择最佳吸收波长的原则是:吸收最大,干扰最少。在选定了被测组分的最佳吸收波长后,在该波长下,测定该溶液不同浓度(c)时的吸光度(A),即可作定量分析。

本实验利用嚫哪氰醇氯化物(相对分子质量为 388.5)在月桂酸钾水溶液形成胶束后,利用吸光度的变化来测定 CMC 值。嚫哪氰醇氯化物在水中的吸收谱带为 520nm 和 550 nm,当加入到浓度为 2.3×10^{-2}mol/L 的月桂酸钾水溶液中时(此浓度大于月桂酸钾的 CMC 值),其吸光度发生变化,原有的 520nm 和 550nm 的吸收带消失,570nm 和 610nm 的吸收带增强。两增强的谱带是该染料在有机溶剂即丙酮中的谱线特征,因此可以通过此吸光度的变化来测定月桂酸钾的 CMC 值。

1. 主要仪器和药品

分光光度计、比色皿、容量瓶。

嚫哪氰醇氯化物、丙酮、月桂酸钾。

2. 实验内容

1) 溶液的配制

(1) 分别配制浓度为 1.0×10^{-4}mol/L 的嚫哪氰醇氯化物的水溶液与丙酮溶液各 25mL。

(2) 配制含嚫哪氰醇氯化物浓度为 1.0×10^{-4}mol/L 的不同浓度的月桂酸钾溶液各 25mL。月桂酸钾的浓度范围在 1.0×10^{-3}mol/L$\sim1.0\times10^{-1}$mol/L 之间,可配成 1.0×10^{-3}mol/L、1.0×10^{-2}mol/L、2.0×10^{-2}mol/L、2.5×10^{-2}mol/L、5.0×10^{-2}mol/L、1.0×10^{-1}mol/L 6 种不同浓度的溶液。

2) 吸光度的测定

用分光光度计在波长 450nm$\sim$650nm 的范围内,每间隔 10nm$\sim$20nm 对已配制的溶液进行波长扫描。

(1) 对浓度为 1×10^{-4}mol/L 的嚫哪氰醇氯化物的水溶液测定不同波长下的吸光度,约在 520nm 与 550nm 处出现吸收峰。

(2) 对上述染料的丙酮溶液测定吸光度。约在 570nm 与 610nm 出现吸收峰。

(3) 选择含嚫哪氰醇氯化物浓度为 1×10^{-4}mol/L 月桂酸钾浓度为 2.5×10^{-2}mol/L 与 5×10^{-2}mol/L 的溶液进行吸光度的测定。

(4) 将上述几组数据作吸光度(A)对波长的变化曲线,最大吸光度值所对应的波长为最佳吸收波长。

3) 月桂酸钾 CMC 值的测定

在上述实验测得的最大吸收波长(约 610nm)处,测定含染料的六种不同浓度的月桂酸钾溶液的吸光度,并作 $A-c$ 图,由曲线的突变点求出其 CMC 值。

3. 思考题

比较测定 CMC 值的三种方法:表面张力法、电导法与染料法,哪种更简便?

第二章　助　剂

助剂是指在工业生产中，为改善生产过程、提高产品质量和产量，或者为赋予产品某种特有的应用性能所添加的辅助化学品。它们也常常被称为"添加剂"或"配合剂"。尽管添加的数量可能不多，但它们却起着十分重要或关键的作用。

助剂的范围十分广泛，根据应用领域不同，可将助剂分为多种类型，主要分为：

(1) 塑料助剂：增塑剂、稳定剂、发泡剂、阻燃剂。

(2) 橡胶助剂：促进剂、防老剂、塑解剂、再生胶活化剂等。

(3) 炭黑(橡胶制品的补强剂)：高耐磨炭黑、半补强炭黑、色素炭黑、乙炔炭黑等。

(4) 纤维抽丝油剂：涤纶长丝、短丝、锦纶、睛纶、丙纶、维纶、玻璃丝用油剂等。

(5) 印染助剂：柔软剂、匀染剂、分散剂、抗静电剂、纤维阻燃剂等。

(6) 农药助剂：乳化剂、增效剂等。

(7) 水处理剂：水质稳定剂、缓蚀剂、软水剂、杀菌灭藻剂、絮凝剂等。

(8) 有机抽提剂：吡咯烷酮系列、脂肪烃系列、乙腈系列、糠醛系列等。

(9) 高分子聚合物添加剂：引发剂、阻聚剂、终止剂、调节剂、活化剂等。

(10) 表面活性剂：阳离子、阴离子、两性离子和非离子型表面活性剂。

(11) 皮革助剂：合成鞣剂、涂饰剂、加脂剂、光亮剂、软皮油等。

(12) 油田用化学品：油品破乳剂、钻井防塌剂、泥浆助剂、防蜡降黏剂等。

(13) 混凝土用添加剂：减水剂、防水剂、脱模剂、加气混凝土泡沫剂、嵌缝油膏等。

(14) 机械、冶金助剂：防锈剂、清洗剂、电镀助剂、焊接助剂、渗炭剂、机动车防冻剂等。

(15) 油品添加剂：汽油抗震、液力传动、液压传动、变压器油、刹车油添加剂以及具备防水、增黏、耐高温等种类。

(16) 吸附剂：稀土分子筛系列、氧化铝系列、二氧化硅系列、活性白土系列。

(17) 电子工业专用化学品：显像管用碳酸钾、氟化剂、助焊剂、石墨乳等。

(18) 纸张添加剂：增白剂、补强剂、防水剂、填充剂等。

(19) 其他助剂：玻璃防霉(发花)剂、乳胶凝固剂等。

实验一　抗氧剂——双酚 A 的制备

一、实验目的

(1) 掌握抗氧剂双酚 A 的制备原理和方法。

(2) 掌握离心机的操作方法。

(3) 熟悉重结晶的操作方法和有机物熔点的测定。

二、性质与用途

1. 性质

双酚 A 又称二酚基丙烷,化学名称为 2,2′-二对羟基苯基丙烷[2,2′- bis (p - hydroxyphenyl) propane]。结构式如下:

$$HO-\!\!\!\!\bigcirc\!\!\!\!-\overset{\overset{\displaystyle CH_3}{|}}{\underset{\underset{\displaystyle CH_3}{|}}{C}}-\!\!\!\!\bigcirc\!\!\!\!-OH$$

本品为无色结晶粉末,熔点为 155℃～158℃,相对密度为 1.95 (20℃)。溶于甲醇、乙醇、异丙醇、丁醇、乙酸、丙酮及二乙醚,微溶于水。易被硝化、卤化、硫化、烷基化等。

2. 用途

抗氧剂双酚 A 可用做塑料和涂料抗氧剂,是聚氯乙烯的热稳定剂,也是聚碳酸酯、环氧树脂、聚砜、聚苯醚等树脂的合成原料。

三、实验原理

塑料、橡胶以及其他高分子材料或物质在贮存、加工、使用过程中由于受到外界种种因素的综合影响在结构上发生了化学变化,逐渐失去其使用价值,这种现象称为老化。能够防止老化,保护物质避免或延迟氧化的添加剂则称为抗氧剂。

双酚 A 的合成方法有多种,大都由苯酚与丙酮合成,区别主要是采用的催化剂不同。本实验采用硫酸法,即苯酚与过量丙酮在硫酸的催化下缩合脱水,生成双酚 A,反应方程式如下:

$$2\bigcirc\!\!\!\!-OH + CH_3COCH_3 \xrightarrow{H_2SO_4} HO-\!\!\!\!\bigcirc\!\!\!\!-\overset{\overset{\displaystyle CH_3}{|}}{\underset{\underset{\displaystyle CH_3}{|}}{C}}-\!\!\!\!\bigcirc\!\!\!\!-OH + H_2O$$

四、主要仪器和药品

分液漏斗、布氏漏斗、吸滤瓶、电动搅拌器、水浴锅、干燥箱、电动离心机、三口烧瓶、回流冷凝管、真空水泵、温度计、烧杯、量筒、滴液漏斗、托盘天平。

苯酚、丙酮、甲苯、79%硫酸、二甲苯、巯基乙酸。

五、实验内容

1. 合成

在三口烧瓶中加入 30g 熔融的苯酚、60g 甲苯、40g 79%硫酸,将三口烧瓶放入冷水浴冷却物料至 28℃以下。在搅拌下加入 0.2g 助催化剂巯基乙酸,然后一边搅拌一边用滴液漏斗滴加 10g 丙酮,滴加期间,瓶内物料温度控制在 32℃～35℃,不得超过 40℃,同时开启回流冷凝管的上水。约在 30min 内滴加完,在 36℃～40℃搅拌 2h 以上。移入分液漏斗,用 82℃热水洗涤三次,第一次用 50mL 水,后两次均为 80mL。水洗时,边搅拌边滴加热水,加完水后,振荡均匀,静置分层。放出下层液,上层物料移至烧杯中,边搅拌边用冷水冷却、结晶。温度低于 25℃后抽滤,用水洗涤,抽干,得双酚 A 的粗产品。滤液回收。

2. 精制

双酚 A 的精制采用重结晶法,按粗双酚 A：水：二甲苯＝1：1：6(质量比)的配料加入三口烧瓶中,搅拌升温至 92℃～95℃。回流 15min～30min。停止搅拌,将物料移入分液漏斗,静置分层,放出下层水液,冷却结晶,温度低于 35℃以下后,离心分出二甲苯(回收),将双酚 A 烘干后称重,计算收率。

六、注意事项

洗涤反应液时不要剧烈振荡,否则会出现乳化现象。

七、思考题

(1) 滴加丙酮时为何要控制温度?
(2) 热水洗涤时的温度如何确定?

实验二　增塑剂——邻苯二甲酸二丁酯的制备

一、实验目的

(1) 了解增塑剂邻苯二甲酸二丁酯的主要性质和用途。
(2) 掌握邻苯二甲酸二丁酯的制备原理及方法。

二、性质与用途

1. 性质

邻苯二甲酸二丁酯(也称酞酸二丁酯)是低碳醇酯 PVC 增塑剂中相对分子质量最小的化合物。其结构式为:

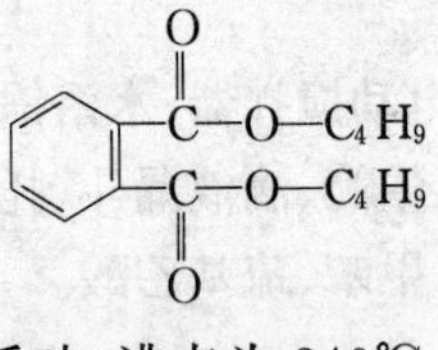

$$\underset{\text{苯环}}{\bigcirc} \begin{array}{c} \text{C}-\text{O}-\text{C}_4\text{H}_9 \\ \text{C}-\text{O}-\text{C}_4\text{H}_9 \end{array}$$

本品为无色油状液体,微具芳香味,沸点为 340℃,毒性低,抗挥发性优于邻苯二甲酸二甲酯。

2. 用途

主要用做聚氯乙烯的增塑剂。常与邻苯二甲酸二甲酯合用于醋酸纤维素中,以提高制品的耐水性、弹性,并赋予制品适当的硬度;用于硝酸纤维素,可得到耐光性、韧性优良、无臭味的赛璐璐制品。此外,它还用于提高聚醋酸乙烯酯胶黏剂的黏合力或用做醇酸树脂的增塑剂。

近年来,由于它的挥发度太大,耐久性差,在 PVC 工业中已逐渐淘汰,转而用于胶黏剂和乳胶漆增塑剂。

三、实验原理

增塑剂是一种与塑料或合成树脂兼容的化学品,它能使塑料变软并降低脆性,简化塑料的加工过程,赋予塑料某些特殊性能。其作用原理在于增塑剂本身具有极性基团,具有与高分子链相互作用的能力,使相邻高分子链间的吸引力减弱,并相互分开。按化学结构的不同,增塑剂主要分为邻苯二甲酸酯类、脂肪酸二元酸酯类、磷酸酯类、环氧化合物类、偏苯三甲酸酯类、聚酯类、氯化石蜡、二元与多元醇类、磺酸衍生物,其中以邻苯二甲酸酯类的产量大,用途广。本实验制备的邻苯二甲酸二丁酯是邻苯二甲酸酯类的低碳醇酯化合物。

邻苯二甲酸二丁酯是由邻苯二甲酸酐与正丁醇酯化而成。其反应方程式如下:

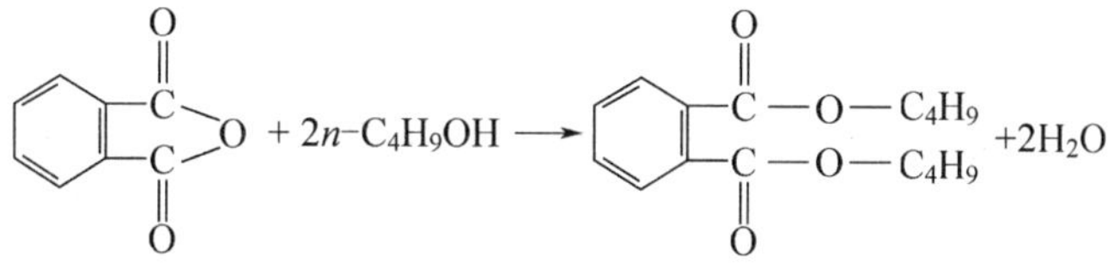

四、主要仪器和药品

三口烧瓶、分水器、回流冷凝管、电热套、分液漏斗、布氏漏斗、吸滤瓶、真空水泵、温度计、烧杯、量筒、托盘天平。

正丁醇、邻苯二甲酸酐、浓硫酸、饱和食盐水、5%碳酸钠溶液、无水硫酸镁、沸石。

五、实验操作

向分水器中加入2.4mL正丁醇,再分别向三口烧瓶中加入14.8g (0.1mol)邻苯二甲酸酐、25mL (0.274mol)正丁醇、3～4滴浓硫酸及1～2粒沸石,充分混合。缓慢加热至邻苯二甲酸酐的固体消失,升温至沸腾,待酯化反应进行到一定程度时,可观察到从冷凝管滴入到分水器的冷凝液中出现水珠。随着反应进行,分出的水层增高,反应温度逐渐升高。待分水器中水层不再增高时,从分水器中放出正丁醇。当反应混合物温度升到160℃,冷却反应物至70℃,倒入分液漏斗中,用等体积的饱和食盐水洗涤两次。用5%碳酸钠中和后,再用饱和食盐水洗涤有机层至中性,分离出油状粗产物,以无水硫酸镁干燥。减压下蒸去正丁醇,再进行减压蒸馏,收集 200℃～210℃/2666Pa 或 180℃～190℃/1333Pa 馏分,即为邻苯二甲酸二丁酯产品。

六、注意事项

(1) 反应器及药品应尽量干燥。
(2) 无沸石时,可用搅拌器搅拌。

七、思考题

(1) 酯化反应的特点是什么?
(2) 酯化反应为何要分出生成的水?分水器有几类?

(3) 为什么用硫酸镁干燥?

(4) 为什么用饱和食盐水洗涤?

实验三 阻燃剂——四溴双酚 A 的制备

一、实验目的

(1) 了解四溴双酚 A 的性质和用途。

(2) 掌握四溴双酚 A 的制备原理及方法。

二、性质与用途

1. 性质

四溴双酚 A(Tetrabromo-bisphenol A)的结构式为:

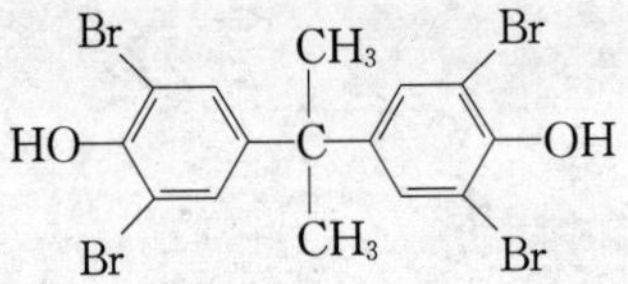

本品为淡黄色或白色粉末,溴含量为 57%~58%,熔点为 179℃~181℃,240℃时开始分解,295℃时迅速分解,一般加工温度范围是 210℃~220℃。该化合物可溶于甲醇、乙醇、冰醋酸、丙酮、苯等有机溶剂,也可溶于氢氧化钠水溶液,但不溶于水。

2. 用途

四溴双酚 A 是具有多种用途的阻燃剂,既是反应型阻燃剂,也是添加型阻燃剂。作为反应型阻燃剂可用于环氧树脂和聚碳酸酯,作为添加型阻燃剂可用于抗冲击聚苯乙烯、ABS 树脂、AS 树脂及酚醛树脂等。

三、实验原理

大多数塑料及合成纤维具有易燃性,阻燃剂可改变它们燃烧的过程。在反应型阻燃剂分子中,除含有 Br、Cl、P 等阻燃元素外,还具有反应性官能团。反应型阻燃剂作为高聚物分子中的一个组成部分,从而使塑料具有难燃性。

将双酚 A 溶于甲醇或乙醇水溶液中,在室温下进行溴化,溴化后再通入氯气制备四溴双酚 A。其反应方程式如下:

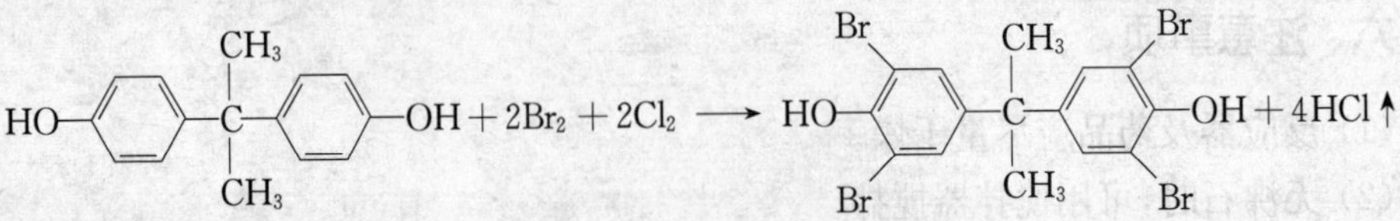

四、主要仪器和药品

三口烧瓶、滴液漏斗、回流冷凝管、氯化氢吸收装置、氯气钢瓶、抽滤瓶、布氏漏斗、玻璃水泵、量筒、水浴锅、电炉、电热套、蒸发皿、吸耳球、烧杯、托盘天平。

22

双酚 A、液溴、氯气、乙醇。

五、实验内容

在三口烧瓶中加入 40g 双酚 A,20g 乙醇,开始搅拌,控温(25±1)℃,双酚 A 溶解后开始滴加 70g 溴,约 30min 滴完。继续搅拌 30min,开始通入氯气,反应 2h。反应产生的氯化氢气体用水吸收。

氯气通完后,保温搅拌 30min,用吸耳球向三口烧瓶中吹气,吹掉残余的氯化氢和氯气。

将产物倒入 500mL 烧杯中,加入 80℃左右的热水 200mL,搅拌 30min,放入冷水中降温至 20℃,冷却 30min 抽滤,用少量冷水洗涤两次。

放入烘箱中,80℃干燥 2h,恒重后称重,计算收率。

六、注意事项

(1) 反应装置应密封良好,防止溴蒸气、氯气和氯化氢泄漏污染环境,实验最好在通风橱中进行。

(2) 溴具有很强的腐蚀性和刺激性,应戴手套操作。

(3) 产物应用水多次洗净以除去溴和氯化氢等。

七、思考题

(1) 反应中为什么要通入氯气?

(2) 粗产品中含有什么杂质?如何精制除去?

(3) 溴化反应的类型是什么?

实验四 石油钻井液助剂——腐植酸钾的制备

一、实验目的

(1) 了解腐植酸钾(KHm)的制备原理。

(2) 掌握实验室制备腐植酸钾的方法。

二、性质与用途

1. 性质

泥炭、褐煤、风化煤中所含的腐植酸是复杂的天然大分子化合物的混合物,其相对分子质量分布在一个较宽的范围内。不同地区的腐植酸,其相对分子质量和理化性能均不相同,即使相对分子质量相同的腐植酸,其理化性能也不同,使用范围也不同。腐植酸钾(Potassium Humate)是腐植酸的钾盐(表 2-1),为黑色有光泽的颗粒或粉末,易溶于水。

表 2-1　腐植酸钾的质量指标

项　目	指　标		
	一级品	二级品	三级品
水溶性腐植酸(干基)/%	55±2	45±2	40±2
水分/%	12±2	12±2	12±2
粒度(通过40目筛)/%	100	100	100
钾含量(干基)/%	10±1	10±1	10±1
pH 值	9—10	9—10	9—10

2. 用途

腐植酸钾在工农业中有许多用途,如在工业中可用做石油钻井泥浆助剂,在农业中可用做植物生长调节剂等,它是腐植酸的一个重要产品。

三、实验原理

泥炭、褐煤、风化煤的腐植酸中都含有羧基、酚羟基等酸性基团,能与碱反应生成易溶于水的盐而与其他物质分离。因此,可用适当浓度的氢氧化钾溶液抽提煤中的腐植酸来生产 KHm。其反应方程式如下:

$$R(COOH)_n + nKOH \longrightarrow R(COOK)_n + nH_2O$$

反应在一定的条件下可以进行完全。反应完成后,KHm 溶于水中,将抽提液与残渣分离,蒸发干燥得到 KHm。

四、主要仪器和药品

托盘天平、水浴锅、三口烧瓶、电动搅拌器、回流冷凝管、温度计、量筒、吸滤瓶、布氏漏斗、真空水泵、干燥箱。

风化煤样品(≤40目),KOH(CP)。

五、实验内容

风化煤样品用粉碎机粉碎,用 40 目筛筛分,筛下物不少于 100g,备用。

用量筒量取 100mL 蒸馏水,加入三口烧瓶中,称 3.5gKOH 于烧杯中,加 46mL 蒸馏水溶解,再用 25mL 蒸馏水冲洗烧杯后一并加入三口烧瓶中加热。

温度达到 40℃后,开始搅拌,缓缓加入 50g 风化煤,水温升到 85℃时开始计时,40min～60min 后停止加热。冷却后将反应物倒入 200mL 量筒中,放置自然沉降 8h 以上,倾出溶液,抽滤,将 KHm 溶液与沉淀物分离,沉淀物用 200mL 水洗涤两次,合并液相。

将 KHm 溶液加热浓缩至有固形物出现时,放入 90℃的干燥箱中烘干 2h,称重,计算产率。

六、注意事项

(1) 产品为溶液,不需蒸干。

(2) 如果用来抽提腐植酸的风化煤中 Ca^{2+}、Mg^{2+} 含量较高时,要先进行脱 Ca^{2+}、Mg^{2+} 的预处理。

七、思考题

(1) 如何控制 KOH 的加入量使产物含有少量的游离钾离子?

(2) 为什么在加入风化煤前开动搅拌器?

(3) 产物中的沉淀物是什么? 溶液中含有什么物质?

实验五　混凝土减水剂——磺化腐植酸钠的制备

一、实验目的

(1) 了解磺化腐植酸钠(SHNa)的制备原理。

(2) 掌握磺化腐植酸钠的制备方法。

二、性质与用途

1. 性质

磺化腐殖酸钠(Sulfonated Sodium Humate,SHNa)是棕黑色颗粒或粉末,易溶于水。

2. 用途

将泥炭、褐煤、风化煤中的腐殖酸磺化改性,改性后的磺化腐殖酸钠由于在腐殖酸的结构中引入磺酸基团,提高了其水溶性和金属离子的交换能力,应用更为广泛,可用做混凝土减水剂、陶瓷添加剂、石油钻井液助剂及金属离子吸附剂等。

三、实验原理

磺化腐殖酸钠的制备分两步进行:第一步是用氢氧化钠水溶液抽提原料中的腐殖酸;第二步是将抽提液腐殖酸钠(NaHm)在一定条件下磺化,制得磺化腐植酸钠。

腐殖酸的磺化途径有几种,如直接磺化、硝基腐殖酸磺化、磺甲基化等。本实验以泥炭为原料、氢氧化钠为抽提剂、亚硫酸钠为磺化剂。其磺化机理目前还有争议,可能有下列两种。

(1) 在醌基上进行 1,4-加成:

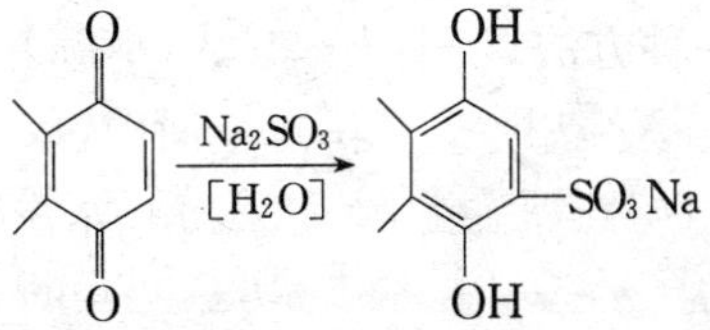

(2) 连接芳环上的亚甲基桥被亚硫酸钠断开:

$$\text{⟨benzene⟩—CH}_2\text{—⟨benzene⟩} \xrightarrow[\text{[H}_2\text{O]}]{\text{Na}_2\text{SO}_3} \text{⟨benzene⟩—CH}_2\text{SO}_3\text{Na}$$

四、主要仪器和药品

托盘天平、水浴锅、三口烧瓶、烧杯、电动搅拌器、回流冷凝管、温度计、瓷蒸发皿、干燥箱、量筒、吸滤瓶、布氏漏斗、真空水泵。

氢氧化钠、亚硫酸钠、泥炭。

五、实验内容

1. 腐殖酸的抽提

向三口烧瓶中加入 150mL 蒸馏水和 2g 氢氧化钠,加热,当温度升至 40℃时,搅拌,加入 40g 泥炭,升温至 90℃,抽提 40min。冷却后将反应物倒入 200mL 量筒中沉降 8h,倾出溶液,抽滤,沉淀用 200mL 水洗两次,合并滤液和溶液于烧杯中,放到电炉上缓慢加热浓缩,使溶液中的固形物含量达到 50%。固体主要为 NaHm。

2. 磺化

将 NaHm 溶液和亚硫酸钠加入到三口烧瓶中(亚硫酸钠与 NaHm 质量比为 1:2)。加热沸腾,回流 2h。

将溶液倒入烧杯中加热浓缩至黏稠状,转至蒸发皿中,在 90℃干燥箱中烘干,研碎,用 40 目筛筛分得成品,称重,计算产率。

六、注意事项

(1) 加热浓缩前要测定含量,一般是用波美计测量。

(2) 浓缩产物时要注意搅拌,防止溶液溅出。

七、思考题

(1) 固形物含量达不到 50%可否加入亚硫酸钠?为什么要确定固形物含量?

(2) 亚硫酸钠为什么按 NaHm 质量的 1/2 加入?

(3) 怎样定性地判断磺化效果?

实验六 采油助剂——胶体聚丙烯酰胺的制备及水解度测定

一、实验目的

(1) 熟悉由丙烯酰胺为原料制备聚丙烯酰胺(PAM)的原理及方法。

(2) 熟悉聚丙烯酰胺在碱性条件下的水解反应。

(3) 掌握测定水解度的一种方法。

二、性质与用途

1. 性质

聚丙烯酰胺是一种线性水溶性高分子,为无色或淡黄色黏稠体。可溶于水,几乎不溶

于有机溶剂。化学式为

$$\left[CH_2-CH \right]_n \quad | \quad CONH_2$$

2. 用途

聚丙烯酰胺是水溶性高分子化合物中应用最广的品种之一。PMA 及其衍生物可以用做高效絮凝剂、增稠剂、纸张增强剂以及液体增稠剂,广泛用于水处理、造纸、石油、煤炭、矿冶、地质、轻纺、建筑等工业部门。

三、实验原理

1. 聚丙烯酰胺的合成

聚丙烯酰胺是由丙烯酰胺在引发剂作用下聚合而成:

$$n CH_2\!=\!CH \xrightarrow[\text{加热}]{\text{引发剂}} \left[CH_2-CH \right]_n$$
$$| \qquad\qquad\qquad\qquad |$$
$$CONH_2 \qquad\qquad\qquad CONH_2$$

反应是按自由基机理进行的,随着反应的进行,分子链不断增长,当分子链增长到一定程度后,反应体系黏度明显增大。

2. 聚丙烯酰胺的水解

聚丙烯酰胺在碱性条件下可发生水解,生成部分水解聚丙烯酰胺:

$$\left[CH_2-CH \right]_n + x NaOH \xrightarrow{\text{加热}} \left[CH_2-CH \right]_{n-x}\left[CH_2-CH \right]_x + x NH_3\uparrow$$
$$| \qquad\qquad\qquad\qquad\qquad | \qquad\qquad\qquad |$$
$$CONH_2 \qquad\qquad\qquad\qquad CONH_2 \qquad\qquad COONa$$

随着水解反应的进行,氨气不断放出,并产生带负电的链节,使部分水解的聚丙烯酰胺在水中呈伸展的构象,体系黏度增大。

3. 水解度测定

由水解反应可知,聚丙烯酰胺在水解过程中消耗的 NaOH 与生成的—COONa 摩尔数相等。故水解时定量加入 NaOH,水解完成后测定体系中剩余的 NaOH,即可计算出部分水解聚丙烯酰胺的水解度:

$$DH = \frac{(n-2cV)\times 71}{\omega m \times 1000}\times 100\%$$

式中　DH——部分水解聚丙烯酰胺的水解度,%;

　　　n——加入 NaOH 的量,mol;

　　　c——硫酸标准溶液浓度,mol/L;

　　　V——硫酸标准溶液的用量,mL;

　　　ω——溶液中相当于聚丙烯酰胺的质量百分数,%;

　　　m——所取被滴定试液的质量,g。

四、主要仪器和药品

恒温水浴、酸式滴定管、分析天平、搅拌棒、托盘天平、移液管、烧杯、量筒、温度计。
丙烯酰胺、酚酞指示剂、10% NaOH 溶液、过硫酸铵、标准硫酸溶液。

五、实验内容

称取 5g 丙烯酰胺,放入 200mL 烧杯中,加入 45mL 蒸馏水,得到 10%丙烯酰胺溶液。用恒温水浴将上述溶液加热至 60℃,然后加入 15 滴 10%过硫酸铵溶液,引发丙烯酰胺发生聚合反应。在聚合反应过程中,慢慢搅拌,注意观察黏度变化。30min 以后停止加热,得到聚丙烯酰胺水溶液。

称取 2g 聚丙烯酰胺粉末,放入 200mL 烧杯中,加入 150mL 蒸馏水,用移液管加入 4mL 10%的 NaOH 溶液,连续搅拌均匀后,称重记录。将水浴温度调至 90℃,使其进行水解反应。在水解过程中,慢慢搅拌,观察黏度变化,并检查氨气的放出情况,每隔 30min 取 4g 样品(准确称至 0.01g),测定水解度。至少水解 2h~3h。

(注:第一次取样前应向反应液中加水,使其等于水解前的质量;以后每次取样前均需加水,使水解溶液量等于水解前的量减去取出试样的累积量)。

六、数据处理

(1) 计算测定的水解度。
(2) 画出水解度—时间关系曲线。

七、注意事项

(1) 聚合反应时要慢慢搅拌,以免聚合太快,造成爆聚。
(2) 水解时黏度变大,可使用锚式搅拌器,搅拌速度要慢。

八、思考题

(1) 为什么聚丙烯酰胺在碱性条件下能发生水解?
(2) 举例说明聚丙烯酰胺在油田上的应用。
(3) 如何解释实验中观察到的现象?

实验七　苯乙烯—马来酸酐共聚物的制备

一、实验目的

(1) 了解自由基共聚合的原理和沉淀聚合方法。
(2) 了解苯乙烯—马来酸酐共聚物的合成及应用。

二、性质与用途

1. 性质
苯乙烯—马来酸酐共聚物(Styrene - maleic Anhydride Copolymer)为浅黄色固体,不溶于水、苯和甲苯等溶剂。

2. 用途
苯乙烯—马来酸酐共聚物具有进一步反应的能力,可以通过水解、酯化、酰胺化、磺化等一系列反应合成多种工业助剂,如表面活性剂、原油及成品油降凝剂、流变性改进剂、泥浆减水剂等。

三、实验原理

苯乙烯和马来酸酐是可以溶于苯、甲苯等溶剂的单体,它们聚合反应生成的产物不溶于上述溶剂,以沉淀析出,因此这种溶液聚合被称为沉淀聚合。

马来酸酐很难发生自聚反应,它是强吸电子单体,苯乙烯是强给电子单体,两种单体的等摩尔混合物容易发生共聚。苯乙烯(M_1)和马来酸酐(M_2)共聚的竞聚率 $r_1=0.04$,$r_2=0.0015$,$r_1 \times r_2=0.0006$。所以,两种单体的等摩尔混合物发生聚合时,得到的是近似交替的共聚物。该反应常用的引发剂是偶氮二异丁腈(AIBN)或过氧化苯甲酰(BPO)等自由基聚合引发剂。反应方程式如下:

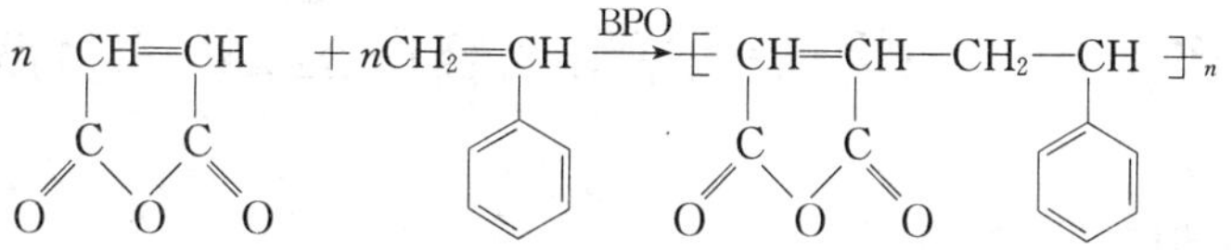

苯乙烯—马来酸酐共聚物的相对分子质量可以通过改变反应温度、引发剂用量、溶剂、链转移剂等许多方法进行调节。

四、主要仪器和药品

电动搅拌器、三口烧瓶、回流冷凝管、温度计、布氏漏斗、吸滤瓶、真空干燥箱、圆底烧瓶、真空水泵。

苯乙烯、马来酸酐、甲苯、BPO、盐酸、氢氧化钠。

五、实验内容

1. 共聚物合成

在装有电动搅拌器、温度计和回流冷凝管的 250mL 三口烧瓶中,加入 150mL 经过蒸馏的甲苯,10.4g(0.10 mol)苯乙烯,9.8g(0.10mol)马来酸酐和 0.1g(1×10^{-4} mol)BPO。升温至 50℃左右,搅拌 15min 后,使马来酸酐完全溶解。然后,升温到 80℃左右。反应过程中,产物逐渐沉淀。1h 后,反应物逐渐变稠,搅拌困难时停止加热。

反应物降至室温,产物经抽滤后,将滤饼放入真空干燥箱中,60℃下真空干燥。

2. 共聚物皂化

将 2g 干燥的共聚物和 50mL 2mol/L 的 NaOH 溶液加入装有回流冷凝管的 100mL 圆底烧瓶中,加热至沸腾。聚合物溶解后继续回流 1h。降温后,将溶液倾入 200mL 3mol/L 的盐酸中,使聚合物沉淀,然后过滤、洗涤、干燥,得到水解的苯乙烯—马来酸酐共聚物。

六、注意事项

(1) 苯乙烯中含有阻聚剂,需经碱洗、减压蒸馏精制后用于聚合。适当增加引发剂用量,苯乙烯试剂也可直接用于聚合。

（2）马来酸酐中可能含有一些马来酸,马来酸在甲苯中溶解度很小,使反应物在溶解时不透明,可用氯仿、甲苯等溶剂对马来酸酐重结晶提纯。

（3）BPO 提纯:室温下将 12gBPO 溶于 50mL 氯仿,滤出不溶物后,倒入 150mL 甲醇,析出结晶后,吸滤,在真空干燥箱中室温干燥。

（4）沉淀共聚合有自加聚现象,注意控制反应温度不要太高,否则不仅可能引起冲料,而且高温下的竞聚率也会发生变化。

七、思考题

（1）选择聚合反应的溶剂要考虑哪些因素?

（2）苯乙烯—马来酸酐共聚物进一步反应,可合成哪些助剂? 写出反应方程式。

实验八　织物低甲醛耐久整理剂 2D 的合成

一、实验目的

（1）掌握耐久整理剂 2D 的制备原理及方法。

（2）了解耐久整理剂 2D 的用途及织物定型处理方法。

二、性质与用途

1. 性质

2D 树脂是指二羟甲基二羟基乙烯脲树脂(Dihydroxy-methyldihydroxy Ethene Urea,DMD-HEU),属于反应性树脂。外观为淡黄色透明液体,相对密度为 1.2(20℃),游离甲醛小于 1%,游离乙二醛小于 0.5%,固含量 40%～50%,易溶于水,pH 值为 6～6.50。贮存稳定性好,但耐氯性差,对有些染料的日晒丰度也会有影响。

2. 用途

本品用做织物耐久定型整理剂,使织物具有防皱、防缩、耐洗性能,整理后的织物手感丰富,富有弹性。在花色布、涤、棉混纺织物及丝、麻织物的整理方面应用广泛,但不适于漂白耐氯织物的整理。

三、实验原理

2D 树脂的合成分环构化和羟甲基化两步。

（1）环构化:

（二羟基乙烯脲）

（2）羟甲基化：

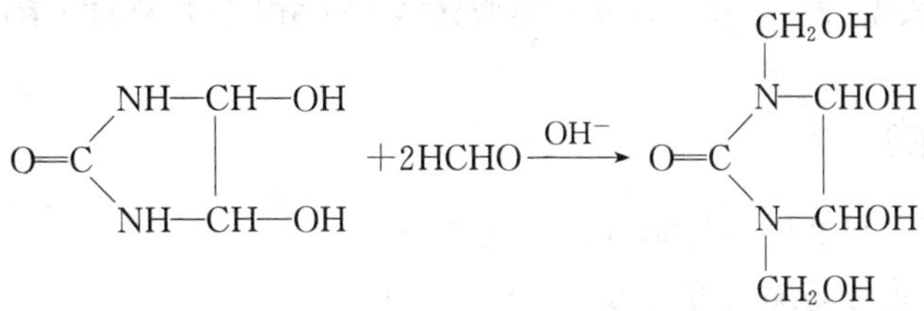

四、主要仪器和药品

三口烧瓶、滴液漏斗、电动搅拌器、恒温水浴锅、温度计。
50％乙二醛、尿素、37％甲醛、20％碳酸钠溶液、稀盐酸。

五、实验内容

1. 环构化反应

在装有电动搅拌器、温度计和滴液漏斗的 250mL 三口烧瓶中加入 60mL 乙二醛,在搅拌下,加入 20％碳酸钠溶液,调节 pH 值为 5.0～5.5,用精密 pH 试纸检测。然后再加入 30g 尿素,搅拌溶解 1h,用水浴锅加热至 35℃左右,停止加热。因为反应放热,体系会自动升温至 45℃左右。如果温度继续升高,可用冷水冷却,或用恒温水浴锅控温在(50±1)℃。恒温反应 2h,然后再用冷水冷却至 40℃。

2. 羟甲基化反应

向滴液漏斗中加入 81mL 甲醛,[乙二醛:尿素:甲醛＝1.0:1.0:2.0(物质的量比)]缓慢滴加到环化反应液中,不断用 20％碳酸钠溶液调节 pH 值为 8.0～8.5。由于为放热反应,当其升温至(50±1)℃时,用恒温水浴锅控制,恒温反应 2h。反应过程 pH 值会下降,要多次用碳酸钠溶液调节 pH 值为 8.0～8.5。等反应结束后,冷却至室温。用稀盐酸调节 pH 值为 6.0～6.5,最后加水调节含固量至 40％～45％。

六、注意事项

（1）实验内容中两步反应都是放热反应,在反应开始的一段时间内,要注意控制温度。

（2）反应时,pH 值必须控制在规定范围内,不断用精密 pH 试纸或 pH 计检测,并根据检测值进行调节。

七、思考题

（1）简述 2D 树脂的应用特性。

（2）此合成实验共分几步进行? 写出每步的反应方程式。

（3）为什么羟甲基化反应要将 pH 值控制在 8.0～8.5?

实验九　织物防皱防缩整理剂 UF 的制备

一、实验目的

(1) 学习尿素—甲醛树脂的制备原理及方法。
(2) 掌握织物防皱防缩的处理方法。

二、性质与用途

1. 性质

尿素—甲醛树脂(Urea-formaldehyde Resin)也叫脲甲醛树脂、脲醛树脂、羟甲基脲树脂,简称 UF,是常用的氨基树脂。本实验首先制备的是单、双羟甲基脲混合初缩物,这种初缩物外观为淡黄色或无色黏稠的浆状液,能溶于水,可加水稀释;含游离甲醛 2%～3%,固含量 30%～35%;为低分子化合物。应用时要调整 pH<7,高温下才能聚合成为树脂。因其不稳定,贮存期不宜太长。

2. 用途

本品用于棉织物防皱防缩整理,特别是人造棉织物的整理。整理后不但防皱防缩的效果优良,还能增加织物的染色牢度。由于成本低廉、使用方便,故应用非常普遍。但整理后的纺织物手感、耐洗性变差,使纤维脆损,现已被其甲醇醚化产品即树脂整理剂 KB 所取代。

三、实验原理

尿素和甲醛在中性或碱性介质中可以进行加成反应,获得单羟甲基脲与双羟甲基脲为主产物的树脂初缩体。在反应中 pH>7,温度不超过 40℃,否则会有凝结发生,反应方程式如下:

$$NH_2CONH_2 + HCHO \longrightarrow NH_2CONHCH_2OH（单羟甲基脲）$$
$$NH_2CONH_2 + 2HCHO \longrightarrow HOH_2CHNCONHCH_2OH（双羟甲基脲）$$

四、主要仪器和药品

三口烧瓶、电动搅拌器、水浴锅、滴液漏斗、温度计。
37%甲醛、尿素、三乙醇胺、氢氧化钠浓溶液、氯化铵、柔软剂 VS、渗透剂 JFC3。

五、实验内容

1. 脲醛树脂初缩体的制备

向装有电动搅拌器、温度计和连接玻璃漏斗的气体导管的 250mL 三口烧瓶中加入 48g 甲醛(37%),用约 1.2g 三乙醇胺调节至 pH=8,用 pH 试纸检验。将玻璃漏斗倒置于一装有浓氢氧化钠溶液的烧杯的液面以上,导管不要插入到反应液中,以防倒流。在搅拌下,逐渐加入 23g 尿素,若室温较低,可先将甲醛加热到 30℃左右,再分批加入尿素。当尿素完全溶解后,调节 pH 值为 8～9,继续搅拌,在 30℃下反应 1h。撤掉导管,换上装有 28g 冷水的滴液漏斗,快速滴加冷水。体系温度不得超过 40℃。如果高于 40℃,则需将烧瓶放入冷水中降温。继续搅拌反应 2h 后,将反应液倒入烧杯中,静置 5h 以上,取上层脲醛树脂初缩体清液使用。

2. 整理剂配制方法

在烧杯中加入少量水,搅拌下加入 20g~30g 柔软剂 VS、5g 渗透剂 JFC3、5g 脲醛树脂初缩体、2g~3g 氯化铵催化剂,搅拌均匀即可使用。

织物经过这种整理剂处理后,由于树脂的相对分子质量小而处于可溶状态,容易借机械浸轧渗透到纤维内部,然后经烘干(85℃~90℃)和焙烘,在纤维内部缩聚成高分子化合物,达到织物定型处理的目的。

六、注意事项

(1) 甲醛要澄清,如果浑浊,应先处理。方法是:甲醛加 KOH 至 pH=8,加热 60℃左右,停止加热,静置澄清 24h,吸取清液使用。

(2) 尿素如有结块,应预先压碎。

(3) 暂时不用的脲醛树脂初缩体,需稀释至固含量为 15%~20%保存。若放置时间过长,或气温过低,会有结晶析出,可水浴加热至 40℃,使其溶解,再用冰水冷至室温使用。用前需测固含量。

(4) 尿素与甲醛的配比(物质的量比)要严格控制,在尿素:甲醛 = 1:1.6 时,初缩体中单、双羟甲基脲的比例才能达 2:1 以上,产品才有效果,才能保证整理的织物有较好的质量。

七、思考题

(1) 简述尿素—甲醛树脂的特性及用途?
(2) 为什么在整个过程中体系温度不能超过 40℃?
(3) 为什么要严格控制尿素与甲醛的配比? 二者最好的配比是多少?

实验十　水质稳定剂——羟基亚乙基二膦酸的制备

一、实验目的

(1) 了解羟基亚乙基二膦酸的性能和用途。
(2) 掌握羟基亚乙基二膦酸的制备原理和方法。

二、性质与用途

1. 性质

羟基亚乙基二膦酸(1 - Hydroxyethylidene Diphosphonic acid,HEDP),又名羟基乙叉二膦酸、1,1 - 二膦酸基乙醇。结构式为:

$$HO-\overset{O}{\underset{O}{P}}-\overset{OH}{\underset{CH_3}{C}}-\overset{OH}{\underset{O}{P}}-OH$$

本品为白色晶体,熔点为 198℃～199℃,250℃左右分解,易溶于水,可溶于甲醇和乙醇,具有强酸性和腐蚀性,不易水解,毒性低,对光、热都比较稳定,能与铁、铜等多种金属离子形成稳定的络合物,也可与水中金属离子,尤其是钙离子形成六元螯合物。市售品为 55% 的淡黄色黏稠液体,相对密度为 1.45～1.55(20℃),pH 值为 2～3。

2. 用途

本品广泛用于电力、化工、冶金、化肥等工业循环冷却水系统及中低压锅炉、油田注水及输油管线的阻垢和缓蚀,可以作为轻纺工业中金属和非金属的清洗剂、漂染工业的过氧化稳定剂和固色剂、无氰电镀工业的络合剂。做阻垢剂一般使用浓度为 1mg/L～10mg/L,缓蚀剂为 10mg/L～50mg/L,清洗剂为 1000mg/L～2000mg/L。通常与聚酸型阻垢分散剂配合使用。

三、实验原理

羟基亚乙基二膦酸是由三氯化磷与冰醋酸混合后,加热,蒸馏得乙酰氯,再与亚磷酸反应制得。反应方程式如下:

$$PCl_3 + 3CH_3COOH \longrightarrow 3CH_3COCl + H_3PO_3$$

$$PCl_3 + 3H_2O \longrightarrow H_3PO_3 + 3HCl$$

$$CH_3\overset{O}{\overset{\|}{C}}Cl + 2H_3PO_3 \xrightarrow{H_2O} CH_3-\underset{PO(OH)_2}{\overset{OH}{\underset{|}{\overset{|}{C}}}}-PO(OH)_2 + HCl$$

四、主要仪器和药品

三口烧瓶、回流冷凝管、滴液漏斗、温度计、氯化氢吸收装置、减压蒸馏装置、锥形瓶、烧杯。三氯化磷、冰醋酸、乙醇、氢氧化钠。

五、实验内容

将 55g 三氯化磷加入滴液漏斗中,在装有回流冷凝管、电动搅拌器和滴液漏斗的三口烧瓶中加入 25g 冰醋酸和等量的水,搅拌下缓慢滴加三氯化磷,控制反应温度低于 40℃,在 1h 内滴完三氯化磷,室温下继续搅拌 15min,物料呈乳浊液。

慢慢升温至 110℃,回流 2h。冷却至室温后加入 20mL 乙醇,得到透明溶液。减压蒸出乙醇,再加 20mL 乙醇,再次减压蒸出乙醇。

将产物倒入烧杯中,冷却,用 10% 的氢氧化钠溶液调整产物的 pH 值至 3～4,得到产品。

六、注意事项

(1) 三氯化磷要缓慢加入,以免冲料。
(2) 由于有氯化氢产生,反应要在通风橱中进行,并安装氯化氢吸收装置。

七、思考题

(1) 羟基亚乙基二膦酸与无机磷酸盐水质稳定剂相比有哪些优点?
(2) 合成羟基亚乙基二膦酸后,为什么要加入乙醇?

第三章 胶黏剂

胶黏剂是使物质与物质相互黏为一体的媒介,是赋予各种物质单独存在时所不具有的功能的材料。胶黏剂亦称为黏结剂(或黏合剂),或简称胶,多为混合物,其组成主要包括基料(黏料)、固化剂(硬化剂、熟化剂、变定剂)、填料、增塑剂、稀释剂、偶联剂、稳定剂和防霉剂等,是一类重要的精细化工产品。胶黏剂广泛用于国民经济的各个领域,其中仅胶合板、木工、建筑和纸包装方面的用量,就接近全部用量的90%。从胶黏剂的材料种类来看,脲醛树脂、醋酸乙烯乳液和三聚氰胺三种约占80%。在合成橡胶类中,氯丁橡胶的用量最多。

胶黏剂的分类方法很多,按应用方法可分为热固型、热熔型、室温固化型、压敏型等;按应用对象分为结构型、非结构型或特种胶;按形态可分为水溶型、水乳型、溶剂型以及各种固态型等。

黏结是不同材料界面间接触后相互作用的结果。因此,界面层间的相互作用是胶黏学科中研究的基本问题。关于胶黏剂对被黏物形成一定黏合力的机理,至今尚不完善。现有的黏附理论有吸附理论、扩散理论、静电理论、化学键理论和机械结合理论等,分别强调了某一作用所做的贡献。但是各种作用的贡献大小是随着胶黏体系的变化而变化的,迄今还没有直接的实验方法可以测定各种作用对黏附强度的贡献大小。

各种理论考虑的基本点都与黏料的分子结构和被黏物表面结构以及它们之间的相互作用有关。黏结体系破坏实验表明,黏结破坏时出现了三种不同情况:①界面破坏:胶黏剂层全部与被黏体表面分开(胶黏界面完整脱离);②内聚力破坏:破坏发生在胶黏剂或被黏体本身,而不是在胶黏界面;③混合破坏:被黏物和胶黏剂层本身都有部分破坏或这二者中只有其一。这些破坏说明黏结强度不仅与胶黏剂和被黏物之间作用力有关,也与聚合物黏料或被黏物的分子间作用力有关。高聚物分子的化学结构及聚集态都对黏结强度有很大的影响,研究胶黏剂基料的分子结构,对设计、合成和选用胶黏剂都十分重要。

由于胶黏剂和被黏物的种类很多,所采用的黏结工艺也不完全一样,概括起来可分为:①胶黏剂的配制;②被黏物的表面处理;③涂胶;④晾置,使溶剂等低分子物挥发凝胶;⑤叠合加压;⑥清除残留在制品表面的胶黏剂。

现在,胶黏剂主要以天然或合成聚合物为基料,也有由无机化合物构成的。从形态来看,有水溶液、溶剂溶液、乳液和固体等。固体胶黏剂有薄膜状或颗粒状,需加热熔融使用。从化学结构来看,胶黏剂可分为热塑性树脂、热固性树脂、天然或合成橡胶等。无机胶黏剂有水玻璃、陶瓷黏料等;天然胶黏剂有天然橡胶、沥青、松香、明胶和酪素胶等。

从性能来看,实际应用的有压敏、再湿、瞬干、厌氧性、耐高温和耐低温等胶黏剂或微胶囊胶黏剂。从用途来看,可大体分为结构用和非结构用两种。具体说可黏结木材、金属、塑料、纸张、纤维、橡胶、水泥以及玻璃等材料。

实际上,胶黏剂已广泛应用到土木建筑、各种车辆、飞机、船舶、电气、电子工业、生物和医疗等社会的各个方面,并成为十分普及的家庭用品。

实验一　水溶性胶黏剂酚醛树脂胶的制备

一、实验目的

(1) 了解酚醛树脂胶黏剂的性质与用途。

(2) 掌握水溶性酚醛树脂胶的制备原理和方法。

(3) 掌握黏度计的使用方法。

二、性质与用途

1. 性质

水溶性酚醛树脂胶(Water - soluble Phenol Formaldehyde Resin Glue)为棕色黏稠透明液体,碱度小于 3.5%,游离酚小于 2.5%,树脂含量(45±2)%。此胶以水为溶剂,成本低、污染小,且游离酚含量低,对人体危害小。黏合力强、耐高温、价格低廉。

2. 用途

水溶性酚醛树脂胶主要用于制造高档胶合板,黏合泡沫塑料和其他多孔性材料,还可用做铸造胶黏剂。

三、实验原理

酚醛树脂胶是最早用于胶黏剂工业的合成树脂之一。它是由苯酚(或甲酚、二甲酚、间苯二酚)与甲醛在酸性或碱性催化剂存在下缩聚而成的。随着苯酚、甲醛用量配比和催化剂的不同,可生成热固性酚醛树脂和热塑性酚醛树脂两类。热固性酚醛树脂是用苯酚与甲醛以小于 1 摩尔比的用量在碱性催化剂(氨水、氢氧化钠)存在下反应制成的,一般能溶于酒精和丙酮中。为了降低价格、减少污染,可以配制成水溶性酚醛树脂。热固性酚醛树脂经加热可进一步交联固化成不熔不溶物。热塑性酚醛树脂(又称线性酚醛树脂)是用苯酚与甲醛以大于 1 摩尔比的用量在酸性催化剂(如盐酸)存在下反应制得的,可溶于酒精和丙酮中。由于它是线性结构,所以加热也不固化,使用时必须加入六次甲基四胺等固化剂,才能使之发生交联,变为不熔不溶物。

未改性的热固性酚醛树脂胶黏剂的品种很多,国内通用的有三种。钡酚醛树脂胶是用氢氧化钡为催化剂制取的甲阶酚醛树脂,可在石油磺酸的强酸作用下于室温固化,缺点是游离酚含量高达 20% 左右,对身体有害。由于含有酸性催化剂,黏结木材时会使木材纤维素水解,胶接强度随时间增长而下降;醇溶性酚醛树脂胶是用氢氧化钠为催化剂制取的甲阶酚醛树脂,也可用酸做催化剂室温固化,性能与钡酚醛树脂胶相同,但游离酚含量在 5% 以下;水溶性酚醛树脂胶是三种中最重要的,因游离酚含量低于 2.5%,对人体危害较小,同时以水为溶剂可节约大量有机溶剂。反应方程式如下:

$$n \begin{array}{c} OH \\ \bigcirc \end{array} + nCH_2O \rightarrow \begin{array}{c} OH \\ \bigcirc \end{array} CH_2 \left[\begin{array}{c} OH \\ \bigcirc \end{array} CH_2 \right]_n \begin{array}{c} OH \\ \bigcirc \end{array} + (n-1)H_2O$$

四、主要仪器和药品

三口烧瓶、温度计、量筒、烧杯、水浴锅或电热套、电动搅拌器、回流冷凝管、托盘天平。40%氢氧化钠溶液、苯酚、37%甲醛。

五、实验内容

在 250mL 三口烧瓶中加入 50g 苯酚及 25mL 40%NaOH 溶液,搅拌升温至 40℃～45℃,恒温 20min～30min,控温在 42℃～45℃,在 30min 内滴加 54g 37%甲醛,此时温度逐渐升高至 87℃;在 25min 内将反应物的温度由 87℃升至 94℃,反应 1h,恒温 20min 后,降温至 82℃,恒温 15min,再加入 10g 37%甲醛和 20g 水,升温至 90℃～92℃,反应 20min 后开始取样测黏度,至符合要求为止,冷却至 40℃,得产品。

六、注意事项

(1) 注意控制反应温度和时间。
(2) 实际加水量应包括甲醛和氢氧化钠溶液中的含水量。
(3) 黏度控制在 100cP～200cP(20℃)(1cP=10^{-3}Pa·s)。

七、思考题

(1) 在整个反应过程中,为什么要控制各阶段反应温度?
(2) 热固性酚醛树脂胶和热塑性酚醛树脂胶在甲醛和苯酚的配比上有何不同? 各用什么催化剂。

实验二 双酚 A 型低相对分子质量环氧树脂的制备与应用

一、实验目的

(1) 掌握制备双酚 A 环氧树脂的一般原理和方法。
(2) 通过黏结试验,了解一般环氧树脂胶黏剂的配制方法和应用。

二、性质与用途

1. 性质

双酚 A 型低相对分子质量环氧树脂(Bisphenol Epoxy Resin),学名为双酚 A 二缩水甘油醚,称为 E 型环氧树脂,其分子结构如下:

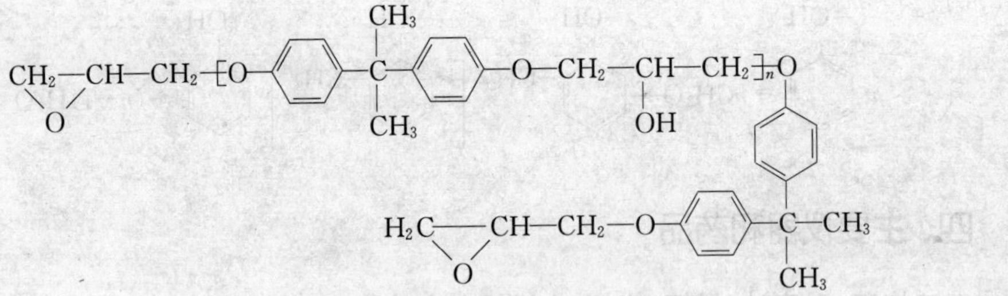

$$CH_2\text{-}CH\text{-}CH_2\{O-\!\!\bigcirc\!\!\overset{\underset{\displaystyle CH_3}{|}}{\underset{\underset{\displaystyle CH_3}{|}}{C}}\!\!\bigcirc\!\!O-CH_2\text{-}CH\text{-}CH_2\}_n O$$

其为黄色或棕色透明黏性液体(或固体),易溶于二甲苯、甲乙酮等有机溶剂。

2. 用途

本品主要用做黏结剂,可黏结各种金属和非金属材料;也可用做层压材料,浇注电动机中的定子、电动机外壳和变压器、层压模具。其泡沫材料可用做绝热、吸音、防振和漂浮材料等。

三、实验原理

双酚 A 和环氧氯丙烷合成环氧树脂的反应为逐步聚合反应。一般认为,它们在氢氧化钠存在下会不断地进行环氧基开环和闭环的反应。反应方程式如下:

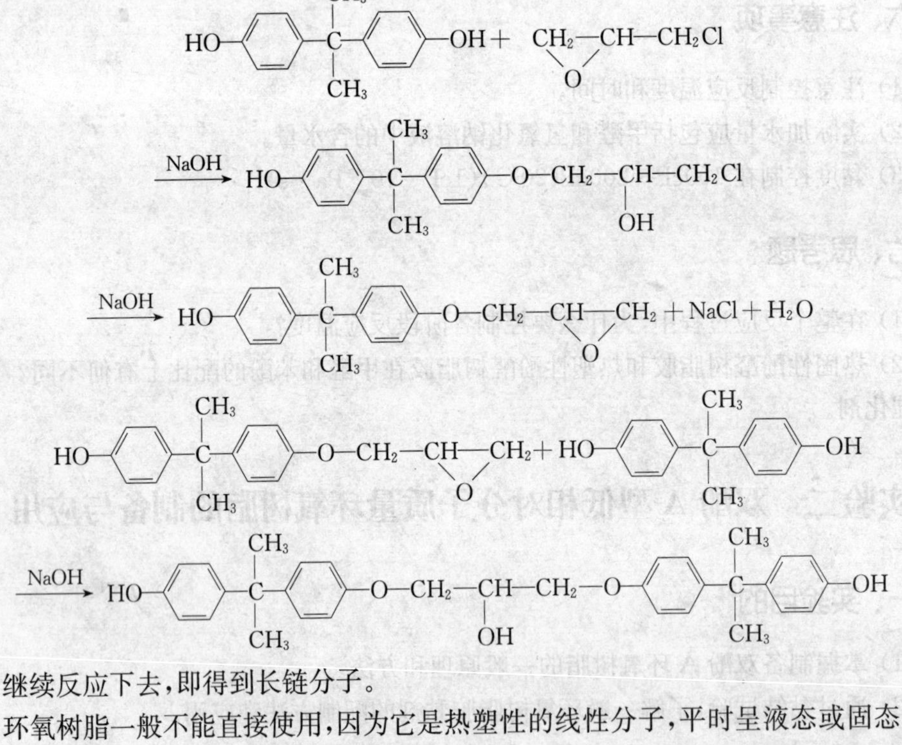

$\xrightarrow{NaOH}$

$\xrightarrow{NaOH}$ ……$+ NaCl + H_2O$

$\xrightarrow{NaOH}$

继续反应下去,即得到长链分子。

环氧树脂一般不能直接使用,因为它是热塑性的线性分子,平时呈液态或固态,必须用固化剂使线型分子交联成网状结构的体型分子,成为不溶也不熔的硬化产物。胶黏剂的配制就是利用了这个原理。胺类是最常用的固化剂,如可用三乙烯四胺作为固化剂,反应方程式如下:

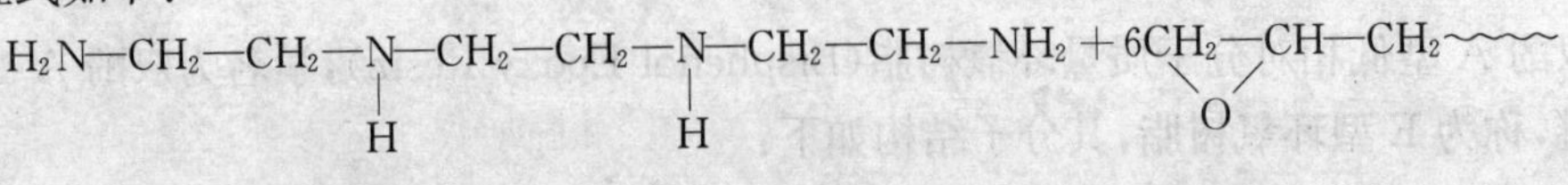

$$H_2N\text{-}CH_2\text{-}CH_2\text{-}\underset{\underset{\displaystyle H}{|}}{N}\text{-}CH_2\text{-}CH_2\text{-}\underset{\underset{\displaystyle H}{|}}{N}\text{-}CH_2\text{-}CH_2\text{-}NH_2 + 6CH_2\text{-}CH\text{-}CH_2\sim\!\!\sim$$

38

反应主要利用线型环氧树脂上两头的环氧基和胺上的活泼氢发生反应,从而使线型分子链交联起来。

四、主要仪器和药品

三口烧瓶、回流冷凝管、直形冷凝管、接液管、锥形瓶、滴液漏斗、分液漏斗、温度计、量筒、移液管、碱式滴定管、烧杯、电热套、电动搅拌器、托盘天平、圆底烧瓶、玻璃条、塑料瓶、混凝土条。

双酚 A、环氧氯丙烷、氢氧化钠、苯、盐酸、丙酮、0.1mol/L 标准氢氧化钠溶液、乙醇、0.1%酚酞、三乙烯四胺、粗石蜡油。

五、实验内容

1. 环氧树脂的制备

在 250mL 三口烧瓶中加入 22.8g 双酚 A 和 28g 环氧氯丙烷,加热搅拌,温度升至 60℃~70℃时,恒温 30min,使双酚 A 全部溶解。然后用滴液漏斗滴加碱液(将 8gNaOH 溶于 20mL 水中),开始滴加要缓慢,防止反应物局部浓度过大而形成固体,难以分散。此时温度不断升高,可暂停加热,调节 NaOH 溶液的滴加速度,控制温度为 70℃左右。滴加过程约在 30min 内完成。在 70℃~75℃回流 1h~2h,此时液体呈乳黄色。加入 30mL 蒸馏水、60mL 苯,搅拌均匀,倒入分液漏斗,静置分层后,分去下层水液,再重复加入 30mL 水和 60mL 苯洗涤有机物一次。最后用 60℃~70℃水再洗一次。将上层有机物液体倒入蒸馏烧瓶中,蒸馏除去溶剂和未反应完的单体,控制蒸馏的最终温度为 120℃,最后得到淡棕色黏稠树脂。所得树脂倒入已称重的小烧杯中,于(110±2)℃的烘箱中烘 2h~4h,称重,计算产率。

2. 环氧值的测定

环氧值定义为 100g 树脂中所含环氧基的量(mol)。相对分子质量越高,环氧基团间的分子链也越长,环氧值就越低。一般低相对分子质量树脂的环氧值在 0.50~0.57 之间。本实验采用盐酸—丙酮法测定环氧值。反应方程式如下:

$$\sim\sim CH-CH_2 + HCl \xrightarrow{\text{丙酮}} \sim\sim CH-CH_2$$
$$\underset{O}{} \qquad \underset{OH \quad Cl}{}$$

(1)用移液管将相对密度为 1.19 的 1.6mL 浓盐酸转入 100mL 的容量瓶中,加丙酮稀释至刻度,配成 0.2mol/L 的盐酸丙酮溶液(现用现配,不需标定)。

(2)准确称取 0.3g~0.5g 样品加入锥形瓶中,准确加入 15mL 盐酸丙酮溶液。盖好锥形瓶,放在约15℃的阴凉处静置1h。然后加入两滴酚酞指示剂,用0.1mol/L的标准NaOH溶液滴定至粉红色,做平行试验,并做空白对比。

(3) 按下式计算环氧值:

$$环氧值 E = \frac{(V_1 - V_2)c_{NaOH}}{m} \times \frac{100}{1000}$$

式中　c_{NaOH}——NaOH溶液的摩尔浓度,mol/L;

　　　V_1——空白实验消耗的NaOH标准溶液体积,mL;

　　　V_2——试样消耗的NaOH标准溶液体积,mL;

　　　m——样品质量,g。

3. 胶黏剂的配制和应用

(1) 按下式确定胺的用量:

$$G = \frac{M}{H} \times E$$

式中　G——每100g环氧树脂所需要的胺量,g。

　　　M——胺的摩尔质量,g/mol;

　　　E——环氧值;

　　　H——胺中活泼氢原子的数目。

(2) 将混凝土条试样用清水洗涤烘干,或玻璃条试样在洗液中浸一下再用水洗净烘干。

(3) 在塑料瓶盖里放入2g环氧树脂,三乙烯四胺的实际用量应比上述公式计算的多5%~10%。将环氧树脂用玻璃棒调匀后涂于试样黏结处,胶层必须薄而均匀(约0.1mm),固定好,于室温或120℃下固化。

六、注意事项

NaOH溶液要缓慢滴加,防止因局部过量而结块。

七、思考题

(1) 合成环氧树脂用什么做催化剂? 催化剂加入的快慢对合成有无影响?

(2) 为什么环氧树脂合成后要蒸馏? 蒸馏控制在什么温度?

(3) 环氧树脂黏结时为什么要加入固化剂? 怎样控制固化剂用量?

实验三　聚乙烯醇缩甲醛胶的合成

一、实验目的

(1) 掌握聚乙烯醇缩甲醛胶的制备原理和方法。

(2) 熟悉聚乙烯醇缩甲醛胶的分析检验方法。

(3) 熟悉涂-4黏度计的使用方法。

二、性质与用途

1. 性质

聚乙烯醇缩甲醛(Polyvinyl Formal),又名 107 胶,也称"文化水",为无色透明或微黄的黏稠液体,易溶于水,性能优良,价格低廉。

2. 用途

广泛应用于建筑业,有"万能胶"之称,可用于黏结瓷砖、壁纸、外墙饰面等,还用于制鞋业粘贴皮鞋衬里和用做文具胶水等。但由于 107 胶中有害物质超标,污染环境,已被 108 胶替代。

三、实验原理

聚乙烯醇(PVAL)分子中含有的羟基(—OH)是一种亲水性基团,因而 PVAL 可溶于水,它的水溶液可作为胶黏剂使用。PVAL 按其聚合度和醇解度的不同分成多种型号,本实验所用的 PVAL17-99 是指平均聚合度约为 1700,醇解度约为 99%(摩尔分数)的 PVAL。

为了提高 PVAL 的耐水性,可以对 PVAL 进行缩醛化反应来改性。聚乙烯醇缩甲醛胶水就是 PVAL 在盐酸催化下,部分羟基与甲醛进行缩醛化反应(一种消去反应或缩合反应)生成的热塑性树脂,其反应方程式如下:

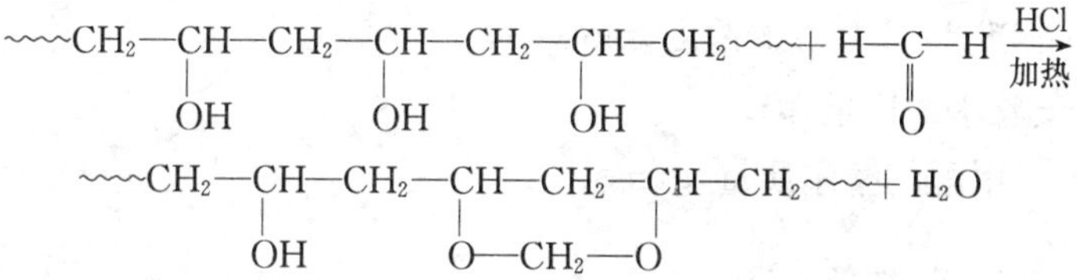

$$\sim\!\!\text{CH}_2\!-\!\text{CH}\!-\!\text{CH}_2\!-\!\text{CH}\!-\!\text{CH}\!-\!\text{CH}\!-\!\text{CH}_2\!\sim\; +\; \text{H}\!-\!\underset{\|}{\overset{}{\text{C}}}\!-\!\text{H} \xrightarrow[\text{加热}]{\text{HCl}}$$

$$\sim\!\!\text{CH}_2\!-\!\text{CH}\!-\!\text{CH}_2\!-\!\text{CH}\!-\!\text{CH}\!-\!\text{CH}_2\!\sim\; +\; \text{H}_2\text{O}$$

聚乙烯醇缩甲醛分子中的羟基(—OH)是亲水性基团,而缩醛基 $\left(\!-\!\overset{}{\underset{}{\text{CH}}}\!-\!\text{CH}_2\!-\!\overset{}{\underset{}{\text{CH}}}\!-\!\right)$ 则是疏水性基团。控制一定的缩醛度(聚乙烯醇缩甲醛中所含缩醛基的程度,常以百分率表示),可使生成的聚乙烯醇缩甲醛胶水既具有较好的耐水性,又具有一定的水溶性。为了保证产品质量的稳定,缩醛化反应结束后需用 NaOH 溶液中和至中性。

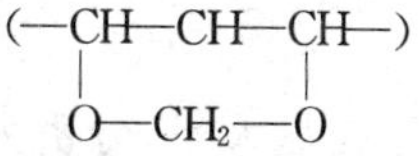

聚乙烯醇缩甲醛胶水的黏度与 PVAL 的用量有关,要获得适宜的缩醛度,必须严格控制反应物的配比、催化剂用量、反应时间和反应温度。根据不同用途,控制反应物的配比和反应条件,可得到不同黏度和缩醛度的胶水,作为胶黏剂,广泛用于建筑施工、鞋革、图书装订、文具及建筑涂料等方面。

对胶水质量的检验,主要是测定其黏度和缩醛度,但由于测定缩醛度的操作麻烦且费时间,因而常借助测定胶水中的游离甲醛量(即留存于聚乙烯醇缩甲醛中未被缩醛化的甲醛含量,常以百分率表示)来了解缩醛化反应完成的情况以及在该反应条件下缩醛度的大小。通常胶水中游离甲醛量越少,表明缩醛度越高;反之,则表明缩醛度越低。本实验合成的胶水要求游离甲醛量约在 1.2% 以下。

黏度的测定采用涂-4 黏度计(一种简易黏度计,如图 3-1 所示)。在 20℃时,测定 100mL 胶水从规定直径(ϕ4mm)的孔中流出所需的时间(s),并以该流出时间表示黏度的

大小(因其体积固定)。本实验合成的胶水
要求黏度约在 70s 以上。

游离甲醛量的测定是通过亚硫酸钠与
甲醛的反应,使之生成羟甲基磺酸钠和氢氧
化钠:

图 3-1 涂-4 黏度计测定黏度的装置

然后用玫红酸(变色范围 pH 在 6.2～8.0)做指示剂,用标准 HCl 溶液滴定上述反应
所生成的 NaOH,溶液由红色变为无色即为终点。根据滴定所需标准 HCl 溶液的量,可
算出胶水中游离甲醛的含量(%),计算公式如下:

$$HCHO\% = \frac{(V - V_0) \times c_{HCl} \times 30.03}{m_{胶水} \times 1000} \times 100\%$$

式中　V——滴定胶水消耗的标准 HCl 溶液的体积,mL;

　　　V_0——空白滴定(不加胶水)消耗的标准 HCl 溶液的体积,mL;

　　　c_{HCl}——标准 HCl 溶液的浓度,mol/L;

　　　$m_{胶水}$——胶水的质量,g;

　　　30.03——甲醛的摩尔质量,g/mol。

四、主要仪器和药品

托盘天平、分析天平、锥形瓶、具塞锥形瓶、滴管、量筒、酸式滴定管、滴定管夹、白瓷
板、洗瓶、玻璃棒、温度计、三口烧瓶、电动搅拌器、秒表、涂-4 黏度计、滴液漏斗。

0.2mol/L 标准 HCl 溶液、6mol/L NaOH 溶液、0.5mol/L Na_2SO_3 溶液、36%甲醛、
聚乙烯醇 17-99(PVAL17-99)、0.5%玫红酸、pH 试纸、浓 HCl。

五、实验内容

1. 聚乙烯醇缩甲醛胶水的合成

(1) 聚乙烯醇的溶解

在三口烧瓶中加入 13.5gPVAL,150mL 去离子水,搅拌,加热,控温在 90℃左右,直
至 PVAL 全部溶解(约 40min)。

(2) 聚乙烯醇的缩甲醛化反应

向三口烧瓶中滴加浓 HCl 溶液,将 PVAL 水溶液的 pH 值调为 2。

量取 5mL 36%甲醛水溶液,用滴液漏斗缓缓地滴入三口烧瓶中,30min 滴完,继续搅
拌 30min。停止加热。滴加 6mol/LNaOH 溶液至聚乙烯醇缩甲醛胶水的 pH 值为 7

左右。

（3）降温出料

停止搅拌。取下三口烧瓶。用自来水淋洗三口烧瓶外壁，使胶水冷却至室温。倒入洁净干燥的烧杯中，待分析用。

2. 产品的分析测定

（1）黏度的测定

按图 3-1 的装置，将洁净、干燥的涂-4 黏度计置于固定架上，用水平调节螺丝调节涂-4 黏度计固定架，使其处于水平状态。用手指按住黏度计下部小孔，将冷至室温的待测胶水倒入涂-4 黏度计至满后，用玻璃棒沿水平方向抹去多余试样。将承受杯置于黏度计下方，松开手指，记下胶水由细流状流出转变为滴流状流出所需的时间。

（2）游离甲醛量的测定

将所合成的胶水倒入称量瓶中，在分析天平上用减量法称取 5g（准确至 4 位有效数字）胶水，置于 250mL 具塞锥形瓶中，加入 30mL 0.5mol/L Na_2SO_3 溶液，数秒内迅速摇匀，加入 3 滴 0.5% 玫红酸指示剂，立即用 0.2mol/L（4 位有效数字）的标准 HCl 溶液滴定至溶液由红色刚刚变为无色为止。

再用 250mL 具塞锥形瓶进行不加胶水的空白实验。计算游离甲醛量。

六、注意事项

（1）玫红酸指示剂的配制：称取 0.5g 玫红酸，溶于 50mL 乙醇中，用去离子水稀释至 100mL，混匀。

（2）拆卸装置的操作要小心，防止玻璃仪器破损。

（3）涂-4 黏度计只能测定低黏度物质。对于黏度较大的物质，可用旋转黏度计测定其黏度。

七、思考题

（1）聚乙烯醇缩甲醛胶是怎样合成的？如何提高聚乙烯醇缩甲醛胶的耐水性？

（2）本实验合成应控制哪些操作条件？为什么？

（3）测定聚乙烯醇缩甲醛中游离甲醛量的原理是什么？为什么要测定？

实验四　环氧树脂胶黏剂的配制及应用

一、实验目的

（1）了解环氧树脂胶黏剂的组成、结构及相对分子质量与黏结性能的关系。

（2）了解环氧树脂胶黏剂的固化机理。

（3）掌握环氧树脂胶黏剂的配制方法和黏结工艺。

二、性质与用途

1. 性质

环氧树脂是分子中至少带有两个环氧端基的线性高分子化合物。环氧树脂胶黏剂(Cycloweld)是浅黄色或棕色高黏稠透明液体或固体,可不用溶剂直接黏结,具有黏结强度高、固化收缩小、耐高温、耐腐蚀、耐水、电绝缘性能高、易改性、低毒、适用范围广等优点。

2. 用途

环氧树脂胶黏剂应用范围广泛,在航空航天、导弹、造船、兵器、机械、电子、电器、建筑、轻工、化工、农机、汽车、铁路、医疗等领域都有应用,也有"万能胶"之称。

三、实验原理

1. 环氧树脂的制备

环氧树脂胶黏剂是以环氧树脂为基本成分配制而成的胶黏剂,种类多、产量大,应用最多的是双酚 A 型环氧树脂,称为 E 型环氧树脂。它是由二酚基丙烷与环氧氯丙烷在碱催化下缩聚而得的各种相对分子质量不同的线型聚合物,反应方程式如下:

$$(n+2)\ CH_2\!-\!CH\!-\!CH_2Cl + (n+1)HO\!-\!\!\!\bigcirc\!\!\!-\!\!\!\underset{CH_3}{\overset{CH_3}{C}}\!\!\!-\!\!\!\bigcirc\!\!\!-\!OH \xrightarrow{(n+2)NaOH}$$

$$CH_2\!-\!CH\!-\!CH_2\!\!-\!\!\Big[\!O\!-\!\!\!\bigcirc\!\!\!-\!\!\!\underset{CH_3}{\overset{CH_3}{C}}\!\!\!-\!\!\!\bigcirc\!\!\!-\!O\!-\!CH_2\!-\!CH\!-\!CH_2\!\Big]_n$$

$$-\!O\!-\!\!\!\bigcirc\!\!\!-\!\!\!\underset{CH_3}{\overset{CH_3}{C}}\!\!\!-\!\!\!\bigcirc\!\!\!-\!O\!-\!CH_2\!-\!CH\!-\!CH_2 + (n+2)NaCl + (n+2)H_2O$$

根据环氧氯丙烷和双酚 A 的物质的量的不同,生成树脂的相对分子质量在 $350\sim7000$ 之间。1mol 双酚 A 和大于 2mol 环氧氯丙烷反应得到相对分子质量小的液状树脂,随着聚合物链节数的增加,树脂由液态转变为高熔点的固态。

环氧树脂分子结构中含有脂肪羟基、醚键、环氧基,这些极性基团可与被黏结物表面产生较强的结合力。羟基能和一些非金属元素形成氢键,环氧基可与一些金属表面形成化学键,因此,黏附性能好,黏结强度高。其他一些基团能使环氧树脂具有耐热性、耐化学腐蚀性、柔软性、强韧性、与其他树脂的相溶性、电绝缘性等优良性能。

2. 固化机理

环氧树脂是线型结构的热固性树脂,环氧树脂胶黏剂是以环氧树脂和固化剂为主要成分配制而成的。为改善胶黏剂的性能和工艺要求,可加入适量的填充剂、稀释剂及增韧剂等,以便适合于各种用途。固化剂的种类很多,详见表 4-1。

表 4-1　固化剂的分类与典型实例

总类	分类		典型实例
加成型	胺类	脂肪伯、仲胺	二乙烯三胺、多乙烯多胺、己二胺
		芳香伯胺	间苯二胺、二氨基二苯甲烷
		脂环胺	六氢吡啶
		改性胺	105、120、590、703
		混合胺	间苯二胺与DMP-30的混合物
	酸酐类	酸酐	顺丁烯二酸酐、苯二甲酸酐、聚壬二酸酐
		改性酸酐	70、80、308、647
	聚合物		低分子聚酰胺
	潜伏型		双氰双胺、酮亚胺、微胶囊
催化型	咪唑类	咪唑	咪唑、2-乙基-4-甲基咪唑
		改性咪唑	704、705
	三级胺	脂肪	三乙胺、三乙醇胺
		芳香	DMP-30、苄基二甲胺
	酸催化	无机盐	氯化亚锡
		络合物	三氟化硼络合物

环氧树脂在固化剂的作用下,交联成网状的热固型结构称为固化或硬化。不同的固化剂的固化机理不同,有的固化剂与环氧树脂加成后,成为固化产物的一部分即完成固化;有的固化剂则通过催化作用,使环氧树脂本身开环聚合而固化。关于环氧胶黏剂的固化机理,目前还不十分清楚,大致可归为转移加成和催化开环,或二者都有。

伯胺、仲胺的固化机理:伯胺和仲胺含有活泼的氢原子,很容易与环氧基发生亲核加成反应,使环氧树脂交联固化。固化过程可分为三个阶段:

(1) 伯胺与环氧树脂反应,生成带仲胺基的大分子:

(2) 仲胺基再与另外的环氧基反应,生成含有叔胺基的更大分子:

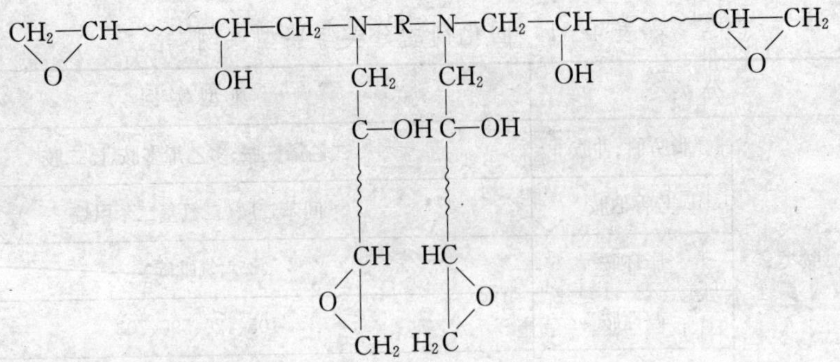

(3) 剩余的胺基、羟基与环氧基发生反应：

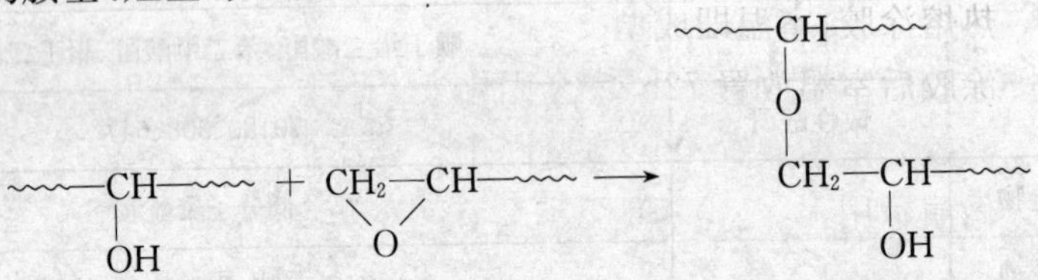

醚化反应

四、主要仪器和药品

砂浴或电炉、蒸发皿、托盘天平、玻璃棒、温度计、黏结用的零件、吹风机、小铁夹。

环氧树脂(E51、E44、E12)、低分子聚酰胺(650)、三乙烯四胺、邻苯二甲酸二丁酯、汽油、乙醇、丙酮、石英粉(200目)、氧化铝粉(300目)、铝片、砂纸、铝材的化学处理液(重铬酸钠溶液)、浓硫酸。

五、实验内容

1. 材料的表面处理

为保证胶黏剂与被黏结件界面有良好的黏附作用,被黏结材料需进行表面处理,除去油污等杂质。用汽油擦洗欲黏结件,清洗材料表面的灰尘、污垢,即预清洗,用乙醇或丙酮除油,也可用15％NaOH溶液除油。用砂纸打磨除掉金属表面的旧氧化皮并形成粗糙表面,即机械处理,水冲洗、化学处理(对不同的材料有不同的处理液,对铝材用上述的化学处理液,于66℃～68℃处理10min),蒸馏水冲洗,热风吹干,自然冷却至室温。

2. 配制胶黏剂

配方一：

将4g E44环氧树脂与3.2g E12环氧树脂混合加热熔化后,加入0.6g 650低分子聚酰胺继续加热至180℃融熔,然后冷却到100℃时加入0.8g E51环氧树脂,不断搅拌冷却至室温,得一号胶。

配方二：

将4g E51环氧树脂、4g 650低分子聚酰胺、1.6g石英粉(200目),搅拌均匀得二号胶。

配方三：

称取2g E51环氧树脂,0.4g邻苯二甲酸二丁酯,2g氧化铝粉(300目),0.2g三乙烯四胺,搅拌均匀得三号胶。

46

配方四(901 导电胶):

甲:E44 环氧树脂 1.7 份,丙酮 0.3 份。乙:三乙烯四胺。丙:银粉。甲:乙:丙=2:0.5:4.5(总量自定),将甲、乙、丙搅拌均匀得四号胶。

固化条件:①涂胶:被黏件涂胶后常温晾置片刻后黏合;②固化:120℃烘烤 2h 或室温放置 48h;③应用:可黏合型电子元件、组件、修补印制电路、厚膜电路、代替原焊接工艺。

3. 涂胶黏剂

将表面处理好的待胶件涂上适当厚度(0.1mm)的胶黏剂,不要有气泡及缺胶。然后将黏合面合在一起,用夹具夹紧,使黏结层紧密贴合。

4. 室温晾置固化

一号胶——热熔涂胶,室温即成型。

二号胶——涂胶后室温放置 72h,完全固化。

三号胶——涂胶后室温放置 48h,完全固化。

四号胶——做演示用。

六、注意事项

(1) 黏结前黏结件要处理干净,晾干。

(2) 黏结件学生自备,可用格尺、笔杆、眼镜、塑料片、金属片等。

七、思考题

(1) 热熔胶与一般固化的胶有何区别?它们在结构、性质及黏结性能等方面各有什么特点?

(2) 什么是增韧剂和固化剂?用环氧树脂进行黏结时,加入固化剂的目的是什么?

(3) 为什么环氧树脂具有良好的黏结性能?

第四章　涂　料

涂料是一种可借特定的施工方法涂覆在物体表面上,经固化形成连续性涂膜的材料,通过它可以对被涂物体起到保护、标志及其他特殊作用。其主要成分如下:

(1) 基料(成膜物质),是涂料的主要成分,包括油脂、油脂加工产品、纤维素衍生物、天然树脂和合成树脂。

(2) 助剂,一般用来提高涂料的涂膜性能,如消泡剂、流平剂等;还有一些特殊的功能助剂,可以使涂料具有特定功能,如底材润湿剂等。

(3) 颜料,在涂膜中能产生所需的色彩和遮盖力,还能增强涂膜的耐久性和耐磨性等。主要是无机颜料,有机颜料在装饰性较高的涂料中用量在逐步增加。颜料一般分两种,一种为着色颜料,常见的有钛白粉、铬黄等;另一种为体质颜料,也就是常说的填料,如碳酸钙、滑石粉等。填料是遮盖力很差的白色或稍带色的无机颜料,主要用来增加涂膜的强度,降低成本。

(4) 溶剂,是用来溶解基料的可挥发性液体,包括烃类溶剂(矿物油精、煤油、汽油、苯、甲苯、二甲苯等)、醇类、醚类、酮类和酯类物质。

涂料品种繁多,用途十分广泛,性能各异。涂料的分类方法很多,通常有以下几种:

(1) 按涂料中的主要成膜物质可分为油性涂料、纤维涂料、合成涂料、无机涂料等。

(2) 按涂料的形态可分为水性涂料、溶剂性涂料、粉末涂料、高固体份涂料等。

(3) 按施工方法可分为刷涂涂料、喷涂涂料、辊涂涂料、浸涂涂料、电泳涂料等。

(4) 按施工工序可分为底漆、二道底漆、面漆、罩光漆等。

(5) 按功能可分为装饰涂料、防腐涂料、导电涂料、防锈涂料、耐高温涂料、示温涂料、隔热涂料等。

(6) 按用途可分为建筑涂料、罐头涂料、汽车涂料、飞机涂料、家电涂料、木器涂料、桥梁涂料、塑料涂料、纸张涂料等。

目前,以合成树脂为成膜物质的涂料在市场上占主导地位。合成树脂一般都是高分子化合物,主要通过加聚反应或缩聚反应制得。

实验一　聚醋酸乙烯乳胶漆的配制

一、实验目的

(1) 了解自由基型加聚反应的原理。

(2) 熟悉聚醋酸乙烯的制备原理和方法。

(3) 了解乳胶漆的特点,掌握配制方法。

二、性能与用途

1. 性质

聚醋酸乙烯乳胶漆(Polyvinyl Acetate Latex Paint)为乳白色黏稠液体,黏度≥0.5 Pa·s,pH＝3～7,蒸发剩余物≥30％,可加各种色浆配成不同颜色。

2. 用途

主要用于建筑物的内外墙涂饰。该漆以水为溶剂,具有安全无毒、施工方便等特点,易喷涂、刷涂和辊涂,干燥快、保色性好、透气性好,但光泽较差。聚醋酸乙烯也可作为胶黏剂来使用。

三、实验原理

1. 聚醋酸乙烯的制备

醋酸乙烯很容易聚合,也很容易与其他单体共聚。可由本体聚合、溶液聚合、悬浮聚合或乳液聚合等方法聚合成不同的聚合体。

醋酸乙烯单体的聚合反应是自由基型加聚反应,属链式聚合反应,整个过程包括链引发、链增长和链终止三个基元反应。

链引发反应就是不断产生单体自由基的过程。常用的引发剂,如过氧化合物和偶氮化合物,它们在一定温度下能分解生成初级自由基,然后与单体加成产生单体自由基,其反应方程式如下:

$$R-R \longrightarrow 2R\cdot$$

$$R\cdot + CH_2=\underset{X}{\overset{}{CH}} \longrightarrow R-CH_2-\underset{X}{\overset{\cdot}{CH}}$$

链增长反应就是非常活泼的单体自由基不断迅速地与单体分子加成,生成大分子自由基。链增长反应的活化能低,故速度极快。其反应方程式如下:

$$R-CH_2-\underset{X}{\overset{\cdot}{CH}} + CH_2=\underset{X}{\overset{}{CH}}$$

$$\longrightarrow R-CH_2-\underset{X}{\overset{}{CH}}CH_2-\underset{X}{\overset{\cdot}{CH}} \longrightarrow \cdots$$

$$\longrightarrow R-CH_2-\underset{X}{\overset{}{\Big[}CH_2-\underset{X}{\overset{}{CH}}\Big]_n}-CH_2-\underset{X}{\overset{\cdot}{CH}}$$

链终止反应就是两个自由基相遇,活泼的单电子相互结合而使链终止。终止反应有两种方式,即偶合终止和歧化反应。

(1) 偶合终止:

$$\sim\sim CH_2-\underset{X}{\overset{\cdot}{CH}} + \underset{X}{\overset{\cdot}{CH}}-CH_2\sim\sim \longrightarrow \sim\sim CH_2-\underset{X}{\overset{}{CH}}-\underset{X}{\overset{}{CH}}-CH_2\sim\sim$$

(2) 歧化反应：

$$\sim\sim CH_2-\overset{\bullet}{C}H + \overset{\bullet}{C}H-CH_2\sim\sim \longrightarrow \sim\sim CH_2-CH_2 + CH=CH\sim\sim$$
$$\begin{array}{cccc} & | & | & \\ & X & X & \end{array} \qquad \begin{array}{cc} | & | \\ X & X \end{array}$$

通常本体聚合、溶液聚合和悬浮聚合都用过氧化苯甲酰和偶氮二异丁腈为引发剂，而乳液聚合则用水溶性的过硫酸盐和过氧化氢等为引发剂。悬浮聚合和乳液聚合都是在水介质中聚合成醋酸乙烯的分散体，但二者之间有明显区别。

悬浮聚合一般用来生产相对分子质量较高的聚醋酸乙烯，用少量聚乙烯醇为分散剂，用过氧化苯甲酰等能溶解于单体的引发剂，聚合反应是在分散的单体液滴中进行的，一般制得颗粒为 0.2nm～1.0nm 的聚合物珠体，所以也称珠状聚合。

对于乳液聚合，一般公认的说法是早期的聚合反应是在乳化剂的胶束中进行的，后期是在聚合体中，而不是在水相乳化的单体液滴中进行的。乳液聚合的产物（乳胶粒子）通常是粒度为 $0.2\mu m～5\mu m$ 的乳胶液。

制备聚醋酸乙烯的反应方程式如下：

$$nCH_3COOCH=CH_2 \xrightarrow{\text{过硫酸铵}} \left[CH-CH_2\right]_n$$
$$\qquad\qquad\qquad\qquad\qquad\qquad | $$
$$\qquad\qquad\qquad\qquad\qquad OOCCH_3$$

2. 配制原理

传统涂料（油漆）都使用易挥发的有机溶剂，如汽油、甲苯、二甲苯、酯、酮等，以便形成漆膜，这不仅浪费资源，污染环境，也给生产和施工场所带来火灾和爆炸的危险。乳胶漆的出现标志着涂料工业的重大变革。它以水为分散介质，克服了使用有机溶剂的许多缺点，因而得到迅速发展。目前乳胶漆已广泛用做建筑涂料进入工业涂装的领域。

通过乳液聚合得到的聚合物乳液，聚合物以微胶粒状态分散在水中。当涂刷在物体表面时，随着水分的蒸发，微胶粒相互挤压形成连续而干燥的漆膜。另外，还要加入颜料、填料以及各种助剂如成膜助剂、颜料分散剂、增稠剂、消泡剂等，经过高速搅拌均质而成乳胶漆。

四、主要仪器和药品

三口烧瓶、电动搅拌器、温度计、回流冷凝管、滴液漏斗、电炉、水浴锅、高速均质搅拌机、砂磨机、搪瓷或塑料杯、调漆刀、漆刷、水泥石棉样板。

醋酸乙烯酯、聚乙烯醇、乳化剂 OP-10、去离子水、过硫酸铵、碳酸氢钠、邻苯二甲酸二丁酯、六偏磷酸钠、丙二醇、钛白粉、滑石粉、碳酸钙、磷酸三丁酯。

五、实验内容

1. 聚醋酸乙烯酯乳液的制备

在装有电动搅拌器、温度计和回流冷凝管的 250mL 三口烧瓶中加入 30mL 去离子水和 0.35g 乳化剂 OP-10，搅拌，逐渐加入 2g 聚乙烯醇，加热，在 80℃～90℃恒温 1h，直至聚乙烯醇全部溶解，冷却备用。

将 0.2g 过硫酸铵溶于水中,配成 5%的溶液。把 17g 蒸馏过的醋酸乙烯酯和 2mL 5%过硫酸铵水溶液加到上述三口烧瓶中。搅拌,水浴加热至 65℃～75℃,停止加热,因反应放热,通常在 66℃时开始共沸回流。温度升至 80℃～83℃,且回流基本减少时,在 2h 内按比例分别滴加 23g 醋酸乙烯酯和余下的过硫酸铵水溶液,控制温度在 78℃～82℃,加完后,升温至 90℃～95℃,恒温 30min 至无回流为止。冷却至 50℃,加入约 3mL 5%碳酸氢钠水溶液,调整 pH 值至 5～6。然后慢慢加入 3.4g 邻苯二甲酸二丁酯,搅拌 1h,冷却后得白色黏稠乳液。

2. 聚醋酸乙烯乳胶漆的配制

(1) 配制方法。把 20g 去离子水,5g 10%六偏磷酸钠水溶液以及 2.5g 丙二醇加到烧杯中,开启高速均质搅拌机,逐渐加入 18g 钛白粉、8g 滑石粉和 6g 碳酸钙,分散均匀后加入 0.3g 磷酸三丁酯,快速搅拌 10min。然后在慢速搅拌下加入 40g 聚醋酸乙烯酯乳液产物,搅匀,即得白色乳胶漆。

(2) 成品要求。

外观:白色稠厚流体

固含量:50%。

干燥时间:25℃表干 10min,实干 24h。

(3) 性能测定。涂刷水泥石棉样板,观察干燥速度,测定白度、光泽,并做耐水性实验。制备好做耐湿擦性的样板,做耐湿擦性实验。

六、注意事项

(1) 聚乙烯醇溶解速度较慢,必须溶解完全,并保持体积不变。如使用工业品聚乙烯醇,可能会有少量皮屑状不溶物悬浮于溶液中,可用粗孔铜丝网过滤除去。

(2) 单体的滴加速度要均匀,加料太快会发生爆聚冲料等事故。过硫酸铵水溶液数量较少,要均匀、按比例地与单体同时加完。

(3) 搅拌速度要适当,升温不能太快。

(4) 醋酸乙烯酯需蒸馏后才能使用。

(5) 在搅匀颜料、填充料时,若黏度太大难以操作,可适量加入乳液至能搅匀。

(6) 最后加乳液时,要控制搅拌速度,防止大量泡沫产生。

七、思考题

(1) 聚乙烯醇、OP-10 的作用是什么?

(2) 为什么大部分的单体和过硫酸铵要采用逐步滴加的方式加入?

(3) 过硫酸铵在反应中起什么作用? 其用量过多或过少对反应有何影响?

(4) 为什么反应结束后要用碳酸氢钠调整 pH 值为 5～6?

(5) 试说明配方中各种原料的作用。

(6) 在搅拌颜料、填充料时为什么要高速均质搅拌? 用普通搅拌器或手工搅拌对涂料性能有何影响?

实验二 白色热固性丙烯酸酯烘漆的制备

一、实验目的

(1) 掌握白色热固性丙烯酸酯烘漆的制备原理和方法。

(2) 熟悉自由基加聚反应、羟甲基化反应。

二、性质与用途

1. 性质

丙烯酸酯或甲基丙烯酸酯单体通过加聚反应生成的聚合物称为丙烯酸酯树脂。该树脂具有耐光、耐热、耐腐蚀等优点。

白色热固性丙烯酸酯烘漆中树脂的侧链带有丙烯酰胺丁氧亚甲基。固化后漆膜坚硬、光泽好、不变色、耐沾污、耐腐蚀,并有较高的抗冲击强度。

2. 用途

丙烯酸酯树脂可用于塑料生产、涂料制造,其应用日益广泛,除溶剂性涂料之外,在乳胶漆、水溶性漆、电泳涂料以及非水分散树脂方面的应用也逐渐增加。溶剂型聚丙烯酸酯可分为热塑性和热固性两种,热固性比热塑性丙烯酸酯漆具有更好的附着力、坚韧性、耐腐蚀性和耐热性能,主要用于家用电器、轻工产品和汽车等方面的涂装。

三、实验原理

甲醛与共聚树脂侧链上的酰胺基团先进行羟甲基化反应,然后在酸性催化剂存在下,与丁醇进行醚化反应。在配漆时加入适量的低醚化度的三聚氰胺树脂,可以调节硬度及其抛光性能。在 170℃～175℃烘烤 0.5h 固化成膜。反应方程式如下:

52

四、主要仪器和药品

三口烧瓶、电动搅拌器、回流冷凝管、温度计、通氮装置、氮气瓶、滴液漏斗、减压蒸馏装置。

苯乙烯、甲基丙烯酸丁酯、丙烯酰胺、甲基丙烯酸、丁醇、过氧化苯甲酰、顺丁烯二酸酐、37%～38%甲醛水溶液、二甲苯、颜料钛白粉、60%低醚化度三聚氰胺树脂、环己酮。

五、实验内容

1. 丙烯酸酯树脂的制备

将40g苯乙烯、14.5g甲基丙烯酸丁酯、14g丙烯酰胺、1.5g甲基丙烯酸混合,加入60g丁醇,使丙烯酰胺全部溶解,再加入1.5g过氧化苯甲酰,制成单体混合液。

向装有电动搅拌器、回流冷凝管、滴液漏斗及通氮装置的250mL三口烧瓶中加入40g丁醇,通氮排出空气,升温回流。搅拌下滴加单体混合液进行聚合反应,于1.5h～2h内滴完,再回流2.5h～3h,必要时可补加少量引发剂。当转化率达到95%以上时(控制不挥发组分达到47.5%以上),降温至60℃。加入1.6g顺丁烯二酸酐及30g 37%～38%的甲醛水溶液,此时pH值为4。升温回流(100℃～110℃),进行醚化反应。反应物从浑浊到透明,4h后醚化反应结束。减压蒸除过量的甲醛、水及部分丁醇。用二甲苯稀释,调整树脂不挥发组分含量至50%。

2. 烘漆制备

按下述各组分质量可制备白色丙烯酸酯烘漆:颜料钛白粉10g,上述制得的丙烯酸酯树脂25g,低醚化度三聚氰胺树脂(质量分数60%)5g,二甲苯5g,环己酮5g。

六、注意事项

(1) 为使反应均匀,要在共聚单体全部溶解后再进行滴加反应。
(2) 为防止污染,要减压蒸出过量的甲醛。

七、思考题

(1) 聚合反应时,为什么要控制不挥发组分的含量?
(2) 聚合时为什么要用氮气置换空气?
(3) 过氧化苯甲酰作为引发剂的机理是什么?

实验三　氨基醇酸树脂磁漆的制备

一、实验目的

(1) 掌握氨基醇酸树脂磁漆的制备原理和方法。
(2) 掌握缩聚反应的过程及特点。

二、性质与用途

1. 性质

氨基树脂是指含有氨基官能团的化合物与醛类(如甲醛)加成缩合,生成的羟甲基化合物再与脂肪族一元醇部分或全部醚化改性得到的溶于有机溶剂的树脂。该树脂耐油、耐溶剂,具有优良的电性能。按照氨基化合物种类的不同可分为四类:脲醛树脂、三聚氰胺树脂、苯代三聚氰胺树脂和共聚树脂。

三聚氰胺树脂为无色透明的浆状物或白色粉末,粉末状树脂分散在水中能形成无色透明浆状物。

2. 用途

氨基树脂可用于制作涂料、胶黏剂、塑料或鞣料,也可用于织物、纸张的防缩防皱处理等。氨基树脂涂料广泛地应用于汽车、机械、家具、家用电器和金属预涂等领域。

三、实验原理

1. 三聚氰胺树脂的制备

三聚氰胺树脂是由三聚氰胺和甲醛缩聚,再与丁醇醚化制得的。其反应方程式如下:

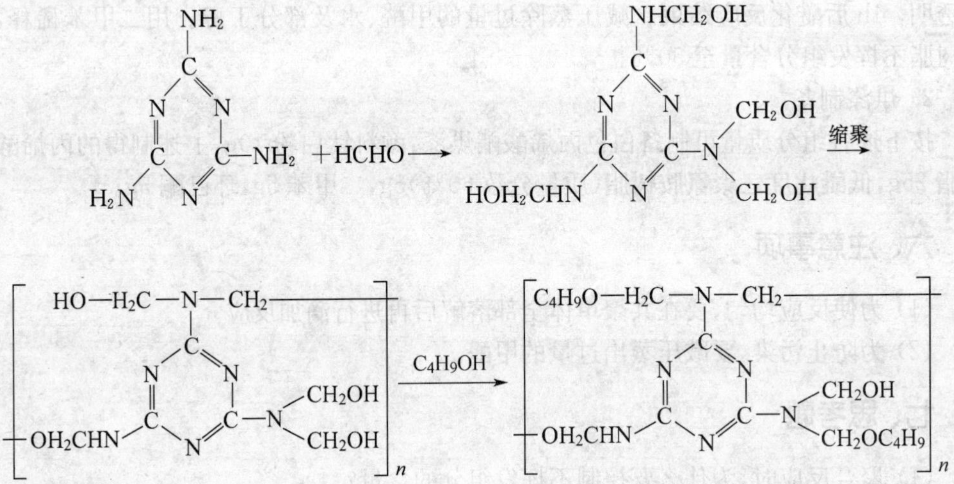

2. 配漆原理

只用氨基树脂制作的漆膜太硬、发脆,对底材附着力差,通常和能与其相熔、通过加热可交联的其他树脂合用。它可作为油改性醇酸树脂、饱和聚酯树脂、丙烯酸树脂、环氧树脂等的交联剂,通过加热能得到三维网状结构的有强韧性的漆膜,随着所用氨基树脂和匹配的树脂的变化,可以得到不同性能的漆膜。

四、主要仪器和药品

三口烧瓶、电动搅拌器、回流冷凝管、温度计、滴液漏斗、分液漏斗。

37%甲醛溶液、丁醇、二甲苯、碳酸镁、三聚氰胺、邻苯二甲酸酐、苯、200号油漆溶剂油、镉红颜料、44%油度豆油醇酸树脂、1%甲基硅油溶液。

五、实验内容

1. 高醚化度三聚氰胺树脂的制备

在装有电动搅拌器、回流冷凝管的 250mL 三口烧瓶中加入 64g 37% 的甲醛溶液、50g 丁醇、6g 二甲苯,在搅拌下加入 0.05g 碳酸镁,慢慢加入 15.5g 三聚氰胺,升温到 80℃,体系应呈透明状,pH 值为 6.5~7。升温至 90℃~92℃,回流反应 2.5h。冷却,加入 0.06g 邻苯二甲酸酐,待邻苯二甲酸酐全部溶解后,取样测 pH 值为 4.5~5。再升温至 90℃~92℃,回流 1.5h。停止加热,将反应混合物移入分液漏斗,静置。分出下层废水 30g,将余下的树脂层重新装入三口烧瓶中。在搅拌下升温脱水,当温度达到 104℃时(约蒸出水 15g),取样测树脂和苯的混溶性,要求按树脂和苯质量比 1:4 混溶透明。

取样合格后,再加入 8.3g 丁醇,继续回流醚化 2h。取样测树脂对 200 号油漆溶剂油的容忍度达到 1:10 以上。蒸出过量的丁醇(约 8.8g),再测对 200 号油漆溶剂油的容忍度,要求达到 1:15 左右。然后取出树脂,加入丁醇调整树脂黏度,树脂中不挥发成分占总质量的 60%。

2. 配漆

将镉红颜料、44% 油度豆油醇酸树脂、高醚化度三聚氰胺树脂产物(60%)、甲基硅油(1% 溶液)、丁醇以及二甲苯按质量比为 14:68:12.5:0.3:3:2.2 混合配漆。

六、注意事项

(1) 缩聚及醚化反应要控制到终点使反应完全,否则影响产品质量。
(2) 升温脱水要彻底,以保证树脂质量。

七、思考题

(1) 缩合反应进行到一定程度时,为什么要检测树脂与苯混合的透明度?
(2) 醚化时,为什么蒸出过量的丁醇会使容忍度提高?

实验四 环氧酚醛清漆的制备

一、实验目的

(1) 掌握制备环氧树脂的原理和方法。
(2) 熟悉环氧酚醛清漆的配制。

二、性质与用途

1. 性质

环氧树脂泛指分子中含有两个或两个以上环氧基团的有机高分子化合物,一般相对分子质量都不高,其分子结构是以分子链中含有活泼环氧基团为特征,环氧基团可以位于分子链末端、中间或成环结构中。由于含有活泼的环氧基团,它们可与多种类型的固化剂发生交联反应形成不溶、不熔、具有三向网状结构的高聚物。

环氧酚醛清漆属于酚醛树脂固化环氧树脂漆,具有优良的耐酸碱性、耐溶剂性、耐热性。所用的环氧树脂含羟基较多,与酚醛树脂的羟甲基反应时,快速固化。环氧树脂具有较长的分子链,可提高漆膜弹性。将丁醇醚化双酚 A 甲醛树脂与环氧树脂并用,得到的涂料机械强度高、化学性能稳定、贮存稳定性好。酚醛树脂用量为清漆总不挥发组分的25%～35%。

2. 用途

环氧树脂漆具有许多优良特性,广泛用于汽车、造船、化学和电气工业中,主要用于罐头桶、包装桶、贮罐、管道内壁、化工设备等的涂装。

三、实验原理

本品所用树脂由双酚 A 与环氧氯丙烷缩聚、脱氯化氢生成。反应方程式如下:

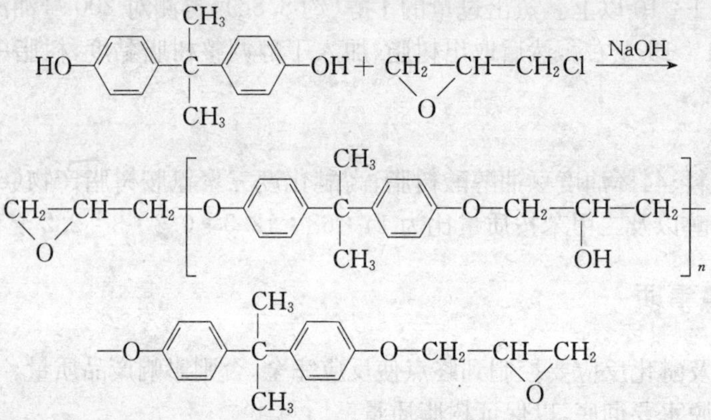

四、主要仪器和药品

烧杯、温度计、电热套、分液漏斗、布氏漏斗、真空水泵。

双酚 A、丁醇、20%氢氧化钠溶液、环氧氯丙烷、二甲苯、六氢吡啶、环己酮、二丙酮醇、40%二酚基丙烷甲醛树脂液。

五、实验内容

1. 高相对分子质量环氧树脂合成

将 39g 双酚 A、10.3g 丁醇、41.1g 20%氢氧化钠溶液混合,加热至 65℃,使物料完全溶解。降温至 40℃,加入 17.8g 环氧氯丙烷,自行升温,反应 1h。然后再加入 7.7g 20%氢氧化钠溶液和 12.5g 二甲苯,升温至 83℃～87℃,反应 1h。再加入 6.3g 二甲苯,同样温度下反应 1h。最后加入 12.5g 二甲苯,反应 8 h。再加入 0.02g 六氢吡啶,反应 2h。静置,分出盐水层,将树脂层升温至 90℃～92℃脱水,直到气相温度达到 120℃,脱水结束。加入 15g 环己酮溶解,过滤,得到平均相对分子质量为 2900、软化点为 110℃～135℃、环氧值为 0.04～0.07 的高相对分子质量的环氧树脂。

2. 配漆

将环氧树脂产物、环己酮、二丙酮醇、二甲苯、40%二酚基丙烷甲醛树脂液按质量比为30：15：15：15：25 混合均匀,配制成环氧酚醛清漆。

六、注意事项

(1) 树脂层脱水要完全。
(2) 要控制好环氧树脂的软化点和环氧值。

七、思考题

(1) 平均相对分子质量、软化点能反映树脂哪方面的特性？
(2) 为什么要测定环氧值？
(3) 通常测定相对分子质量的方法有几种？
(4) 软化点与熔点的区别是什么？

实验五　聚氨酯乳液涂料的制备

一、实验目的

(1) 掌握乳液制备的方法及原理。
(2) 掌握一种聚氨酯乳液涂料的制备方法。
(3) 熟悉羟值、酸值的概念。

二、性质与用途

1. 性质

聚氨酯(Polyurethane)是主链含—NHCOO—重复结构的一类聚合物，英文缩写为PU，由异氰酸酯单体与羟基化合物聚合而成。由于含有强极性的氨基甲酸酯基而不溶于非极性基团，聚氨酯具有良好的耐油性、韧性、耐磨性、耐老化性和黏合性。选用不同原料可以制得适应较宽温度范围(-50℃~150℃)的材料，包括弹性体、热塑性树脂和热固性树脂。但其高温下不耐水解，也不耐碱性介质。

聚氨酯乳液涂层具有耐寒、耐热、耐溶剂、耐干、湿擦等性能，与丙烯酸酯乳液相比性能有较大提高，而且手感、光泽均好。

2. 用途

聚氨酯除了可以制成乳液以外，还可以制成磁性材料等。其弹性体用做滚筒、传送带、软管、汽车零件、鞋底、合成皮革、电线电缆和医用人工脏器等；软质泡沫体用于车辆、居室、服装的衬垫；硬质泡沫体用做隔热、吸音、包装、绝热以及低发泡合成木材；涂料用于高级车辆、家具、木器和金属的防护，水池水坝和建筑防渗漏材料，以及织物涂层等；胶黏剂对金属、玻璃、陶瓷、皮革、纤维等都具有良好的附着力。

三、实验原理

聚氨酯乳液属阴离子热固性乳液，以己二酸、己二醇线型聚酯或己二酸、一缩二乙二醇、甘油支化聚酯与甲苯二异氰酸酯反应生成预聚体，再以一缩二乙二醇为扩链剂，酒石酸为成盐亲水组分，三乙胺为中和剂制成水乳液。上述组分可提高涂膜的耐水、耐热、拉伸强度以及成膜能力。其反应式如下：

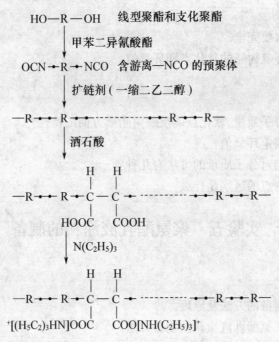

在聚氨酯中以聚酯型聚氨酯居多。在聚酯多元醇的合成过程中，利用羟值与酸值的测试来监控合成反应程度，也是检验树脂相对分子质量是否合格的有效方法。另外，在生产聚氨酯时，羟值与酸值的大小也是加入异氰酸酯改性的重要依据。

羟值是聚合物含量的量度，可直接反映出聚合物相对分子质量的大小。由同一原料生产的聚酯多元醇，其羟值不同，用途也不同。对于聚酯多元醇、不饱和聚酯树脂与聚醚多元醇，羟值的定义是每克试样中与羟基含量相当的氢氧化钾的质量（mgKOH/g）。

四、主要仪器与药品

三口烧瓶、电动搅拌器、真空水泵、温度计、乳化器、恒温水浴锅、滴液漏斗、减压蒸馏装置。

线型聚酯二元醇（羟值 62、酸值＜1）、支化聚酯（三元醇）（羟值 60.4、酸值＜1）、甲苯二异氰酸酯、一缩二乙二醇、酒石酸、丙酮、三乙胺、蒸馏水。

五、实验内容

将羟值 62、酸值＜1 的线形聚酯二元醇 34.8g 与羟值 60.4、酸值＜1 的支化聚酯（三元醇）18g 搅拌混合。升温至 120℃，真空脱水（真空度为 8.0kPa～13kPa）。脱水 0.5h后，降温至 60℃，滴加 11g 甲苯二异氰酸酯，温度不超过 100℃，并在 80℃保温 1h，制成含游离异氰酸酯的预聚体。在预聚体中加入一缩二乙二醇 4.2g，继续在 80℃下保温 3h。将扩链后的预聚体降温至 50℃，然后加入酒石酸的丙酮溶液（酒石酸 3.7g，丙酮 97.5g），升温至 55℃～60℃，回流 1h。用 163g 丙酮稀释，冷却至室温，慢慢加入三乙胺的丙酮溶液（2.6 g 三乙胺，19.5g 丙酮），搅拌均匀，放入乳化器中。于室温下缓慢加入蒸馏水，混合物料从透明变为白色糊状物,制成乳状液。搅拌加热至 55℃～60℃,抽真空(真空度 55kPa～61kPa),蒸出丙酮。该乳液外观呈白色,固含量 25%,黏度 0.005Pa·s～0.006Pa·s(25℃),pH=7～8,贮存稳定性达到半年以上。

六、注意事项

(1) 初始原料二元醇和三元醇的真空脱水要完全,以免水与甲苯二乙氰酸酯反应生成聚脲。

(2) 要控制反应组分线型聚酯二元醇和支化聚酯三元醇的羟值及酸值。

(3) 制备乳液时,加水要缓慢。

七、思考题

(1) 为什么要控制线型聚酯二元醇和支化聚酯三元醇的羟值和酸值?

(2) 脱水的意义是什么?

(3) 为什么要在预聚后,再扩链反应?

(4) 为什么要慢慢加水乳化,快速加水会出现什么情况?

(5) 水性涂料与油性涂料相比有何优点?

第五章　食品添加剂

食品添加剂是为改善食品品质和色、香、味以及为防腐和加工工艺需要而加入食品中的化学合成物质或天然物质。目前，我国有 20 多类、近 1000 种食品添加剂，如酸度调节剂、甜味剂、漂白剂、着色剂、乳化剂、增稠剂、防腐剂、营养强化剂等。可以说，所有的加工食品都含有食品添加剂。食品添加剂，特别是化学合成的食品添加剂一般都有一定的毒性，不过在食品生产中只要按照国家标准添加食品添加剂，消费者就可以放心食用。

食品添加剂按其原料和生产方法可分为化学合成食品添加剂和天然食品添加剂。一般而言，除化学合成的添加剂外，其余的都可以纳入天然食品添加剂。后者主要来自于植物、动物、酶法生产和微生物菌体生产。

世界各国至今还没有统一的食品添加剂分类标准。我国是按食品添加剂的主要功能分类的。常见的食品添加剂有以下几种。

(1) 抗氧化剂：丁基羟基茴香醚（BHA）、二丁基羟基甲苯（BHT）、没食子酸丙酯（PG）、特丁基对苯二酚（TBHQ）、茶多酚等。

(2) 乳化剂：大豆磷脂、甘油酯及其衍生物、蔗糖脂肪酸酯、山梨醇酐脂肪酸酯及其衍生物等。

(3) 着色剂：食用合成色素［苋菜红、胭脂红、赤鲜红（也称樱桃红）、柠檬黄、日落黄、亮蓝、靛蓝等］和由动植物组织中提取的食用天然色素。

(4) 护色剂：硝酸盐（钠或钾）或亚硝酸盐。

(5) 酶制剂：木瓜蛋白酶以及由米曲霉、枯草芽孢杆菌等所制得的蛋白酶、α-淀粉酶、糖化型淀粉酶等。

(6) 增味剂：谷氨酸钠、鸟苷酸二钠、$5'$-肌苷酸二钠、$5'$-呈味核甘酸二钠、琥珀酸二钠和 L-丙氨酸等。

(7) 防腐剂：酸型防腐剂有苯甲酸、山梨酸和丙酸及它们的盐类等，酯型防腐剂有对羟基苯甲酸酯类，生物型防腐剂有乳酸链球菌素，其他防腐剂有双乙酸钠、仲丁胺。

(8) 甜味剂：①天然甜味剂，又分为糖醇类和非糖类。其中糖醇类有木糖醇、山梨糖醇、甘露糖醇、乳糖醇、麦芽糖醇、异麦芽糖醇、赤鲜糖醇；非糖类包括甜菊糖甙、甘草、奇异果素、罗汉果素、索马甜。②人工合成甜味剂，其中磺胺类有糖精钠、环己基氨基磺酸钠、乙酰磺胺酸钾；二肽类有天门冬酰苯丙酸甲酯（又称阿斯巴甜）、1-α-天冬氨酰- N -(2,2,4,4-四甲基-3-硫化三亚甲基)-D-丙氨酰胺（又称阿力甜）。蔗糖衍生物有三氯蔗糖、异麦芽酮糖醇（又称帕拉金糖）、新糖（果糖低聚糖）。

(9) 酸性调节剂：磷酸、柠檬酸、苹果酸、酒石酸、乳酸等。

食品添加剂的使用安全非常重要，理想的食品添加剂应该是有益无害的物质。

实验一　食品防腐剂——苯甲酸的制备

一、实验目的

(1) 掌握苯甲酸的制备原理和方法。
(2) 了解防腐剂的作用原理。

二、性质与用途

1. 性质

苯甲酸是羧基直接与苯环碳原子相连接的最简单的芳香酸,又名安息香酸,其结构式为:

本品为白色鳞片状或针状结晶,无味或微有安息香味。熔点 122.13℃,沸点 249.2℃,相对密度 1.2659(15℃),在 100℃时迅速升华,它的蒸气有很强的刺激性。溶于热水、乙醇、氯仿、乙醚、丙酮、二硫化碳和挥发性或非挥发性油中,加热至 370℃分解放出苯和二氧化碳。

2. 用途

苯甲酸有杀菌、抑菌的能力,在食品工业中主要用于酱油、醋、果汁、果酱、葡萄酒、琼脂软糖、汽水、低盐酱菜、面酱、蜜饯、山楂糕等,一般最大用量不超过 2g/kg。此外,也可用于制备媒染剂、增塑剂、香料等。

三、实验原理

食品中经常要加入防腐剂,防腐剂是抑制微生物活动,在食品生产、运输、贮存和销售过程中减少腐败造成经济损失的添加剂。防腐剂能使微生物的蛋白质凝固或变性,干扰其生存和繁殖;或者改变胞浆膜的渗透性,使微生物体内的酶类和代谢产物逸出,导致其失活;或者干扰微生物的酶系,破坏其正常代谢,抑制酶的活性,从而达到防腐的目的。

食品防腐剂要符合卫生标准,不与食品发生化学反应,防腐效果好,对人体正常功能无影响,使用方便、价格便宜。

苯甲酸可由甲苯在二氧化锰存在下直接氧化,或由邻苯二甲酸加热脱羧,或由次苄基三氯水解而制得。本实验用甲苯经高锰酸钾氧化、再酸化制成苯甲酸。反应方程式如下:

$$\text{C}_6\text{H}_5-\text{CH}_3 + 2KMnO_4 \longrightarrow \text{C}_6\text{H}_5-\text{COOK} + KOH + 2MnO_2 + H_2O$$

$$\text{C}_6\text{H}_5-\text{COOK} + HCl \longrightarrow \text{C}_6\text{H}_5-\text{COOH} + KCl$$

四、主要仪器和药品

三口烧瓶、回流冷凝管、温度计、电动搅拌器、漏斗、布氏漏斗、真空水泵。
甲苯、高锰酸钾、亚硫酸钠、盐酸、水。

五、实验内容

在装有回流冷凝管、温度计及电动搅拌器的 250mL 三口烧瓶中加入 2.7mL（0.025mol）甲苯和 100mL 水。加热至沸腾，分批加入 8.5g（0.054mol）高锰酸钾，继续加热回流，直到甲苯层几乎消失，回流液不再出现油珠为止。将反应物趁热过滤，滤液中溶有苯甲酸钾，滤液若仍呈紫色，可加入少量亚硫酸钠使过剩的高锰酸钾中的紫色褪去。二氧化锰沉淀用少量热水洗涤。合并洗液和滤液，冷却，盐酸酸化，析出苯甲酸。抽滤，用少量冷水洗涤，干燥得到约 1.7g 苯甲酸。可用水重结晶提纯。

六、注意事项

(1) 高锰酸钾加入不宜太快，避免反应太剧烈。
(2) 合并的滤液及洗液要在冷却后再加盐酸酸化。

七、思考题

(1) 为什么高锰酸钾要分批加入？
(2) 为什么氧化反应要进行到回流液不再出现油珠？
(3) 反应后为什么要趁热过滤？
(4) 为什么要加入亚硫酸钠使紫色褪去？

实验二　防腐剂——对羟基苯甲酸正丁酯的制备

一、实验目的

(1) 掌握对羟基苯甲酸正丁酯的制备原理和方法。
(2) 学习酯化的方法和特点。

二、性质与用途

1. 性质

对羟基苯甲酸正丁酯又称尼泊金丁酯，为无色或白色晶体粉末，微有特殊气味，口尝具有麻舌感，熔点为 69℃～72℃。难溶于水，易溶于乙醇、丙二醇、丙酮、乙醚、花生油中；抗菌能力优于对羟基苯甲酸乙酯和丙酯，对酵母菌及霉菌有强烈的抑制作用；在中性介质中，能充分发挥防腐作用。通常将其配成氢氧化钠、乙醇、醋酸溶液使用。

2. 用途

可用于酱油、食醋、清凉饮料、糖酱、水果调味酱、水果和蔬菜的防腐，最大用量为 0.35g/L。也可用做有机合成中间体、化妆品、医药、胶片及高档产品的防腐剂、杀菌剂。

三、实验原理

本实验以对羟基苯甲酸为原料，与正丁醇在硫酸存在下酯化制得对羟基苯甲酸丁酯。反应方程式如下：

$$HO-\!\!\!\bigcirc\!\!\!-COOH + n-C_4H_9OH \longrightarrow HO-\!\!\!\bigcirc\!\!\!-COOC_4H_9 + H_2O$$

四、主要仪器和药品

三口烧瓶、电动搅拌器、温度计、回流冷凝管、分水器、布氏漏斗、真空水泵、干燥箱。
对羟基苯甲酸、正丁醇、苯、浓硫酸、5%氢氧化钠溶液、10%碳酸钠溶液。

五、实验内容

在装有电动搅拌器、回流冷凝管、分水器的 250mL 三口烧瓶中加入 27.8g(0.2mol)对羟基苯甲酸、51.8g(0.7mol)正丁醇、15.6g(0.2mol)苯和 0.3g(0.003mol)浓硫酸。加苯是为了共沸脱水,促使酯化反应平衡向右移动。将混合物在搅拌下加热至回流,反应 1h。回收过量的正丁醇和苯。用 5%的氢氧化钠溶液调至 pH 值为 6,析出晶体,加入 10%的碳酸钠溶液,调 pH 值为 7~8。抽滤、水洗,滤饼放入干燥箱中于 40℃以下干燥,得到白色对羟基苯甲酸正丁酯晶体 37.6g,收率 97%。

六、注意事项

(1) 要及时排出分水器中脱出的水。
(2) 干燥温度不宜过高,以防产品熔化。

七、思考题

(1) 苯与水的共沸物组成是什么?
(2) 为什么要通过共沸脱水的方法脱出反应体系中的水?

实验三　甜味剂——糖精钠的制备

一、实验目的

(1) 掌握糖精钠的制备原理和方法。
(2) 熟悉氯磺化、胺解、高锰酸钾氧化、成环反应等特点。

二、性质与用途

1. 性质

甜味剂糖精钠学名为邻磺酰苯甲酰亚胺钠,是糖精的钠盐,带有两个结晶水。为无色或白色结晶粉末,无臭或微有芳香气味,味极甜并微带苦,甜度为蔗糖的 400~700 倍,甜味接近蔗糖。易溶于水,在空气中慢慢风化,失去一半结晶水而成为白色粉末。耐热及耐碱性弱,酸性条件下加热,甜味逐渐消失。

2. 用途

可用做酱菜、浓缩果汁、蜜饯、配制药、糕点、饮料等的甜味剂,最大使用量为 0.15 g/kg(以糖精计);在话梅、陈皮中的最大使用量为 5.0g/kg。糖精钠不产生热量,适合做糖尿病、心脏病、肥胖等病人的食用甜味剂,也可用于低热量食品的生产。

三、实验原理

凡能产生甜味的物质统称为甜味剂。甜味是甜味剂刺激口腔中的味蕾而产生的一种复杂的物理化学和生理过程。甜味剂分为天然甜味剂和人工合成甜味剂,天然甜味剂有蔗糖、葡萄糖、麦芽糖、木糖醇等;人工合成甜味剂有糖精钠、环己基氨磺酸钠、天门冬酰苯丙酸甲酯等。

糖精钠的合成方法有邻苯二甲酸酐经酰胺化和酯化,制成邻氨基苯甲酸甲酯,再经重氮置换和氯化,然后经胺化、缩合得到邻磺酰苯甲酸亚胺,最后以碳酸钠处理而得。本实验以甲苯为原料,经邻位磺酰氯化、酰胺化反应制得邻甲基苯磺酰胺,再经氧化、环合,用碳酸氢钠处理而成。反应方程式如下:

(1)氯磺化反应:

$$2 \; C_6H_5CH_3 + 2ClSO_3H \longrightarrow CH_3C_6H_4SO_2Cl(邻) + CH_3C_6H_4SO_2Cl(对) + 2H_2O$$

(2)氨化反应:

$$CH_3C_6H_4SO_2Cl + 2NH_3 \longrightarrow CH_3C_6H_4SO_2NH_2 + NH_4Cl$$

(3)氧化、闭环反应:

$$CH_3C_6H_4SO_2NH_2 + 2KMnO_4 \longrightarrow C_6H_4(COOK)(SO_2NH_2) + 2MnO_2 + KOH + H_2O$$

$$C_6H_4(COOK)(SO_2NH_2) + HCl \longrightarrow 糖精(邻磺酰苯甲酰亚胺) + KCl + H_2O$$

$$糖精 + NaHCO_3 + H_2O \longrightarrow 糖精钠 \cdot 2H_2O + CO_2$$

四、主要仪器和药品

三口烧瓶、电动搅拌器、温度计、滴液漏斗、氯化氢吸收装置、砂芯漏斗、漏斗、布氏漏斗、真空水泵、烧杯。

氯磺酸、甲苯、氨水、氢氧化钠、36%盐酸、研细的高锰酸钾、饱和亚硫酸氢钠溶液、刚果红试纸、碳酸钠、酚酞试剂。

五、实验内容

1. 氯磺化反应

在装有电动搅拌器、滴液漏斗和温度计的 250mL 三口烧瓶中,加入 66.3g(0.56mol) 氯磺酸,滴液漏斗上方安装氯化氢吸收装置。搅拌,在 1h 内滴加 23g(0.25mol)甲苯,然后在 35℃～45℃下反应 30 min。冷却至室温,得到淡黄色油状物。搅拌,慢慢倒入 125g 冰水中稀释,析出磺酰氯油状物。倾出酸层,磺酰氯层用水洗涤两次,每次用水 25mL。将得到的磺酰氯在－20℃～－15℃下冷冻 12h。由于对位异构体结晶,混合物变为半固体。用砂芯漏斗抽滤,抽尽油状物。将对甲苯磺酰氯的沉淀用冷水洗涤,除去油状物。分别得到约 17.5g 对甲苯磺酰氯粗品(收率为 38％),20g 邻甲苯磺酰氯粗品(收率为 42％)。

2. 氨化反应

在装有电动搅拌器和滴液漏斗的 100mL 三口烧瓶中,加入 15g 25％氨水,搅拌下于 45min 内滴加 15g (0.075mol)邻甲苯磺酰氯粗品。放置 1h 后,过滤析出邻甲苯磺酰胺,水洗,空气中干燥。产物中含有对位异构体和其他杂质。提纯方法如下:在 100mL 三口烧瓶内放入 2.8g 氢氧化钠和 36mL 水,加热至 40℃～50℃,搅拌下加入 11.3g 邻甲苯磺酰胺粗品,杂质呈油状析出,冷却后凝固成树脂状物。倾出透明液体,在 20℃,搅拌下滴加 0.8g 36％的盐酸。放置,滤去析出的杂质。将滤液加热至 25℃,搅拌下加入 4.3g 36％的盐酸,析出邻甲苯磺酰胺和对甲苯磺酰胺的混合物。温度不超过 33℃,放置 1h,将析出的纯净酰胺混合物过滤,用少量水洗涤。

在 100mL 烧杯内加入 1.8g 氢氧化钠和 38mL 水,加入上述精制的酰胺混合物 7.5g,加热至 40℃～50℃溶解。将混合物冷却至 20℃,搅拌下慢慢加入 3g 36％的盐酸,析出纯的邻甲苯磺酰胺。抽滤、水洗、空气干燥,得到约 4g 邻甲苯磺酰胺,收率为 30％。产物为白色结晶,熔点 155℃～156℃。

3. 氧化、闭环反应

在 100mL 烧杯中加入 1.5g 氢氧化钠和 45mL 水,搅拌下,在 45℃ 将 6.3g (0.038mol)邻甲苯磺酰胺溶于其中。冷却至 35℃,在 6h 内分批加入 10g 研细的高锰酸钾。将反应物于 35℃下加热 5h。冷却至 20℃,加入 0.75mL 饱和的亚硫酸氢钠脱色。将反应物放置 10h～20h,使二氧化锰沉于杯底。倾出透明液体,用热水洗涤二氧化锰沉淀,抽滤,洗涤至滤液遇盐酸不生成沉淀,合并滤液。

滤液中含有 2-磺酰胺苯甲酸钾盐和少量未氧化的邻甲苯磺酰胺。为除去后者,将溶液加热至 30℃,滴加约 3mL 浓盐酸至对刚果红试纸呈中性。搅拌 0.5h 后,加入碳酸钠至酚酞呈弱碱性。再搅拌 1h,过滤析出邻甲苯磺酰胺,用少量水洗涤。合并滤液,加浓盐酸(约 6.3mL)至糖精完全析出。冷却,过滤,用冷蒸馏水洗涤至无氯离子存在。空气中干燥,用水进行重结晶(1g 糖精用 30mL 沸水),得到约 4.3g 糖精,熔点为 228℃,收率为 63％。

在烧杯中加入 2.1g 糖精(约 0.012mol)、碳酸钠 1g(约 0.012mol)和蒸馏水 1.6mL,加热至 60℃生成糖精钠。冷却至室温,得到含 2 个结晶水的糖精钠结晶。减压抽滤、干燥,得到 2.3g～2.5g 糖精钠。

六、注意事项

（1）处理邻甲苯磺酰氯化产物时，要低温、冷水，以免水解。

（2）邻位和对位甲苯磺酰氯混合物抽滤分离时，要尽量抽干，以免邻位体中夹杂对位体。

七、思考题

（1）氯磺化后，为什么反应混合物要倒入冰水中处理？

（2）糖精与糖精钠的区别是什么？

（3）用蒸馏水洗涤糖精时，怎样判断有无氯离子存在？

第六章 香 料

刺激嗅觉神经或味觉神经产生的感觉广义上称为气味,简称香。能被嗅觉嗅出香气或被味觉尝出香味的物质称为香料。由于香料原料来源广泛,合成、提取的工艺和方法较多,应用面宽而具有很多品种,到目前为止,世界上的香料品种达5000种以上,国内的香料品种也有500种之多。

香料的分类方法有多种,按其来源可分为天然香料和合成香料。

天然香料又可分为植物香料和动物香料两类。植物香料是用芳香植物的花、枝、叶、根、皮、茎、籽或果实等为原料,用水蒸气蒸馏法、浸提法、压榨法、吸收法等方法生产出来的精油、浸膏、酊剂、香脂、香树脂和净油等,如玫瑰油、茉莉浸膏、白兰香脂、吐鲁香树脂、水仙净油等。动物香料是动物的分泌物或排泄物,动物性天然香料有十几种,能够形成商品和经常应用的只有麝香、灵猫香、海狸香和龙涎香四种。

广义的合成香料称为单体香料,单体香料又可分为单离香料和合成香料。单离香料取自成分复杂的天然复体香料,工业使用价值较高,大量应用于调配香精。例如,在薄荷油中含有70%~80%的薄荷醇,用重结晶的方法从薄荷油中分离出来的薄荷醇就是单离香料,俗称薄荷脑。由于从天然精油分离出来的单离香料,绝大多数可通过有机合成的方法得到,因此,单离香料与合成香料,除来源不同外,结构上并无本质的区别。

狭义的合成香料是指以石油化工产品、煤焦油、萜类等廉价原料,通过各种化学反应而合成的香料。合成香料分类方法主要有两种:一种是按官能团分类,分为酮类香料、醇类香料、酯和内酯类香料、醛类香料、烃类香料、醚类香料、氰类香料以及其他香料;另一种是按碳原子骨架分类,分为萜烯类、芳香类、脂肪族类、含氮、含硫、杂环和稠环类以及合成麝香类。

香料的香气在很大程度上取决于它的分子碳架结构。分子中双键的存在,对香气质量有很大影响。带正构碳链的香料与带碳支链的同系物不同,有叔碳原子存在时香气尤为明显。

香料分子中官能团的种类和位置影响香气的类型和强弱。羟基的引入常会使化合物的香气减弱。香料分子的异构体对香气强度有很大的影响。

在合成香料的制造过程中经常涉及诸如氧化、还原、氢化、酯化、醇解、硝化、缩合、烷基化、氢卤化、水合、脱水、异构化等一些有机合成单元反应。

实验一 苯甲醇的制备

一、实验目的

(1) 掌握由苄氯水解制备苯甲醇的原理和方法。

(2) 掌握阿贝折光仪的使用方法。

二、性质与用途

1. 性质

苯甲醇(Benzyl Alcohol),别名为苄醇,是最简单的芳香醇,可看做是苯基取代的甲醇,结构式为 [苯环]CH₂OH 。本品为无色黏稠液体,具有微弱的花香味,熔点为 $-15.3℃$,沸点为 $205℃$,相对密度为 $1.0419(20℃)$,折光率为 $1.5392(20℃)$,易溶于乙醇、乙醚等有机溶剂,能溶于水,25mL 水中可溶约 1g 苯甲醇。

苯甲醇是一种很活泼的醇,与氢卤酸、卤化磷反应生成卤化苄,能与苯反应生成二苯甲烷。此外,苯甲醇也容易被多种氧化剂氧化成苯甲酸,如用硝酸氧化,随浓度和温度的不同,可生成醛或酸。

2. 用途

苯甲醇是一种极有用的定香剂,是茉莉、月下香等香型调制时不可缺少的香料,既可用于配制香皂、日用化妆品,也可用于医药和合成化学,还可用做明胶、虫胶、酪蛋白剂醋酸纤维等的溶剂。

三、实验原理

苯甲醇的合成方法较多,本实验采用苄氯水解的方法制备苯甲醇,反应方程式如下:

(1) 主反应:

$$2 \text{[苯环]CH}_2\text{Cl} + K_2CO_3 + H_2O \longrightarrow 2 \text{[苯环]CH}_2\text{OH} + 2KCl + CO_2\uparrow$$

(2) 副反应:

① 由于苄氯中有二氯化物杂质存在,在水解时生成苯甲醛:

$$\text{[苯环]CHCl}_2 + K_2CO_3 + H_2O \longrightarrow \text{[苯环]CHO} + 2KCl + CO_2\uparrow$$

② 苄氯和苯甲醇在碱存在下相互作用生成二甲苯醚:

$$\text{[苯环]CH}_2\text{Cl} + \text{[苯环]CH}_2\text{OH} \xrightarrow{OH^-} \text{[苯环]CH}_2-O-CH_2\text{[苯环]} + HCl$$

四、主要仪器和药品

三口烧瓶、电动搅拌器、温度计、回流冷凝管、减压蒸馏装置、滴液漏斗、电热套、阿贝折光仪、分液漏斗。

苄氯、碳酸钾、50%四乙基溴化铵水溶液、亚硫酸氢钠、无水硫酸镁、乙醚。

五、实验内容

在装有电动搅拌器、回流冷凝管和滴液漏斗的 250mL 三口烧瓶中加入 100mL 碳酸钾溶液(11g 碳酸钾溶于 100mL 去离子水中)和 2mL 50％的四乙基溴化铵水溶液,加几粒沸石,在滴液漏斗中加入 10.1g 苄氯。搅拌,回流,滴加苄氯。滴完后继续搅拌回流至油层不再沉底。此时苄氯气味消失,反应已完成,反应 1.5h～2.0h。

停止加热,冷却到 30℃～40℃,分液,收集油层。碱性水层用 30mL 乙醚分三次萃取。萃取液和油层粗苯甲醇溶液合并后加入 0.7g 亚硫酸氢钠,稍加搅拌,用去离子水洗涤至不呈碱性。分去水层,得粗苯甲醇,用无水硫酸镁或碳酸钾干燥粗苯甲醇,倒入圆底烧瓶中,水浴蒸去乙醚,取 33℃～35℃乙醚馏分。然后进行减压蒸馏,在 1.333kPa(10mmHg)压强下,收集(90±3)℃的馏分即为苯甲醇。用阿贝折光仪测折光率。

六、注意事项

(1) 若不加相转移催化剂四乙基溴化铵,反应需 6h～8h 完成。
(2) 因苄氯可溶解橡胶,水解装置要用玻璃磨口。
(3) 停止加热后,若冷却至过低温度,会析出碱,给分离带来困难。
(4) 苄氯有强烈的催泪作用,流泪时不能揉搓,要尽快脱离环境。

七、思考题

(1) 制备苯甲醇还有哪些方法? 写出反应方程式。
(2) 用碳酸钾作为苄氯的碱性水解试剂有何优点?
(3) 为什么向粗苯甲醇中加入亚硫酸氢钠? 写出反应方程式。

实验二　苯乙酮的制备

一、实验目的

(1) 了解傅—克(C. Friedel - J. M. Crafts)反应的机理。
(2) 掌握苯乙酮的制备方法。
(3) 掌握分离、中和、减压蒸馏等操作技术。

二、性质与用途

1. 性质

苯乙酮(Acetophenone)又称甲基苯基酮(Methyl Phenyl Ketone)或乙酰苯,其结构式为 ⬡—C(=O)—CH₃ ,是最简单的芳香酮,为无色结晶或无色至淡黄色液体,熔点为 20.5℃,沸点为 202.6℃,相对密度为 1.0281(20℃),折光率为 1.532～1.534(20℃),不溶于水,溶于乙醚、乙醇等多种有机溶剂。

2. 用途

苯乙酮主要用做制药及其他有机合成的原料,广泛用于香料配制、肥皂和香烟制造,也可作为纤维素醚、纤维素酯和树脂等的溶剂以及塑料的增塑剂,有催眠作用。

三、实验原理

芳烃与酰卤或酸酐作用,芳环上的氢原子被酰基取代生成芳酮的反应,称为傅—克酰基化反应(Friedel-Grafts Acylation)。酰基化反应可以停留在一酰基化阶段。例如,苯和乙酐反应,可得到较纯的苯乙酮。烷基化反应和酰基化反应都是放热反应。一般可用二硫化碳和硝基苯等作为傅—克反应的溶剂。

在烷基化反应中,1mol 卤代烃仅需 0.1mol～0.25mol 的无水三氯化铝催化,但在酰基化反应中,由于三氯化铝可与羰基化合物形成稳定的配合物,因而需加入较多的三氯化铝。例如,用 1mol 乙酐做酰基化剂需用 2.2mol～2.4mol 的三氯化铝。这是由于反应中

生成的乙酸和芳酮也各与 1mol 的三氯化铝作用,生成 CH_3—$\overset{\overset{O}{\|}}{C}$—O—$AlCl_2$ 和

Ar—$\overset{\overset{O}{\|}}{C}$—$CH_3 \cdot AlCl_3$。反应方程式如下:

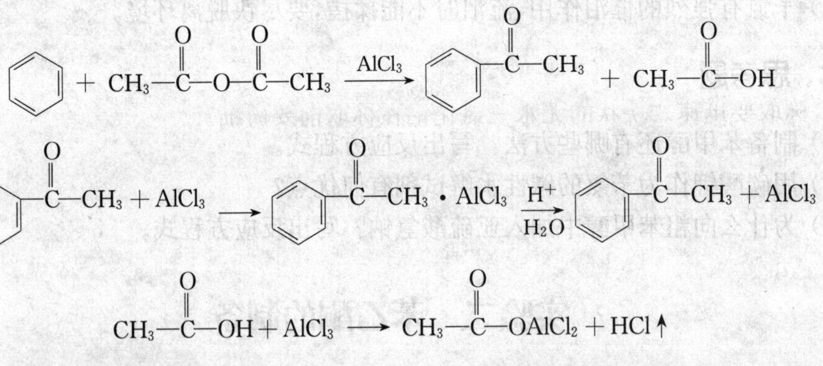

四、主要仪器和药品

三口烧瓶、硫酸液封、电动搅拌器、滴液漏斗、回流冷凝管、气体吸收装置、电热套、烧杯、分液漏斗、蒸馏装置,水浴锅、温度计、空气冷凝管、锥形瓶。

苯、无水三氯化铝、乙酐、浓盐酸、浓硫酸、5%氢氧化钠溶液。

五、实验内容

本实验所用仪器必须干燥。

将 250mL 三口烧瓶装配液封搅拌器(液封管内盛浓硫酸)、滴液漏斗、回流冷凝管,回流冷凝管上端装上氯化钙干燥管并连接气体吸收装置。

向三口烧瓶中快速加入 32g 研细的无水三氯化铝和 40mL 苯,在滴液漏斗中加入 9.4mL 新蒸馏过的乙酐和 10mL 苯的混合液,搅拌下慢慢滴加乙酐的苯溶液。反应很快放出氯化氢气体,三氯化铝逐渐溶解,温度也自行升高。控制滴加速度,使苯缓缓地回流,

约 20min 滴加完,加热,缓缓回流 1h。

冷却,在通风橱内将反应物慢慢倒入装有 100g 碎冰的烧杯中,并不断搅拌。然后加入 60mL 浓盐酸,使析出的氢氧化铝沉淀溶解,如仍有固体,则适当增加盐酸用量。分出苯层,水层用 40mL 苯分两次萃取,合并苯溶液,用 30mL 5‰氢氧化钠溶液洗涤,再用水洗涤,分出苯层。

在蒸馏装置的蒸馏头上装一个滴液漏斗。加入约 10mL 苯溶液于 50mL 蒸馏烧瓶中,余下的苯溶液倒入滴液漏斗,连接吸收装置。水浴蒸馏,同时滴加剩余的苯溶液,直至苯蒸完,苯溶液中所含的少量水分也随苯共沸蒸出。撤去滴液漏斗和水浴,换上 250℃温度计和电热套,蒸出残留的苯,当温度升至 140℃左右时,停止加热。稍冷后,换空气冷凝管和接收器继续蒸馏,收集 195℃~202℃的馏分,称重,计算产率。

六、注意事项

(1) 实验最好用无噻吩的苯,亦可用浓硫酸多次洗涤,除去苯中的噻吩,每次用相当于苯体积 15‰的浓硫酸,直到不含噻吩为止。然后依次用水、10‰的氢氧化钠溶液和水洗涤,用无水氯化钙干燥后蒸馏。检验苯中是否含噻吩的方法是:取 1mL 样品,加到 2mL 含有 0.1‰靛红的浓硫酸的溶液中,振荡数分钟,若有噻吩,酸层将呈现浅蓝绿色。

(2) 无水三氯化铝暴露在空气中极易吸水分解而失效。要用新升华过的或包装严密的试剂,称取要迅速。块状的无水三氯化铝在称取前要研细。

加无水三氯化铝时可自制一简易的加料器。取一段长 6cm,直径约 5mm 的玻璃管,可插入三口烧瓶,两端配上合适的胶塞。称量时将胶塞塞紧。加料时,打开一端胶塞,将玻璃管迅速插入烧瓶口,轻轻敲拍玻璃管加入无水三氧化铝,注意不要沾在瓶口。如果有固体残留在玻璃管中,可打开另一个塞子,用玻璃棒捅下去。

(3) 仪器和药品不干燥,将使反应难于进行或严重影响实验结果。

(4) 可用人工振荡代替搅拌。为了便于振荡,玻璃仪器要固定在同一铁架台上。采用人工振荡时,回流时间要延长。

(5) 随着回流时间延长,产率提高。

(6) 产品纯化最好采用减压蒸馏,收集 86℃~90℃/1.6kPa 的馏分。

七、思考题

(1) 为什么苯和无水三氯化铝的比例要适当?

(2) 如果仪器不干燥或药品中含水,对实验有什么影响?

(3) 为什么要逐渐地滴加乙酐?

(4) 液封管里为什么加浓硫酸?还可以用什么物质?

(5) 怎样判断 5‰氢氧化钠溶液的洗涤结果?

(6) 写出制备苯乙酮的其他方法。

实验三 乙酸苄酯的制备

一、实验目的

(1) 掌握苯甲醇酯化制备苄酯的原理和方法。
(2) 掌握乙酸苄酯的分离方法。

二、性质与用途

1. 性质

乙酸苄酯(Benzyl Acetate),又名醋酸苯甲酯,结构式为:

$$CH_3-\overset{\displaystyle O}{\overset{\displaystyle \|}{C}}-OCH_2-\bigcirc$$

乙酸苄酯是一种无色液体,具有浓郁的水果香和茉莉花香气,气味清甜,熔点为
$-51.5℃$,沸点为 216℃,相对密度为 1.0563(18℃),折光率为 1.5032(20℃),闪点为
102℃。不溶于水和甘油,溶于乙醇、乙醚。

2. 用途

可配制皂用和工业用香精,对花香和幻想型香精的香韵具有提升作用,故常在茉莉、
白兰、玉簪和月下香、水仙等香精中大量使用,也可少量用于生梨、苹果、香焦、桑葚子等食
用香精中。工业品可用做树脂的溶剂,也可用于喷漆、油墨等。

三、实验原理

酯化反应是醇和羧酸相互作用制取酯类化合物的重要方法之一,又称直接酯化法。
一般需要在少量催化剂存在下,将醇和羧酸加热回流。常用的酸性催化剂有硫酸、盐酸
等。由于反应可逆且进行缓慢,为加快反应、提高产率,一般用恒沸法或加脱水剂移走反
应中生成的水,另外可加入过量的醇或酸,改变反应平衡组成。

本实验以苯甲醇和乙酸酐为原料制备乙酸苄酯,反应方程式如下:

$$\bigcirc\text{-}CH_2OH + (CH_3CO)_2O \xrightarrow{NaAc} \bigcirc\text{-}CH_2OOCCH_3 + CH_3COOH$$

四、主要仪器和药品

三口烧瓶、电动搅拌器、温度计、回流冷凝管、减压蒸馏装置、阿贝折光仪、电热套、分
液漏斗。

苯甲醇、乙酸酐、15%碳酸钠溶液、无水醋酸钠、无水氯化钙、15%氯化钠溶液、硼酸。

五、实验内容

在装有回流冷凝管和温度计的 250mL 三口烧瓶中加入 30g 苯甲醇、30g 乙酸酐和 1g

无水醋酸钠,搅拌升温至110℃,回流4h~6h。降温后,在搅拌下慢慢加入15%的碳酸钠溶液至无气泡放出,有机相用15%的氯化钠溶液洗至中性。分出有机相,用少量无水氯化钙干燥。加入少量硼酸,减压蒸馏,收集98℃~100℃/1.87kPa的馏分,称重,计算产率,测折光率。

六、注意事项

（1）乙酸酐有强烈的腐蚀性和刺激性,操作时要注意安全。
（2）用碳酸钠溶液洗涤时要在搅拌下慢慢加入,以免二氧化碳泡沫大量放出而冲料。

七、思考题

（1）乙酸苄酯的合成方法有哪些,试比较它们的优缺点。
（2）减压蒸馏操作中应注意哪些问题?

实验四　β-萘甲醚的制备

一、实验目的

（1）掌握烷基芳基醚的制备原理和方法。
（2）掌握减压蒸馏和重结晶等分离技术的原理和方法。

二、性质与用途

1. 性质

β-萘甲醚($β$- Naphthol Methyl Ether),又名甲基-$β$-萘基醚、2-甲氧基萘、2-萘甲醚、橙花醚。其结构式为:

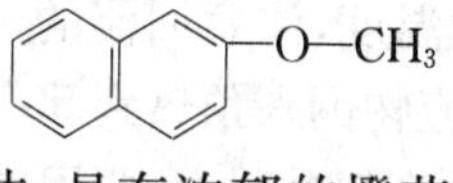

β-萘甲醚是一种白色片状晶体,具有浓郁的橙花香气,熔点为72℃~73℃,沸点为274℃,易升华。

2. 用途

广泛用于花香型香精中,尤其是皂用香精和花露水中。

三、实验原理

醚可以看做是水的两个氢原子被烃基取代得到的化合物,也可以看做是两个醇分子之间脱去一个水分子生成的化合物,或者说是羟基化合物醇、酚、萘酚等中羟基的氢被烃基取代的衍生物。若醚中的两个基团相同,则称为单醚或对称醚;若两个基团不同,则称为混醚或不对称醚。

醚的制备方法有以下三种。

（1）威廉森（A. W. Willamson）合成法。用醇盐和卤代烷的反应制醚:

$$ROM + R'X \longrightarrow R-O-R' + MX$$

式中 　R，R′——烷基或芳基；

　　　 X——I，Br，Cl；

　　　 M——K 或 Na。

（2）在酸催化下醇分子间脱水。在浓硫酸催化下，由醇制备对称醚的方法：

$$2ROH \xrightarrow{H_2SO_4} R-O-R+H_2O$$

（3）烷氧汞化—去汞法。烯烃在醇的存在下与三氟乙酸汞反应生成烷氧汞化合物，再还原得到醚：

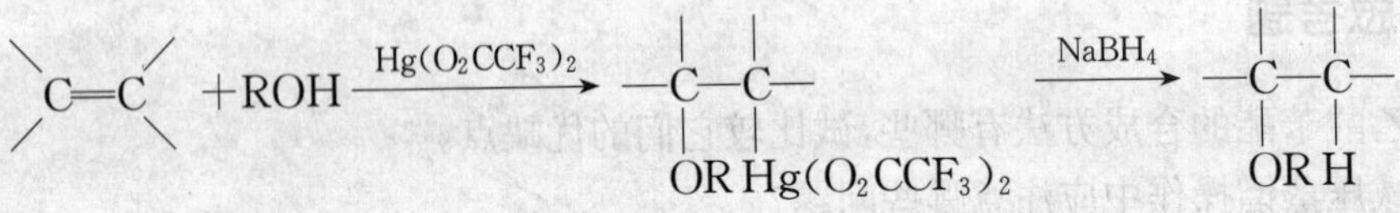

本实验采用方法（2），即在浓硫酸催化下，β-萘酚和甲醇作用。反应方程式如下：

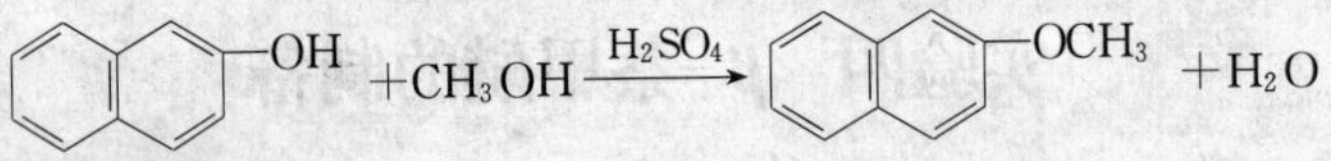

四、主要仪器和药品

三口烧瓶、温度计、回流冷凝管、布氏漏斗、吸滤瓶、减压蒸馏装置、空气冷凝管、电吹风、电热套、真空水泵、烧杯、滴液漏斗、干燥箱。

β-萘酚、甲醇、浓硫酸、10％氢氧化钠溶液。

五、实验内容

在装有温度计、回流冷凝管、滴液漏斗的 250mL 三口烧瓶中加入 30mL 无水甲醇和 24.2 g β-萘酚，微热，待 β-萘酚溶解后，滴加 5.4mL 的浓硫酸，注意温度的变化。滴加完后，回流 4h～6h，每 5min 记录一次温度，注意回流的气液面高度要恒定。当回流温度变化较小时，可认为反应结束。将反应物倒入预热到 50℃左右盛 90mL 10％氢氧化钠溶液的烧杯中，在热碱水中物料呈油状，冷却过程中，要用玻璃棒充分搅拌，避免结晶固体的颗粒过大。将结晶成均匀砂粒状的反应混合物冷至室温，抽滤，先用 90mL 10％氢氧化钠溶液冲洗，然后用去离子水冲洗，洗至滤液呈中性，放入小烧杯中，于干燥箱中 40℃～45℃下干燥（温度过高固体会熔化）。

将充分干燥的粗产品放入装有空气冷凝管的 50mL 烧瓶中，进行减压蒸馏，收集沸点 160℃～180℃/2.66kPa（20mmHg）的馏分。可用电吹风加热空气冷凝管，防止冷凝液固化。馏出液凝固后为浅黄色固体，可在 100mL 热乙醇中重结晶，得白色片状晶体，称重，计算产率。

六、注意事项

（1）易燃药品使用要注意安全。

（2）浓硫酸加入要缓慢、均匀。

（3）可部分回收未反应的 β-萘酚。将分出粗产品后的碱性滤液用硫酸小心酸化至刚果红试纸变紫色(此时呈酸性),析出 β-萘酚的沉淀,过滤、干燥、称重,并从原料中减去。

七、思考题

(1) β-萘甲醚还有哪些制备方法?写出反应方程式。
(2) 用热的氢氧化钠溶液后处理的目的何在?
(3) 为什么要用电吹风加热空气冷凝管?
(4) 回收未反应的 β-萘酚对产率是否有影响?

实验五　香豆素的制备

一、实验目的

(1) 掌握珀金(W. Perkin)反应制备芳香族羟基内酯的方法。
(2) 掌握减压蒸馏和重结晶操作技术。

二、性质与用途

1. 性质

香豆素(Coumarin)又名可买林,学名为邻羟基桂酸内酯(1,2-Benzopyrone),结构式为:

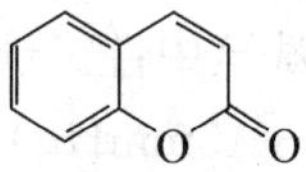

香豆素为无色棱状晶体,具有黑香豆浓重香味及巧克力气息,熔点为 68℃～70℃,沸点为 297℃～299℃,相对密度为 0.935(20℃),溶于乙醇、乙醚、氯仿及热水中,不溶于冷水。

2. 用途

香豆素主要用于香皂及各种洗涤剂的调和香料中,为调和香料的主要成分,也可作为电镀光亮剂、抗血凝剂等。

三、实验原理

芳香醛与脂肪酸酐在碱性催化剂作用下缩合,生成 β-芳基丙烯酸类化合物的反应,称为珀金缩合反应。碱催化剂一般是与脂肪酸酐相对应的脂肪酸碱金属盐。香豆素就是利用珀金缩合反应,用水杨醛与醋酸酐在乙酸钠存在下一步反应得到的,它是香豆酸的内酯,反应方程式如下:

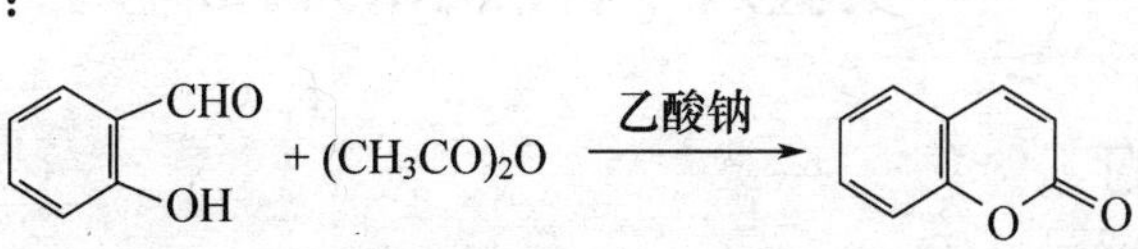

香豆素是由顺式香豆酸反应得到的。一般在肉桂酸反应中,产物为反式,两个大的基

团 HOC_6H_4— 和 —COOH 分别位于双键两侧,但反式的不能生成内酯,因此环内酯的形成可能是促使反应产生顺式异构体的原因。事实上,该反应也得到了少量反式香豆酸,但不进行内酯环化反应:

反式香豆酸   顺式香豆酸

四、主要仪器和药品

三口烧瓶、电动搅拌器、温度计、直形冷凝管、分馏柱、滴液漏斗、减压蒸馏装置,空气冷凝管,电吹风,烧杯等。

58％水杨醛溶液、乙酸酐、碳酸钾、10％碳酸钠溶液。

五、实验内容

在装有电动搅拌器、温度计、分馏柱的 250mL 三口烧瓶中加入 30mL 58％水杨醛溶液,50g 乙酸酐,2g 碳酸钠及沸石后加热沸腾,控制馏出物温度在 120℃～125℃之间,此时反应物温度在 180℃左右。当无馏出物时,稍冷却,取 25g 乙酸酐分三次加入,加热,馏出温度仍控制在 120℃～125℃,当反应物温度升至 210℃时停止加热,反应结束。趁热将反应物倒入烧杯,用 10％碳酸钠溶液洗至中性。蒸出前馏分后再减压蒸馏,收集 140℃～150℃/1.33kPa～2.00kPa(10mmHg～15mmHg)的馏分,即为香豆素。再将香豆素用 1∶1 乙醇热水溶液重结晶两次,得白色晶体。称重,计算产率。

六、注意事项

玻璃仪器要干燥。

七、思考题

(1) 香豆素有几种制备方法?

(2) 反应物温度对产物有何影响?

(3) 副反应是什么?

(4) 如何提高香豆素的收率?

实验六　香蕉水的制备

一、实验目的

(1) 掌握酯化反应制备香蕉水的原理和方法。

(2) 了解香蕉水的性质与用途。

二、性质与用途

1. 性质

香蕉水又名天那水,学名为乙酸异戊酯,为无色透明易挥发液体,有类似香蕉、生梨的气味。溶于乙醇、戊醇、乙酸乙酯、乙醚、苯,不溶于水和甘油,易燃,低毒,刺激眼睛和气管黏膜。

2. 用途

主要用做喷漆用的溶剂和稀释剂,也是许多化工产品、涂料、胶黏剂生产过程中的溶剂。

在香料工业中主要用于配制梨和香蕉型香精、酒和烟叶用香精、苹果、菠萝、可可、樱桃、葡萄、草莓、桃、奶油、椰子等型香精。

三、实验原理

乙酸与异戊醇酯化制备乙酸异戊酯。反应方程式如下:

$$CH_3-\overset{\overset{O}{\|}}{C}-OH + HO-CH_2CH_2-\underset{CH_3}{\overset{CH_3}{|}}{CH}-CH_3 \xrightarrow{H_2SO_4} CH_3-\overset{\overset{O}{\|}}{C}-OCH_2CH_2-\underset{CH_3}{\overset{CH_3}{|}}{CH} + H_2O$$

四、主要仪器和药品

烧瓶、分液漏斗、电热套、温度计、蒸馏装置。
异戊醇、冰醋酸、浓硫酸、饱和氯化钠溶液、10%碳酸钠溶液、无水硫酸镁、沸石。

五、实验内容

向干燥的 250mL 烧瓶中加入 21.7mL 异戊醇和 25mL 冰醋酸,慢慢加入 5mL 浓硫酸和 1~2 粒沸石。加热回流 1h~1.5h,冷却到 10℃左右。将反应物倒入 250mL 分液漏斗中,加入 50mL 饱和氯化钠溶液,振荡,静置分层,放掉下面水层。加入 50mL10% 的碳酸钠溶液洗涤有机相,用无水硫酸镁干燥,蒸馏,收集 138℃~147℃的乙酸异戊酯馏分。

六、注意事项

(1) 实验仪器需要干燥。
(2) 旋转分液漏斗,可加速分层。

七、思考题

(1) 除浓硫酸外,还有什么化合物可作为酯化的催化剂?
(2) 为什么要用饱和食盐水洗涤产物?
(3) 用碳酸钠洗涤的目的是什么?
(4) 酯化时有哪些副反应?为什么要蒸馏纯化?

实验七　香料吲哚的制备

一、实验目的

(1) 掌握香料吲哚的制备方法。
(2) 了解铁粉还原、酰化和脱羰基反应的原理。

二、性质与用途

1. 性质

吲哚又名 2,3-苯并吡咯、氮茚。结构式为：

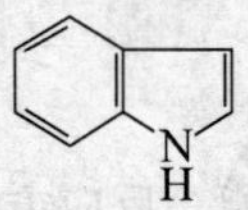

本品为白色片状晶体,有强烈的粪臭味,高度稀释的溶液具有花香香气,熔点为 52.5℃,沸点为 253℃～254℃,相对密度为 1.22,具有弱碱性。

2. 用途

主要用于茉莉、紫丁香等花香型香精中,也可用于药物生产。

三、实验原理

本实验以邻硝基甲苯为原料,经铁粉还原、酰化和脱羰基反应制备吲哚。

(1) 铁粉还原邻硝基甲苯制备邻甲苯胺：

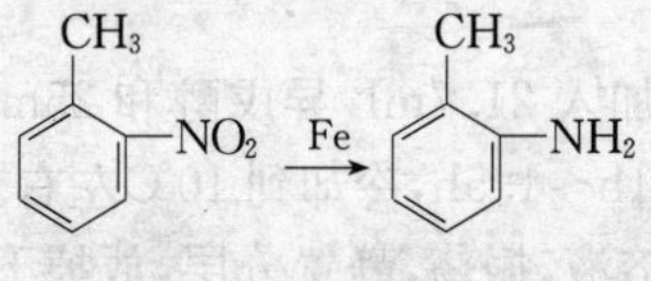

(2) 邻甲苯胺酰化制备 N-甲酰基邻甲苯胺：

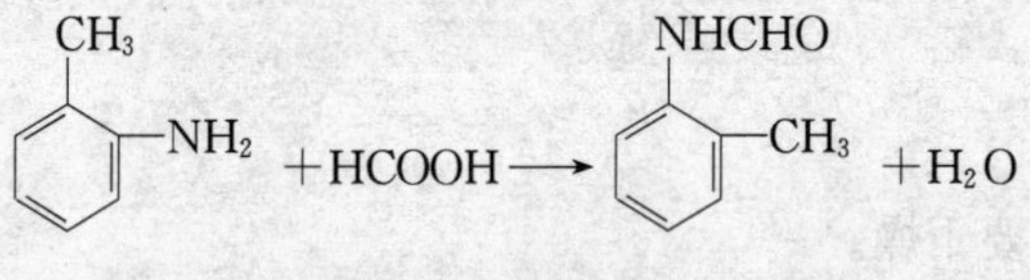

(3) 吲哚的制备：

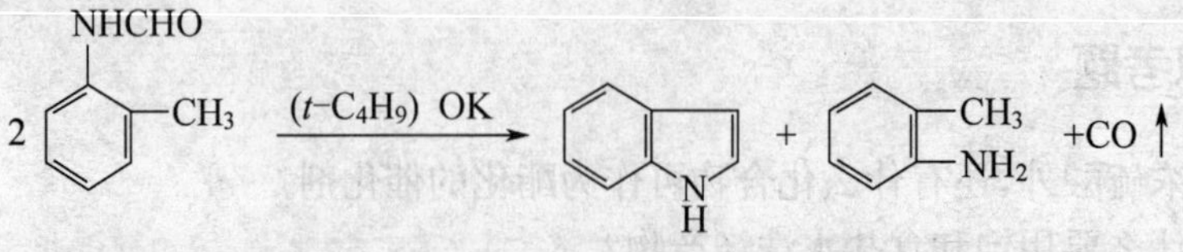

四、主要仪器和药品

三口烧瓶、单口烧瓶、电动搅拌器、滴液漏斗、温度计、回流冷凝管、分液漏斗、水蒸气蒸馏装置、减压蒸馏装置、通气管、吸滤瓶。

铁粉、浓盐酸、邻硝基甲苯、90％甲酸、叔丁醇、碳酸钠、5％碳酸钠溶液、食盐、氢氧化钾、锌粉、石蜡油、金属钾、5％稀盐酸、无水硫酸钠、氮气。

五、实验内容

1. 邻甲苯胺的制备

在装有电动搅拌器、滴液漏斗和温度计的 250mL 三口烧瓶中加入 6g 还原铁粉，滴加 45mL 水和 0.5mL 浓盐酸的溶液，加热至 70℃，搅拌预蚀。温度维持在 80℃～90℃，分批加入 5.4g(0.04mol)邻硝基甲苯。加完后，加热至 95℃，产物应完全溶于稀盐酸。用碳酸钠中和，水蒸气蒸馏。馏出液用 40mL 苯分 4 次盐析萃取，氢氧化钾干燥，蒸出苯后向残余物中加入少量锌粉，蒸馏，收集 198℃～200℃的馏分，得到约 3.5g 邻甲苯胺。

2. N-甲酰基邻甲苯胺的制备

将制得的 3.5g(0.033mol)邻甲苯胺和 1.6g(0.034mol) 90％的甲酸混合物加入装有回流冷凝管的 100mL 烧瓶中，回流 3h，停止加热，放置过夜。减压蒸馏，收集 173℃～175℃/3.322kPa 的馏分，得到浅黄色 N-甲酰基邻甲苯胺 3.8g～3.9g，产率为 85％～89％，熔点为 55℃～58℃。

3. 吲哚的制备

在 250mL 的三口烧瓶上连接回流冷凝管和氮气导管。冷凝管的上端连接由两个 250mL 吸滤瓶组成的气阱，第一个是空的，第二个盛有 50mL 石蜡油，进气管稍稍伸入石蜡油液面下。

在 250mL 三口瓶中加入 33.5mL 叔丁醇，通氮气置换空气。分批加入 1.6g (0.04mol)金属钾，加热溶解。加入 3.8g (0.028mol)N-甲酰基邻甲苯胺，溶解。改为蒸馏装置，用一个吸滤瓶作为接收瓶，并连接气阱隔绝空气。加热，蒸馏出过量的醇。剩余物加热至 350℃～360℃，保持 20min～30min，在氮气气氛中冷却。加入 17mL 水使剩余物分解，水蒸气蒸馏。乙醚提取馏出物，用 5％的冷稀盐酸洗去邻甲苯胺，再用 5％的碳酸钠溶液洗涤，分液，无水硫酸钠干燥，蒸去乙醚，减压蒸馏，收集 142℃～144℃/3.588kPa 的馏分，得到 1.3g 淡黄色吲哚，熔点为 52℃～53℃，产率为 79％。

六、注意事项

(1) 还原铁粉要洁净，若有油渍，可用乙醚清洗。

(2) 成环缩合反应温度较高，为防止氧化，要用氮气置换空气。

七、思考题

(1) 锌粉在蒸馏邻甲苯胺过程中起什么作用？

(2) 将硝基还原成氨基有几种方法？各有什么优缺点？

(3) 为什么要在吸滤瓶中加入石蜡油？

第七章　日用化学品

日用化学品是人们日常生活中所使用的精细化学品,涉及人们生活的各个方面,是日常工作、生活中不可缺少的消费品,主要包括洗涤用品、化妆品、家庭日用化学品、人体清洁用品四个方面。其特点是产量小、品种多、质量好、经济效益高、生产过程短、厂房占地面积小。随着人民生活水平的提高和化学工业的发展,日用化学品工业得到了快速发展,品种日益增多,其中洗涤用品和化妆品占的比例较大。

广义上,洗涤是从被洗涤对象中除去不需要的成分并达到某种目的的过程,通常指从载体表面去污除垢的过程。在洗涤时,通过一些化学物质的作用以减弱或消除污垢与载体之间的相互作用,使污垢与载体的结合转变为污垢与洗涤剂的结合,最终使污垢与载体脱离。用于洗涤的制品叫做洗涤用品,主要包括洗衣剂、洗发香波、浴用香波、餐具洗涤剂、硬表面清洗剂。

化妆品是指以涂抹、喷、洒或者其他类似方法,施于人体皮肤、毛发、指(趾)甲、口、唇、齿等,达到清洁、保养、美化、修饰和改变外观,或者修正人体气味,保持良好状态为目的的产品。化妆品主要包括护肤和护发化妆品、美容化妆品、美发化妆品、药用化妆品。

日用化学品是人们日常生活中经常使用的制品,关系国计民生,因此,日用化学品工业随着时代变迁会持续不断地发展。现代技术的应用、产品性能的改进、新产品和新品种的开发、产品使用后对人体健康以及对生态环境的影响仍是广大科学技术工作者重点研究的课题。

本章实验主要介绍常用的日用化学品的配制。

实验一　液体洗衣剂的配制

一、实验目的

(1) 掌握配制液体洗衣剂的配方和工艺。
(2) 了解配方中各组分的作用。

二、性质与分类

液体洗衣剂(Liquid Detergent)是一种无色或有色的均匀黏稠液体,易溶于水,是一种常用的液体洗涤剂。

液体洗涤剂是仅次于粉状洗涤剂的第二大类洗涤制品,它有着使用方便、溶解速度快、低温洗涤性能好等特点,还具有配方灵活、制备工艺简单、生产成本低、节约能源、包装美观等诸多显著的优点。随着工业制造技术的迅速发展,浓缩化、温和化、安全化、功能化、专业化、生态化已成为液体洗涤剂的发展趋势。

洗衣用的液体洗涤剂也称织物洗涤剂,可分为两类:一类是弱碱性液体洗涤剂,它与弱碱性洗衣粉一样可洗涤棉、麻、合成纤维等织物;另一类是中性液体洗涤剂,它可洗涤毛、丝等精细织物。液体洗衣剂既要有较好的去污力,又要在冬夏季保持透明、不分层、不混浊、不沉淀,并具有一定的黏度。

弱碱性液体洗涤剂 pH 值一般控制在 9～10.5,有的产品是用烷基苯磺酸钠和脂肪醇聚氧乙烯醚复配,并加无机盐助剂制成高泡沫的液体洗涤剂。

弱碱性衣用液体洗涤剂常用的表面活性剂是烷基苯磺酸钠,它具有较好的去污效果和较强的耐硬水性,在水中极易溶解。这种表面活性剂在硬水中去污力随硬度的提高而减弱,因此需加入螯合剂除去钙、镁离子。在液体洗涤剂使用磷酸盐作螯合剂时,多采用焦磷酸钾,它对钙、镁离子的螯合能力不如三聚磷酸钠,但它在水中溶解度较大。此外,液体洗涤剂一般要求具有一定的黏度和 pH 值,所以还要加入无机和有机的增黏剂及增溶剂。

中性液体洗衣剂 pH 值为 7～8,可用来洗涤丝、毛等精细织物。这类产品主要由表面活性剂和增溶剂组成。由于不含助剂,去污力主要靠表面活性剂,因此表面活性剂的含量较高,一般为 40%～50%。活性物含量中一般非离子表面活性剂高于阴离子表面活性剂。由于非离子表面活性剂含量高,易引起细菌的繁殖,致使产品变色发臭,可适量加入一些苯甲酸钠和对羟基苯甲酸甲酯等做防腐剂。

三、实验原理

液体洗衣剂是日常生活中用量最大的一类液体洗涤剂。设计这种洗涤剂时,既要考虑性能,也要考虑经济性,需要满足几个基本要求:①去污能力强;②水质适应性强;③泡沫合适;④碱性适中;⑤生产工艺简单。合理的配方设计能使产品具有优良的性能、较低的生产成本和广阔的市场。

液体洗衣剂的配方主要由表面活性剂和洗涤助剂组成。

(1) 阴离子表面活性剂和非离子表面活性剂是液体洗衣剂中的主要成分,质量分数占 5%～30%。其中使用最多的是烷基苯磺酸钠。以脂肪醇为起始原料的表面活性剂有脂肪醇聚氧乙烯醚及其硫酸盐和脂肪醇硫酸酯盐等。芳基化合物的磺酸盐、α-烯基磺酸盐、高级脂肪酸盐、烷基醇酚胺等也是液体洗衣液中使用的表面活性剂。它们是去除污垢的主要成分,主要降低液体界面的表面张力,也起润湿、增溶、乳化和分散的作用。

(2) 常用的洗涤助剂主要有如下几种:

① 螯合剂。三聚磷酸钠是最常用也是性能最好的助剂,但它的加入会使液体洗衣剂变浑浊,并污染水体,已逐渐淘汰。乙二胺四乙酸二钠、偏硅酸钠、次氨基三酸钠等对金属离子的螯合能力强,是较好的洗衣液助剂。也可使用离子交换剂,如 4A 分子筛等。

② 溶剂。溶剂的作用是溶解活性剂、提高稳定性、降低浊点,还可溶解油脂,起到促进去污的效果。常用的溶剂有去离子水或软化水。

③ 增(助)溶剂。增(助)溶剂是增进表面活性剂与助剂互溶性的助剂,常用的有烷基苯磺酸、低分子醇、尿素。

④ 增稠剂。用于调节体系黏度,改善产品的外观。常用的有机增稠剂有天然树脂和合成树脂,如聚乙二醇酯类、聚丙烯酸盐、丙烯酸—马来酸聚合物等。无机增稠剂有氯化

钠、氯化铵、硅胶等。

⑤ 柔软剂。柔软剂主要是使洗后的衣物有良好的手感,柔软、蓬松、防静电,一般洗涤剂中不使用。常用的柔软剂主要是阳离子型和两性离子型表面活性剂。

⑥ 漂白剂。一般洗涤剂中不使用漂白剂,常用的漂白剂有过氧化盐类,如过硼酸盐、过碳酸盐、过焦磷酸钠盐。

⑦ 酶制剂。酶制剂的加入可提高洗涤剂的去污能力。常用淀粉酶、蛋白酶、脂肪酶等。

⑧ 消毒剂。一般洗涤剂中也不使用。目前使用的仍是含氯消毒剂,如次氯酸钠、次氯磷酸钙、氯化磷酸三钠、氯胺 T、二氯异氰尿酸钠等。

⑨ 碱剂。常用的有纯碱、小苏打、乙醇胺、氨水、硅酸钠、磷酸三钠等。

⑩ 抗污垢再沉积剂。常用的有羧甲基纤维素钠、聚乙烯吡咯烷酮、硅酸钠、丙烯酸均聚物、丙烯酸—马来酸共聚物等。

⑪ 香精。使产品具有让人感到有愉快的嗅觉和味觉的物质。

⑫ 色素。常用的色素为有机合成色素、无机颜料、动植物天然色素。

根据它们的性能和欲配制产品的要求,人们可以将上述各种表面活性剂和洗涤助剂选取一定比例进行复配。

本实验给出四个通用液体洗衣剂的配方,可任选其中一个或两个进行配制。

四、主要仪器和药品

电炉、水浴锅、电动搅拌器、烧杯、量筒、滴管、托盘天平、温度计。

十二烷基苯磺酸钠(ABS-Na,30%)、椰子油酸二乙醇酰胺(尼诺尔、FFA,70%)、壬基酚聚氧乙烯醚(OP-10,70%)、食盐、纯碱、水玻璃(Na_2SiO_3,40%)、三聚磷酸钠(五钠、STPP)、羧甲基纤维素(CMC)、十二烷基二甲基甜菜碱(BS-12)、二甲苯磺酸钾、香精、色素,pH 试纸、脂肪醇聚氧乙烯醚硫酸钠(AES,70%)、磷酸。

五、实验内容

1. 配方(表7-1)

表7-1 液体洗衣剂的配方

成　　分	质量分数/%			
	I	II	III	IV
ABS-Na(30%)	20.0	30.0	30.0	10.0
OP-10(70%)	8.0	5.0	3.0	3.0
尼诺尔(70%)	5.0	5.0	4.0	4.0
AES(70%)			3.0	3.0
二甲苯磺酸钾			2.0	
BS-12				2.0
荧光增白剂			0.1	0.1

成　分	质量分数/%			
	Ⅰ	Ⅱ	Ⅲ	Ⅳ
Na_2CO_3	1.0		1.0	
Na_2SiO_3(40%)	2.0	2.0	1.5	
STPP		2.0		
NaCl	1.5	1.5	1.0	2.0
色素	适量	适量	适量	适量
香精	适量	适量	适量	适量
CMC(5%)				5.0
去离子水	加至100	加至100	加至100	加至100

2. 操作步骤

按配方将去离子水加入 250mL 烧杯中,将烧杯放入水浴锅中加热,待水温升到 60℃,慢慢加入 AES,不断搅拌至全部溶解。搅拌时间约 20min,溶解过程的水温控制在 60℃～65℃。

在连续搅拌下依次加入 ABS - Na,OP - 10,尼诺尔等表面活性剂,搅拌至全部溶解,搅拌时间约 20min,保持温度在 60℃～65℃。

在不断搅拌下将纯碱、二甲苯磺酸钾、荧光增白剂、STPP、CMC 等依次加入,并使其溶解,保持温度在 60℃～65℃。

停止加热,将温度降至 40℃以下,再加入色素、香精等,搅拌均匀。

测溶液的 pH 值,并用磷酸调节溶液的 pH≤10.5。

待温度降至室温,加入食盐调节黏度。本实验不控制黏度指标。

六、注意事项

(1) 按次序加料,必须在前一种物料溶解后再加后一种。

(2) 按规定控制温度,加入香精时温度必须小于 40℃,防止挥发。

(3) 产品可由同学带回试用。

(4) 液体洗涤剂产品标准 QB/T 1224—2007。

七、思考题

(1) 液体洗衣剂有哪些优良性能?

(2) 液体洗衣剂配方设计的原则是什么?

(3) 怎样控制液体洗衣剂的 pH 值,为什么?

实验二 发用凝胶的配制

一、实验目的

(1) 了解发用凝胶的组成和功能。
(2) 掌握发用凝胶的配制方法和工艺。

二、性质与用途

1. 性质

发用凝胶(Hair Gels)是指具有美发及护发作用的胶状发用化妆品。大多是在长链树脂所形成的水溶性透明凝胶中加入固发剂、调理剂等组分制得,性状为浅色、无色或加有彩色云母钛珠光颜料的透明弹性胶冻,其特点是无油腻感,易于在头发上涂展,湿润感明显,有一定的发型保持作用。

2. 用途

按用途的不同,发用凝胶可分为固发凝胶、保湿凝胶、调理凝胶等多种类型,一般涂抹在头发上可起到保湿、定型、改善头发梳理性的作用。

三、实验原理

要根据发用凝胶的特点进行配方设计。具体要求如下:
(1) 在较宽的温度范围内保持透明。
(2) 具有良好的稳定性,静置或存放时,不会出现凝块,黏度稳定。
(3) 如果是膏状凝胶,从软管挤出时应保持圆柱形,有一定的牢固度,不会坍塌,具有较好的流变性,从软管挤出时或从瓶内取出时,不会拉丝和脆断。液状凝胶也应具有一定的黏度,便于使用和控制剂量。
(4) 基质表面张力较低,不发黏,易于均匀分散涂布于干发或湿发的表面。
(5) 形成的薄膜应较有韧性,对头发有一定的亲和作用,不会因梳理而产生脱落碎片和引起积聚,容易用香波清洗除去。
(6) 形成的薄膜没有发黏感,能赋予头发天然光泽和较好的卷曲保持能力。

发用凝胶的主要成分是胶凝剂、增稠剂、增溶剂、中和剂、调理剂、防腐剂、紫外线吸收剂、酸度调节剂、醇类、香精、其他添加剂等。胶凝剂为水溶性聚合物,常用的聚合物有聚乙烯吡咯烷酮(PVP)、丙烯酸共聚物、羧乙烯类聚合物、二烷基二甲基氯化铵—羟乙基纤维素共聚物、甲基乙烯基醚—顺丁烯二酸—1,9-癸二烯交联聚合物等,主要用来形成均匀、透明、易溶于水且有较好硬度的膜层。增稠剂用来增加凝胶体系的黏度,常用卡伯波(Carbopol)树脂。中和剂一般用来中和卡伯波树脂中的一些酸性基团,提高它的稠度,常用的有氢氧化钠、氢氧化钾、三乙醇胺等。增溶剂是为了提高香精在凝胶体系中的溶解度,使产品透明。此外还常添加保湿剂、紫外线吸收剂、营养成分等,起到保湿、营养、焗油、防晒等作用。

四、主要仪器和药品

烧杯、电热套、电动搅拌器、温度计、量筒、托盘天平、滴管、玻璃棒。

聚乙烯吡咯烷酮/乙酸乙烯酯、甜菜碱型甲基丙烯酸共聚物、丙烯酸系聚合物、三乙醇胺、两性聚丙烯酸酯、聚(N-酰基丙烯亚胺)改性硅氧烷、聚乙烯吡咯烷酮、聚丙烯酸树脂、云母、二氧化钛、氧化铁、EDTA、乙醇、香精。

五、实验内容

本实验介绍三个不同发用凝胶的配方及配制工艺,配方中各原料的量为质量分数。可任选1个~2个配制。

配方Ⅰ:

聚乙烯吡咯烷酮/乙酸乙烯酯	6	乙醇	75.0
甜菜碱型甲基丙烯酸共聚物	6	去离子水	11.8
丙烯酸系聚合物	1.2	三乙醇胺	调 pH 值至 6.5~7.0

配方Ⅱ:

两性聚丙烯酸酯	0.5	乙醇	30
聚(N-酰基丙烯亚胺)改性硅氧烷	0.5	去离子水	68.5
香精	0.5		

配制方法(Ⅰ和Ⅱ):按照配方比例将聚合物分子分散于去离子水中,制得透明胶冻状基质后加入其余物料,均质后加入醇、香精得到发用凝胶。

配方Ⅲ:

聚乙烯吡咯烷酮	1.0	三乙醇胺(85%)	1.3
聚丙烯酸树脂	1.5	EDTA	0.05
云母、二氧化钛和氧化铁	0.2	香精	适量
乙醇(95%)	20.45	去离子水	75.5

配制方法:将去离子水加入 250mL 烧杯中,在缓慢搅拌下加入云母、二氧化钛和氧化铁、聚乙烯吡咯烷酮、EDTA、聚丙烯酸树脂,加热至 55℃,保温搅拌均匀。冷却至 40℃,加入乙醇、三乙醇胺、香料,搅匀得发用定型凝胶。

六、注意事项

(1) 发用凝胶中的溶剂乙醇不能用丙酮、乙醚等代替。
(2) 溶剂可用工业乙醇。

七、思考题

(1) 发用凝胶配方设计的要求是什么?
(2) 配方中各组分的作用是什么?

实验三 洗发香波的配制

一、实验目的

(1) 了解洗发香波的组成和作用原理。

(2) 掌握洗发香波的配制工艺。

二、性质与分类

洗发香波(Shampoo)是洗发用化妆洗涤用品,是一种以表面活性剂为主的加香产品,具有很好的洗涤作用和化妆效果,在洗发过程中去油垢、去头屑,不损伤头发、不刺激头皮和眼睛、不脱脂,洗后能保持头发光亮、柔软、美观、易梳理。

洗发香波在液体洗涤剂中产量居第三位。其种类很多,配方和配制工艺也是多种多样。可按洗发香波的形态、特殊成分、性质和用途来分类。按香波的主要成分即表面活性剂的种类可分为阴离子型、阳离子型、非离子型和两性离子型;按发质不同可分为通用型、干性发质用、油性发质用和中性发质用洗发香波等;按液体的状态可分为透明、乳状和胶状洗发香波;按产品的附加功能可分为去头屑香波、止痒香波、调理香波、消毒香波等。

在香波中添加特种助剂,改变产品的性状和外观,可制成蛋白香波、果味香波、珠光香波等。

还有同时具有多种功能的洗发香波,如兼有洗发、护发作用的"二合一"香波,兼有洗发、去头屑、止痒作用的"三合一"香波。

三、实验原理

洗发香波不仅具有洗发功能,还具有洁发、护发、美发等多种功效。

在对洗发香波进行配方设计时要遵循以下原则:

(1) 具有适当的洗净力和柔和的脱脂作用。

(2) 能形成丰富、持久的泡沫。

(3) 具有良好的梳理性。

(4) 洗后的头发具有光泽、潮湿感和柔顺性。

(5) 洗发香波对头发、头皮和眼睑有高度的安全性。

(6) 易洗涤、耐硬水,常温下具有最佳的洗发效果。

(7) 洗发后,不对烫发和染发操作带来不利影响。

对主要原料要求如下:

(1) 能提供泡沫和去污能力的主表面活性剂,其中以阴离子表面活性剂为主。

(2) 能增进去污力和泡沫稳定性,改善头发梳理性的辅助表面活性剂,其中包括阴离子、非离子、两性离子型表面活性剂。

(3) 赋予香波特殊效果的各种添加剂,如去头屑药物、固色剂、稀释剂、螯合剂、增溶剂、营养剂、防腐剂、染料和香精等。

此外,配方设计时还要考虑表面活性剂的良好配伍性。

洗发香波的主要原料是由表面活性剂和一些添加剂组成。表面活性剂分主表面活性剂和辅助表面活性剂两类。主剂要求泡沫丰富,易扩散、易清洗,去垢性强,并具有一定的调理作用;辅剂要求具有增强稳定泡沫的作用,头发洗后易梳理、易定型、快干、光亮,并有抗静电等功能,与主剂有良好的配伍性。

常用的主表面活性剂有:阴离子型的烷基醚硫酸盐和烷基苯磺酸盐,非离子型的烷基醇酰胺,如椰子油酸二乙醇酰胺等。常用的辅助表面活性剂有:阴离子型的油酰氨基酸钠(雷米邦)、非离子型的聚氧乙烯山梨醇酐单酯(吐温)、两性离子型的十二烷基二甲基甜菜碱等。

香波的添加剂主要有增稠剂烷基醇酰胺、聚乙二醇硬脂酸酯、羧甲基纤维素钠、氯化钠等。遮光剂或珠光剂有硬脂酸乙二醇酯、十八醇、十六醇、硅酸铝镁等。香精多为水果香型、花香型和草香型。最常用的螯合剂是乙二胺四乙酸二钠(EDTA)。常用的去头屑止痒剂有硫化硒、吡啶硫铜锌等。滋润剂和营养剂有液体石蜡、甘油、羊毛脂衍生物、硅酮等,还有胱氨酸、蛋白酸、水解蛋白和维生素等。防腐剂有对羟基苯甲酸酯(尼泊金酯)、苯甲酸钠等。

本实验给出四个洗发香波的配方,可任选其中一个或两个进行配制。

四、主要仪器和药品

电炉、水浴锅、电动搅拌器、温度计、烧杯、量筒、托盘天平、玻璃棒、滴管、黏度计。

脂肪醇聚氧乙烯醚硫酸钠(AES,70%)、脂肪酸二乙醇酰胺(尼诺尔,6501,70%)、硬脂酸乙二醇酯、十二烷基苯磺酸钠(ABS-Na,30%)、十二烷基二甲基甜菜碱(BS-12,30%)、聚氧乙烯山梨醇酐单酯、羊毛脂衍生物、苯甲酸钠、柠檬酸、氯化钠、香精、色素。

五、实验内容

1. 配方(表7-2)

表7-2 洗发香波的配方

成 分	质量分数/%			
	Ⅰ	Ⅱ	Ⅲ	Ⅳ
AES(70%)	8.0	15.0	9.0	4.0
尼诺尔(70%)	4.0		4.0	4.0
BS-12(30%)	6.0			
ABS-Na(30%)				15.0
硬脂酸乙二醇酯			2.5	
聚氧乙烯山梨醇酐单酯		80		
柠檬酸	适量	适量	适量	适量
苯甲酸钠	1.0	1.0		4.0
氯化钠	1.5	1.5		
色素	适量	适量	适量	适量
香精	适量	适量	适量	适量
去离子水	加至100	加至100	加至100	加至100
香波种类	调理香波	透明香波	珠光调理香波	透明香波

2. 操作步骤

将去离子水加入 250mL 烧杯中,水浴加热,保持水温 60℃～65℃,加入 AES 并不断搅拌至全溶。在连续搅拌下加入其他表面活性剂,全部溶解后再加入羊毛脂、珠光剂或其他助剂,缓慢搅拌使其溶解。降温至 40℃以下加入香精、防腐剂、染料、螯合剂等,搅拌均匀。测 pH 值,用柠檬酸调节 pH 值至 5.5～7.0。接近室温时加入食盐调节到所需黏度,测定香波的黏度。

六、注意事项

(1) 用柠檬酸调节 pH 值时,柠檬酸需配成 50%的溶液。

(2) 用食盐增稠时,食盐需配成 20%的溶液。食盐的加入量不得超过 3%。

(3) 加硬脂酸乙二醇酯时,温度需控制在 60℃～65℃,慢速搅拌,缓慢冷却,否则体系无珠光。

七、思考题

(1) 洗发香波配方组成的原则是什么?

(2) 洗发香波配制的主要原料是什么? 为什么必须控制 pH 值?

(3) 可否用冷水配制洗发香波,如何配制?

实验四　护发素的配制

一、实验目的

(1) 了解护发素的组成。

(2) 掌握护发素的配制方法。

二、性质与分类

护发素(Crem Rinse Hair Preparations)又称头发调理剂、护发剂润丝膏,是一种发用化妆品,外观呈乳膏状。可使头发柔顺、光亮,并能抗静电和减少头发脱落、脆断。

护发素的种类多种多样,有适合烫后的、染后的,也有适合天然发质不健康、干燥易折的;还可分为免洗护发素及水洗护发素;按其外观又可分为透明型和乳液型。

三、实验原理

护发素主要成分为阳离子表面活性剂,大多以季铵盐为代表,并辅以轻油性脂、脂肪醇等赋脂剂和头发营养剂。

一般认为头发带有负电荷。用香波、肥皂(主要是阴离子洗涤剂)洗发后,会使头发带有更多的负电荷,产生静电,致使梳理不便。护发素的主要成分为阳离子季铵盐,可以中和残留在头发表面带阴离子的分子,并留下一层均匀的单分子膜,这层奇妙的东西会使头发柔软、光泽、易于梳理、抗静电,并使头发的机械损伤和化学烫、电烫、染发剂所带来的损伤得到一定程度的修复。

护发素产品膏体应细腻,均匀,稀释液不刺激皮肤和眼睛。

四、主要仪器和药品

烧杯、电动搅拌器、电热套、温度计、量筒、托盘天平、玻璃棒、滴管。

甘油单月桂酸酯、十八烷基三甲基氯化铵(OTAC)、双十六烷基二甲基氯化铵、十六烷基三甲基溴化铵、甲基丙烯酸双十八烷基二甲基氯化铵(3%)、羟乙基纤维素、失水山梨醇倍半油酸酯、甘油单硬脂酸酯、1,2-十二烷基二醇、丙二醇、十八醇、40%甲醛、柠檬酸、二氧化硅、香精、色料。

五、实验内容

本实验介绍三个不同护发素的配方及配制工艺,配方中各原料的量为质量分数。可任选1个~2个配制。

配方Ⅰ:

甘油单月桂酸酯	1.98	二氧化硅	0.50
十八烷基三甲基氯化铵	0.65	香精	0.50
十八醇	2.37	去离子水	94.00

配制方法:按配方比例,将季铵盐、甘油酯和十八醇加热熔化后与水混合,分散均匀后加入二氧化硅和香精,搅拌均匀后制得稳定的珠光护发素。

配方Ⅱ:

双十六烷基二甲基氯化铵	1.5	甲醛(40%)	0.2
十六烷基三甲基溴化铵	3.5	柠檬酸	0.025
羟乙基纤维素	1.0	香精、色料	适量
十八醇	4.0	去离子水	88.775
丙二醇	1.0		

配方Ⅲ:

十八醇	5.0	甘油单硬脂酸酯	0.5
1,2-十二烷基二醇	1.0	丙二醇	10.0
甲基丙烯酸双十八烷基二甲基氯化铵(3%)	20.0	香料、防腐剂	适量
失水山梨醇倍半油酸酯	0.5	去离子水	63.0

配制方法(Ⅱ和Ⅲ):将水相和油相按比例分别混合加热,分散均匀后,在快速搅拌下,将水相加至油相中混合乳化,搅拌下冷却至40℃~45℃,加入香料、色素、防腐剂,混合均匀得护发素产品。

六、思考题

(1) 护发素的护发原理是什么?

(2) 护发素常用的表面活性剂有哪些?

实验五　沐浴露的配制

一、实验目的

(1) 掌握沐浴露的配制方法。

(2) 了解沐浴露的组成及各组分的作用。

(3) 掌握用罗氏泡沫仪测定沐浴露泡沫性能的方法

二、性质与分类

沐浴露(Bathing Shampoo)也称浴用香波或沐浴液,是洗澡时使用的液体清洗剂。它可以去除身体的污垢和气味,达到清洁皮肤的目的;沐浴露中的润肤剂和其他营养物质,可起到保湿和护肤的作用;对某些皮肤疾患也具有一定的疗效。另外,沐浴露中的芳香气味,能使人感到心情舒畅和轻松。

沐浴露有真溶液、乳浊液、胶体和喷雾剂型等多种产品,有的称为浴奶、浴油、浴乳等。

三、实验原理

沐浴露的配方设计,需要遵循以下原则:

(1) 洗涤过程应不刺激皮肤,不脱脂。

(2) 留在皮肤上的残留物不会使人体发生病变,没有遗传病理作用等。

(3) 具有较高的清洁能力和高起泡性。

(4) 具有与皮肤相近的 pH 值,中性或弱酸性。

沐浴露的主要原料是具有起泡、清洁功能的主表面活性剂和具有增泡、降低刺激性的辅助表面活性剂。另外,大部分产品需加入其他的添加剂,以便得到满意的综合性能。

常用的主表面活性剂有烷基硫酸钠和烷基聚氧乙烯醚硫酸钠,起泡性、清洁性好,刺激性低。脂肪醇醚琥珀酸酯磺酸盐刺激性低,起泡性良好。作为辅表面活性剂,甜菜碱和咪唑啉型表面活性剂能降低阴离子表面活性剂的刺激性,在调理产品的性能方面有功效。其他表面活性剂还包括羟乙基磺酸盐、N-酰基肌氨酸盐、N-酰基牛磺酸盐、酰基谷氨酸盐及烷基磷酸酯盐等。

常用的添加剂有:螯合剂,乙二胺四乙酸钠是最有效的螯合剂,除此之外还有柠檬酸、酒石酸等;增泡剂,沐浴露要求有丰富和细腻的泡沫,对泡沫的稳定性要求较高;pH 值调节剂、增稠剂、珠光剂、遮光剂、着色剂、稳定剂、色素和香精等。

四、主要仪器和药品

烧杯、电动搅拌器、电热套、温度计、量筒、托盘天平、玻璃棒、滴管。

脂肪醇聚氧乙烯醚硫酸钠(AES,70%)、椰油酸二乙醇酰胺(70%)、十二醇硫酸三乙醇胺盐(40%)、硬脂酸乙二醇酯、月桂基磷酸盐、肉豆蔻酸、十二烷基二甲基甜菜碱(BS-12,30%)、月桂酸、聚氧乙烯油酸盐、双十八烷基二甲基氯化铵、壬基酚基(4)醚硫酸钠(70%)、羊毛脂衍生物、丙二醇、柠檬酸(20%)、氯化钠、香精、防腐剂、色素。

五、实验内容

1. 配方(表7-3)

表 7-3 沐浴露的配方

成　分	质量分数/%			
	Ⅰ	Ⅱ	Ⅲ	Ⅳ
AES(70%)		12.0	4.0	
椰油酸二乙醇酰胺(70%)	2.0	5.0		6.0
十二醇硫酸三乙醇胺盐(40%)		2.0		
硬脂酸乙二醇酯		2.0	2.0	
月桂基磷酸盐	8.0			
肉豆蔻酸	4.0			
BS-12(30%)	1.0		6.0	15.0
月桂酸	8.0		1.5	
聚氧乙烯油酸盐			1.0	
双十八烷基二甲基氯化铵				2.5
壬基酚基(4)醚硫酸钠(70%)			15.0	
羊毛脂衍生物(50%)		2.0	5.0	
丙二醇	3.0	5.0		
柠檬酸(20%)	适量	适量	适量	0.3
氯化钠	2.5	2.0	适量	适量
香精、防腐剂、色素	适量	适量	适量	适量
去离子水	加至100	加至100	加至100	加至100

2. 操作步骤

按配方比例将去离子水加入烧杯中,加热至50℃,边搅拌边加入难溶的AES,待全部溶解后再加入其他表面活性剂,不断搅拌,温度控制在60℃左右。然后再加入羊毛脂衍生物,停止加热,继续搅拌30min以上。待体系温度降至40℃时加入丙二醇、色素、香精等,用柠檬酸调整pH值至5.0~7.5,温度降至室温后,用氯化钠调节黏度至成品。

用罗氏泡沫仪测定所制沐浴露的泡沫性能。

六、注意事项

(1) 高浓度表面活性剂,如醇醚硫酸钠(AES,70%)活性物的溶解,必须慢慢加入水中,而不是把水加入到表面活性剂中,否则会形成黏度极大的团状物,导致溶解困难。

91

(2) 沐浴露的产品标准 QB 1994—2004。

七、思考题

(1) 沐浴露各组分的作用是什么?
(2) 沐浴露配方设计的主要原则是什么?
(3) 怎样使用罗氏泡沫仪?

实验六　漱口水的配制

一、实验目的

(1) 了解漱口水的组成和作用。
(2) 掌握漱口水的配制方法。

二、性质与用途

漱口水(Mouthninse)又称含漱水,是一种新型的口腔卫生清洁用品,能清除口腔中的食物残渣,杀灭口腔中的病菌,消除口臭,清凉爽口,达到清洁口腔、保护牙齿、预防龋齿和牙周炎等目的。漱口水一般分为浓、淡两种,浓的以水稀释后再用,淡的可直接漱口。

漱口水使用、携带方便,可随时随处地清洁口腔,拒绝残渣对牙齿的侵蚀,也是牙齿脱落的老人、不会刷牙的孩子以及不能刷牙的牙病患者口腔卫生保障的最佳选择。

三、实验原理

漱口水与牙膏一样属于清洁剂,一般通过多种治疗口腔、咽喉疾病的药物成分配合而制得,主要组分为表面活性剂、氟化物、香精、酒精、水及各种添加剂等。

漱口水配方的设计需遵循以下原则:
(1) 产品为透明或混浊状水溶液。
(2) 所有的原料必须符合药典规定。
(3) pH 值为 5~10。
(4) 清洁口腔、洁白牙齿和清除口臭的作用明显。

四、主要仪器和药品

烧杯、电动搅拌器、量筒、托盘天平、玻璃棒、滴管。

氟化钠、甘油、聚环氧丁二酸钠、乙醇、苯甲酸、乳化剂、脂肪醇聚氧乙烯醚、N-十四烷基-4-乙基吡啶氯化物、硫氰酸钠、碳酸氢钠、十二醇硫酸钠、吐温-20、氢氧化钠、色料、色素、糖精钠、香精。

五、实验内容

本实验介绍三个不同漱口水的配方及配制工艺,配方中各原料的量为质量分数。可任选 1~2 个配制。

配方Ⅰ：

氟化钠	0.05	氢氧化钠	0.2
甘油	10	色素	0.04
聚环氧丁二酸钠	5	糖精钠	0.02
酒精	8	香精	0.08
苯甲酸	0.05	去离子水	76.48
乳化剂	0.08		

配制方法：按配方将聚环氧丁二酸钠、甘油、色素与酒精混合，再与水及其他物料混合均匀，制得抗牙结石漱口水。

配方Ⅱ：

乙醇	16.25	氢氧化钠(10%)	0.155
甘油	10	糖精钠	0.055
脂肪醇聚氧乙烯醚	0.12	香料	0.16
N-十四烷基-4-乙基吡啶氯化物	0.075	色料	0.044
苯甲酸	0.05	去离子水	73.091

配制方法：将物料按配方比例混合均匀即可。该漱口水能明显减轻口臭，防止牙龈炎。

配方Ⅲ：

硫氰酸钠	0.5	乙醇	1.5
碳酸氢钠	1.5	吐温-20	12
十二醇硫酸钠	0.5	香料	适量
甘油	40	去离子水	40

配制方法：将物料按配方比例混合均匀即可。该产品能抑制血液链球菌的生长，净口灭菌效果好，对于口腔发炎或上呼吸道感染有辅助治疗作用。

六、注意事项

使用漱口水时，一般需用水冲稀，用量15mL，在口腔内保持15s以上。

七、思考题

(1) 设计漱口水配方需遵循的原则是什么？

(2) 漱口水的主要原料有哪些？

实验七　润肤乳的配制

一、实验目的

(1) 掌握润肤乳的配制方法。

(2) 了解润肤乳的配方和各组分的作用。

二、性质与分类

润肤乳又称乳液、奶液,是乳液类/蜜类化妆品,属液体状乳剂,含固体油蜡较少,很容易在皮肤上均匀地涂敷成一层膜,油腻感小,感觉舒服。

一般有油/水型和水/油型两种润肤乳。油/水型润肤乳用于皮肤时,水分蒸发,油相的颗粒聚集起来形成油脂薄膜留于皮肤,乳化性能较稳定,油性感小;水/油型润肤乳的乳化稳定性比较难维持,富含油脂,感觉非常润滑。

由于肌肤早晚的需求是不同的,润肤乳可分为白天使用的具有防紫外线功效的防护型乳液与晚上使用的具有美白、保湿等功能的修护型乳液。

根据适用肤质的不同,润肤乳又可分为滋润型乳液和清爽型乳液。

三、实验原理

1. 主要成分

润肤乳的主要成分有油性滋润剂、乳化剂、保湿剂、防腐剂、紫外线吸收剂、香精等。

(1) 油性滋润剂可适度补充皮肤的油分,在皮肤上形成油脂薄膜,抑制皮肤水分的蒸发,同时也提高化妆品的质感。常用的油性滋润剂有动植物油脂、蜡类、烃类石油化工产品、高级脂肪酸、高级脂肪醇、酯类、硅油及硅油衍生物、磷脂、类固醇等。

(2) 水溶性成分包括保湿剂、低碳醇、水溶性聚合物、精制水。保湿剂能使角质层保湿,阻止水分的挥发,并起到改善质感和溶解的作用。常用的保湿剂有甘油、丙二醇、聚乙二醇、山梨醇及其衍生物、氨基酸、乳酸和乳酸盐、吡咯烷酮羧酸盐、透明质酸盐、葡萄糖酯类、甲壳质衍生物、神经酰胺等。

水溶性聚合物是助乳化剂,起分散和悬浮的作用,增加稳定性,调节流变性和改善质感。常用的有汉生胶、瓜尔豆胶及其衍生物、羟乙基纤维素、海藻酸酯、丙烯酸系聚合物等。

低碳醇可溶解其他成分,调节黏度。常用的有乙醇、异丙醇。

去离子水用于溶解介质,补充角质层水分。

(3) 乳化剂有阴离子表面活性剂和非离子表面活性剂。常用的阴离子表面活性剂有脂肪酸盐(皂)、烷基硫酸钠、脂肪醇磷酸酯等。常用的非离子表面活性剂有单硬脂酸甘油酯(单甘酯)、聚氧乙烯衍生物(吐温类)及失水山梨醇酯(斯盘类)、脂肪醇醚等。可单独使用一种乳化剂,也可多种乳化剂复配。

为了增加乳化剂黏度和稳定性,有时还添加少量的亲水性胶。

2. 产品标准

(1) 对皮肤无刺激性和不良反应。

(2) 质地细腻,富有光泽,黏度适中,易于涂擦。

(3) 擦在皮肤上具有亲和性,易于均匀分散。

(4) 手感良好,体质均匀,使用后能保湿一段时间,无黏腻感。

(5) 耐寒(-15℃/24h,-10℃/24h或0℃/24h,无油水分离现象)、耐热(48℃/24h,无油水分离现象),pH值范围控制在5.0~8.0。

(6) 具有清新怡人的香气。

以上标准为配方设计原则。

四、主要仪器和药品

烧杯、电动搅拌器、电热套、温度计、量筒、托盘天平、玻璃棒、滴管、脱气装置。

石蜡、硅氧烷、十八醇聚氧乙烯(21)醚、十八醇聚氧乙烯(2)醚、硬脂酸聚丙二醇酯(聚合度为15)、对羟基苯甲酸丙酯、硬脂酸、氢化羊毛脂、十八醇、角鲨烷、棕榈酸异丙酯、油醇聚氧乙烯(25)醚、凡士林、单甘酯、羧乙烯聚合物、阳离子聚合物、对羟基苯甲酸甲酯、三乙醇胺、甘油、1,3-丙二醇、香精、防腐剂。

五、实验内容

1. 配方

1) 油/水型润肤乳(表7-4)

表7-4 油/水型润肤乳的配方

成分	质量分数/%		成分	质量分数/%	
油相成分	石蜡	14.0	水相成分	羧乙烯聚合物	0.05
	硅氧烷	2.5		阳离子聚合物	1.0
	十八醇聚氧乙烯(21)醚	1.0		对羟基苯甲酸甲酯	0.1
	十八醇聚氧乙烯(2)醚	3.0		三乙醇胺	0.05
	硬脂酸聚丙二醇酯	2.0		香精	适量
	对羟基苯甲酸丙酯	0.15		去离子水	76.15

2) 水/油型润肤乳(表7-5)

表7-5 水/油型润肤乳的配方

成分	质量分数/%		成分	质量分数/%	
油相成分	硬脂酸	3.0	水相成分	甘油	5.0
	氢化羊毛脂	2.0		1,3-丙二醇	3.0
	十八醇	5.0		香精、防腐剂	适量
	角鲨烷	8.0		去离子水	加至100
	棕榈酸异丙酯	4.0			
	油醇聚氧乙烯(25)醚	3.0			
	凡士林	5.0			
	单甘酯	2.0			

2. 配制方法

按配方将油相成分混合均匀,加热至75℃左右,制成油相。再将水相成分混合均匀,加热到75℃左右,制成水相。在搅拌下,将水相成分缓慢加入油相成分中,直到制成均匀稳定的乳化体。然后,冷却至50℃,加入香精,搅拌均匀,脱气,继续冷却到45℃以下,得润肤乳产品。

油/水型润肤乳与水/油型润肤乳的配制方法一样。

六、注意事项

(1) 测定产品的 pH 值,观察是否在产品标准范围内。

(2) 一定要缓慢地将水相加入油相。

七、思考题

(1) 润肤乳中哪些成分起润肤作用?

(2) 常用的乳化剂有哪些?

(3) 油/水型润肤乳与水/油型润肤乳有何区别?

(4) 配方中的各组分起什么作用?

实验八　化妆水的配制

一、实验目的

(1) 了解化妆水的性质和分类。

(2) 掌握化妆水的组分和配制方法。

二、性质与分类

化妆水是一种液体化妆品,又称美容水、爽身水、柔化化妆水,具有洁净皮肤、软化皮肤角质、收敛毛孔、深层补水和保湿的作用。其使用范围几乎遍及全身。

根据皮肤肤质的不同,一般可分为保湿水、收敛水/爽肤水、柔肤水。一般收敛水/爽肤水偏弱酸性,柔肤水偏弱碱性。

根据液体性状可分为透明型和乳液型。

按照性能的不同,化妆水又可分为清洁化妆水、美白化妆水、控油化妆水、特殊化妆水等。有的化妆水同时具有多种功效。

三、实验原理

1. 主要成分

化妆水中一般 90% 以上是去离子水,另外还含有一些油溶性成分,如香精、油脂、油溶性维生素等,以及一定量的增溶剂或酒精等原料。

2. 产品标准

(1) 成分安全,不刺激皮肤。

(2) 保湿效果好,使用后有清爽感。

(3) 室温下无沉淀,不分层,没有明显的杂质和黑点。

(4) 具有清新怡人的香气。

以上标准为配方设计原则。

四、主要仪器和药品

烧杯、电动搅拌器、量筒、托盘天平、玻璃棒、滴管。

苯酚磺酸锌、甘油、丹宁酸、聚乙二醇、乙醇、油醇聚氧乙烯(15)醚、尼泊金甲酯、芝麻酚、硬脂醇聚氧乙烯醚、丙二醇、缩水二丙二醇、油醇、吐温－20、月桂醇聚氧乙烯(20)醚、色素、香精、防腐剂、紫外线吸收剂。

五、实验内容

本实验介绍三个不同化妆水的配方及配制工艺,配方中各原料的量为质量分数。可任选1～2个配制。

配方Ⅰ:

苯酚磺酸锌	0.011	油醇聚氧乙烯(15)醚	0.022
甘油	0.033	香精	0.004
丹宁酸	0.001	尼泊金甲酯	0.001
聚乙二醇	0.055	去离子水	0.870
乙醇	0.003		

配方Ⅱ:

芝麻酚	1.0	硬脂醇聚氧乙烯醚	2.0
乙醇	25.0	香精、防腐剂	适量
甘油	5.0	去离子水	67.0

配制方法(Ⅰ和Ⅱ):按配方将油溶性原料溶于乙醇中,将水溶性原料溶于去离子水中,然后将乙醇体系在连续搅拌下加入水相体系中,过滤后滤液即为化妆水产品。配方Ⅰ为收敛化妆水;配方Ⅱ为增亮化妆水。

配方Ⅲ:

丙二醇	4.0	月桂醇聚氧乙烯(20)醚	0.5
缩水二丙二醇	4.0	乙醇	15.0
甘油	3.0	色素、防腐剂、紫外线吸收剂	适量
油醇	0.1	香精	0.1
吐温－20	1.5	去离子水	71.8

配制方法:按配方比例,将甘油、丙二醇、缩水二丙二醇、紫外线吸收剂加入去离子水中,室温下溶解;另将油醇、防腐剂、吐温、月桂醇聚氧乙烯醚、香精溶于乙醇中,将乙醇体系加入水体系,着色后过滤,得到柔化化妆水。

六、思考题

(1) 化妆水分几种?

(2) 化妆水的主要成分是什么?

实验九　脱毛膏的配制

一、实验目的

(1) 了解脱毛膏的组分。

（2）掌握脱毛膏的配制方法。

二、性质与用途

脱毛膏又称脱毛剂，是利用化学物质溶解毛发结构以达到脱毛目的的化妆用品。产品呈乳膏型或糊状，一般用于脱除人体四肢或腋下的汗毛，也可用于外科手术浅层皮肤脱毛。将膏体涂抹在脱毛部位的皮肤上，大约 10min 即可轻轻擦除。脱毛膏可与铁、铜等金属接触发生显色，在空气中易被氧化变色。

三、实验原理

1. 主要成分

脱毛膏一般由巯基乙酸钙、氢氧化钙、硫化钡与添加剂所组成。

2. 产品标准

（1）膏体均匀细腻，色泽一致，无粗粒和变色分离现象。

（2）pH 值为 9～12。

（3）脱毛时间为 5min～10min，对健康皮肤无损伤。

（4）气味微弱，但无臭味。

以上标准为配方设计原则。

四、主要仪器和药品

烧杯、电动搅拌器、电热套、温度计、量筒、托盘天平、玻璃棒、滴管。

月桂醇硫酸钠、巯基乙酸钙、碳酸钙、氢氧化钙、水玻璃（33%）、十六醇、氨水、甘油、淀粉、滑石粉、硫化锶、硫化钡、硅酸铝镁、羟丙基纤维素、硫代乙醇酸钙、防腐剂、香精。

五、实验内容

本实验介绍三个不同脱毛膏的配方及配制工艺，配方中各原料的量为质量分数。可任选 1～2 个配制。

配方 I：

月桂醇硫酸钠	0.5	十六醇	4.5
巯基乙酸钙	6.0	氨水	调 pH 值至 10
碳酸钙	21.0	香精	1.0
氢氧化钙	1.5	去离子水	62.0
水玻璃（33%）	3.5		

配制方法：按配方将月桂醇硫酸钠溶于适量水中，加入水玻璃，再加入十六醇，搅拌乳化。其余原料与水调制成浆状后加入乳化体中，均质后加入香精，用氨水调 pH 值为 9～12，再继续搅拌 0.5h 制得脱毛膏。

配方 II：

甘油	0.181	硫化钡	0.151
淀粉	0.201	香精	0.015
滑石粉	0.101	去离子水	0.251
硫化锶	0.101		

配制方法:按配方比例混合,分散均匀后即得到脱毛膏产品。

配方Ⅲ:

甘油	5.0	氢氧化钙	3.20
硅酸铝镁	1.0	防腐剂、香料	适量
羟丙基纤维素	1.25	去离子水	85.55
硫代乙醇酸钙	3.0		

配制方法:将甘油与11份水混合加热至90℃,加入羟丙基纤维素,混合10min后加入22份水,充分搅拌后冷至室温。

另将硅酸铝镁慢慢加入35份水中,完全溶解后加入到上述溶液中,然后加入硫代乙醇酸钙,最后加入氢氧化钙、香料、防腐剂和余下的去离子水,搅拌均匀后得到脱毛膏。

六、注意事项

脱毛膏使用完后,皮肤上的油脂也被同时脱除,应该擦护肤霜或润肤油补充油分,保护肌肤。

七、思考题

脱毛膏的主要成分有哪些?

实验十　指甲油的配制

一、实验目的

(1) 掌握指甲油的组分及配制方法。
(2) 了解指甲油的性质。

二、主要性质

指甲油(Nail Enamel)又称"指甲漆",是用于修饰和增加指甲美观的化妆品,能牢固地附着在指甲上,干燥成膜快,光亮度好,防水性优良,不易开裂和脱落,涂于指甲后所形成的薄膜,坚牢且具有着色光泽,即可保护指甲,又可赋予指甲美感。

三、实验原理

1. 主要成分

一般指甲油的主要成分为溶剂或稀释剂、主薄膜形成剂、次薄膜形成剂、塑形剂、色料和附属成分。

溶剂的主要作用是让指甲油色泽均匀及固化迅速,长时间涂抹会引起指甲面粗糙、无光泽。常用的溶剂有丙酮、乙酸乙酯、邻苯二甲酸酯、甲醛等。

主薄膜形成剂形成涂抹指甲油后的薄膜,一般用硝化纤维。而次成膜剂是增加薄膜的柔软度、强韧度及降低脆性,有些成分可能会引起过敏性、接触性皮炎。

塑形剂的作用是使得产品柔软易涂抹及增加可塑性。色料赋予产品各种颜色,常用的有矿物性色料和合成性色料。

附属成分一般包括分散剂、安定剂和强化剂。分散剂使色料分散均匀。安定剂又包括化学防晒剂和防腐抗氧剂,能增加产品的稳定性。强化剂能增加薄膜的耐久性。

2. 产品标准

(1) 具有良好的涂敷性能,干燥成膜块,光亮度好,能牢固地附着于指甲表面。

(2) 具有良好的抗水性,不开裂,不易剥落。

四、主要仪器和药品

铝或不锈钢容器、电动搅拌器、量筒、托盘天平、玻璃棒、滴管。

聚甲基丙烯酸乙酯、过氧化苯甲酰、二氧化钛、二甲基丙烯酸己二酯、甲基丙烯酸乙氧基乙酯、N,N-双-(2-羟乙基)对甲苯胺、抗氧剂(BTH)、硝化纤维素、乙酸乙酯、乙酸丁酯、磷酸三苯甲酯、酞酸二丁酯、乙醇、甲苯磺酰甲醛树脂、乙酰柠檬酸三丁酯、十八烷基苄基二甲基季铵化蒙脱土、氨基硅氧烷、异丙醇、柠檬酸、甲苯、色料。

五、实验内容

本实验介绍三个不同指甲油的配方及配制方法,配方中各原料的量为质量分数。可任选 1 个~2 个配制。

配方Ⅰ:

聚甲基丙烯酸乙酯	0.6593	甲基丙烯酸乙氧基乙酯	0.3133
过氧化苯甲酰	0.0067	N,N-双-(2-羟乙基)对甲苯胺	0.0097
二氧化钛	0.0007	色料	适量
二甲基丙烯酸己二酯	0.0100	抗氧剂(BTH)	0.0003

制备方法:将聚甲基丙烯酸乙酯、过氧化苯甲酰和二氧化钛混合;其余原料混合后,将二者混合均匀得到指甲油产品。

配方Ⅱ:

硝化纤维素	11.5	酞酸二丁酯	13.0
乙酸乙酯	30.0	乙醇	5.0
乙酸丁酯	31.6	色料	0.4
磷酸三苯甲酯	8.5		

配方Ⅲ:

硝化纤维素	10.82	乙酸丁酯	21.64
甲苯磺酰甲醛树脂	0.74	异丙醇	7.72
乙酰柠檬酸三丁酯	6.495	柠檬酸	0.055
十八烷基苄基二甲基季铵化蒙脱土	1.35	甲苯	30.91
氨基硅氧烷	1.0	色料	1.0
乙酸乙酯	9.27		

配制方法(Ⅱ和Ⅲ):按照配方,将部分溶剂置于铝或不锈钢容器中,搅拌下加入硝化纤维素,使其润湿。然后依次加入除色料外的其他原料溶剂、增塑剂、树脂等,搅拌至全部溶解,抽滤,滤液即为透明指甲油。如加入色料混合均匀,即得有色指甲油。

六、注意事项

指甲油的原料大都是有害物质，长期使用会慢性中毒。

七、思考题

(1) 指甲油含有哪些成分？
(2) 指甲油中哪些成分对人体有害？

第八章 染料与颜料

1. 染料

染料是一种有颜色的,能使纤维和其他材料着色的物质。但有颜色的物质不一定是染料。作为染料,必须能够使一定颜色附着在纤维上,且不易脱落、变色。目前,染料已不只用于纺织物的染色和印花,还在油漆、塑料、纸张、皮革、光电通信、食品等许多领域广泛应用。随着科学技术的发展,染料已不仅仅从染色方面满足人们的物质和文化的需求,在激光技术、生物医学、染料电性能等近代科学技术方面也发挥着巨大的作用。

染料分天然染料和合成染料两大类。天然染料包括:植物染料,如靛蓝、茜素等;动物染料,如胭脂虫等。合成染料又称人造染料,主要从煤焦油分馏或石油加工出来,再经化学加工而成,习惯称为"煤焦油染料"。

染料按其化学结构可分为偶氮、羰基、硝基及亚硝基、芳甲烷、多甲基、醌亚胺、酞菁、硫化等类;按染料性质及应用方法,可分类如下:

(1) 直接染料。这类染料因不依赖其他添加剂就可以直接染着于棉、麻、丝、毛等各种纤维上而得名。其染色方法简单、色谱齐全、成本低廉,但耐洗和耐晒牢度较差,若采用适当的后处理方法,能够提高染色成品的色泽牢度。

(2) 不溶性偶氮染料。这类染料实质上是染料的两个中间体,在织物上经偶合而生成不溶性颜料。因为在印染过程中要加冰,所以又称冰染料。由于它的耐洗、耐晒牢度一般都比较好,色谱较齐、色泽浓艳、价格低廉,所以目前广泛用于纤维织物的染色和印花。

(3) 活性染料,又称反应性染料。这类染料的分子结构中含有一个或一个以上的活性基团,在适当条件下,能够与纤维发生化学反应,形成共价键结合。它可用于棉、麻、丝、毛、粘纤、锦纶、维纶等多种纺织品的染色。

(4) 还原染料。这类染料不溶于水,在强碱溶液中借助还原剂还原溶解进行染色,染后再氧化重新转变成不溶性的染料,并牢固地附着在纤维上。由于染液的碱性较强,一般不适宜于蚕丝、羊毛等蛋白质纤维的染色。这类染料色谱齐全、色泽鲜艳、色牢度好,但价格高,不易均匀染色。

(5) 可溶性还原染料。由还原染料的隐色体制成硫酸酯钠盐后,变成能直接溶解于水的染料,所以称为可溶性还原染料,可用于多种纤维的染色。这类染料色谱齐全、色泽鲜艳、染色方便、色牢度好,但其价格比还原染料还要高,亲和力却低于还原染料,因此一般只染浅色织物。

(6) 硫化染料。这类染料大部分不溶于水和有机溶剂,但能溶解在硫化钠溶液中,溶解后可以直接染着纤维。但也由于染液碱性太强,不适宜于染蛋白质纤维。这类染料色谱较齐,价格低廉,色牢度较好,但是色光不鲜艳。

(7) 硫化还原染料。硫化还原染料的化学结构和制造方法与一般硫化染料相同,染色牢度和性能介于硫化和还原染料之间,所以称为硫化还原染料。染色时可用硫化碱—

保险粉或烧碱—保险粉溶解染料。

（8）酞菁染料。这类染料往往作为一个染料中间体，在织物上缩合或与金属原子络合而成色淀。目前这类染料的色谱只有绿色和蓝色，但由于色牢度极高，且色光鲜明纯正，因此很有发展前途。

（9）氧化染料。一些芳胺类化合物在纤维上进行复杂的氧化和缩合反应，成为不溶性的染料，叫做氧化染料。实质上这类染料只能说是坚牢地附着在纤维上的颜料。

（10）缩聚染料。用不同种类的染料作为母体，在其结构中引入带有硫代硫酸基的中间体而成的暂溶性染料。在染色时，染料可缩合成大分子聚集沉积于纤维中，从而获得优良的染色牢度。

（11）分散染料。这类染料分子中不含离子化基团，属于非离子型染料，在水中溶解度很低，颗粒很细，在染液中呈分散体。主要用于涤纶的染色，染色牢度较高。

（12）酸性染料。这类染料具有水溶性，大都含有羧基、磺酸基等水溶性基团。可在酸性、弱酸性或中性介质中直接上染蛋白质纤维，但湿处理牢度较差。

（13）酸性媒介及酸性含媒染料。这类染料包括两种，一种染料本身不带有用于媒染的金属离子，染色前或染色后将织物经过媒染剂的处理获得金属离子；另一种是在染料制造时，预先将染料与金属离子络合，形成含媒金属络合的染料，在染色前或染色后不需进行媒染处理，耐晒、耐洗牢度比酸性染料好，但是色泽较深暗，主要用于羊毛染色。

（14）碱性及阳离子染料。碱性染料也称盐基染料，是最早合成的一类染料，因在水中溶解后呈阳离子，故又称阳离子染料。这类染料色谱齐全、色泽鲜艳、染色牢度较高，但不易匀染，主要用于腈纶的染色。

目前世界各国生产的各类染料已有七千多种，常用的有两千多种。由于染料的结构、类型、性质不同，必须根据被染物品的要求选择染料，并确定相应的染色工艺。

2. 颜料

颜料就是能使物体染上颜色的小颗粒不溶性物质，常常分散悬浮在具有黏合能力的高分子材料中。颜料包括无机颜料和有机颜料。

无机颜料一般是矿物性物质，通常在耐光、耐热、耐候、耐溶剂性、耐化学腐蚀及耐升华等方面都比有机颜料好，但在色调的鲜艳度、着色力等方面则比有机颜料差。

无机颜料又分为着色颜料和体质颜料。着色颜料是在涂料、塑料、绘画颜料、色彩等进行着色加工时用的材料。着色颜料中，白色颜料有钛白、锌白和锌钡白；红色有铁红、镉红、铜红和红丹；黄色有铬黄、镉黄和钛黄；蓝色有铁蓝和青；黑色有炭黑。体质颜料与遮盖性无关，使用的目的在于降低成本和改进涂料、橡胶、印刷油墨、塑料等的加工性能和物理性能。体质颜料主要有碳酸钙和硫酸钡。

有机颜料一般取自植物和海洋动物，如茜蓝、藤黄和古罗马从贝类中提炼的紫色，为不溶性的有色有机物，不溶于水和所有介质。有机颜料与无机颜料相比，通常具有较高的着色力，颗粒容易研磨和分散，不易沉淀，色彩鲜艳，但耐晒、耐热、耐气候性能较差。

有机颜料按结构不同，可分为三类：

（1）色淀类，包括酞菁色淀、偶氮色淀、三芳甲烷色淀，是由离子型染料转变成不溶性盐类（如钡、钙、镁盐）制得，如立索尔大红 R。

（2）偶氮类，包括黄、橙、红、棕等色调，着色力高、色泽鲜艳，但牢度较差。以乙酰芳胺为偶合组分可制得各种黄色的颜料,如耐晒黄G。

(3) 多环类,通常为高级有机颜料。重要的有酞菁、异吲哚啉酮、二恶嗪等类。铜酞菁蓝在有机颜料中产量最大、应用最广。其特点是牢度好、着色力强、色泽鲜艳,经高氯代可得酞菁绿颜料。

3. 染料与颜料的异同

染料与颜料的共同点之处是都具有艳丽的颜色,能够使被染物体方便地上色,坚牢度满足要求。

染料和颜料的区别在于对物体的着色方式不同。例如,染料溶液能渗入木材,与木材的组成物质(纤维素、木质素与半纤维素)发生复杂的物理化学反应,使木材着色而不模糊纹理,使木材染成鲜明而坚牢的颜色。颜料是能溶于醇、油或其他溶剂中的有色物质,只能作用于物体表面,如布料的表面等。

实验一　酸性纯天蓝 A 的制备

一、实验目的

(1) 了解酸性染料的性质和用途。
(2) 掌握染料酸性纯天蓝 A 的制备原理和方法。
(3) 了解纸色谱法检验染料产品纯度的方法。

二、性质与用途

1. 性质

染料索引号为 C. I. Acid Blue 25(C. I. 62055)。

酸性纯天蓝 A 又称酸性蒽醌艳蓝,为蓝色粉末。不溶于二甲苯和硝基苯,溶于丙酮和醇类,微溶于苯和四氢化萘。在浓硫酸中呈暗蓝色,稀释后呈蓝色沉淀。

2. 用途

主要用于毛、丝、锦纶及其混纺的染色,尤其是作为锦纶的配套染料;也可用于皮毛、皮革的染色以及香皂和电化铝的着色。

三、实验原理

酸性纯天蓝 A 为强酸性染料,属蒽醌型染料。这类染料的特点是其有良好的日晒牢度;由于在蒽醌的 α 位上,具有深色效应的供电子氨基,所以色谱为深色,以蓝、紫为主。

酸性纯天蓝 A 是由苯胺与溴氨酸在催化剂存在下,发生乌尔曼缩合反应而制得的。反应方程式如下:

$+NaBr+H_2O+CO_2\uparrow$

四、主要仪器和药品

三口烧瓶、电动搅拌器、温度计、回流冷凝管、电热套、布氏漏斗、真空水泵、烧杯、纸色谱板、干燥箱。

溴氨酸、碳酸钠、硫酸铜、苯胺、20％盐酸、氯化钠。

五、实验内容

在装有电动搅拌器、温度计、回流冷凝管的 250mL 三口烧瓶中,加入 90mL 水,9.5g (0.025mol)溴氨酸,3.3g 碳酸钠,1.5g～2g 硫酸铜,8.8g(0.095mol,$d=1.024$)苯胺。搅拌打浆,约 20min 左右升温至 80℃,在 80℃～85℃下保温 1h。升温至 90℃,保温 30min。再升温至 95℃,恒温 30min,然后,将反应物降温至 50℃,抽滤。

用 350mL 20％盐酸分数次洗涤滤饼,直到滤液呈淡红色。

然后,将滤饼置于 230mL 水中,加入 1g 左右的碳酸钠,使染料溶液 pH 值为 7～8,升温至 80℃～85℃,加入约 10g 的氯化钠盐析,趁热抽滤。

搅拌下再将滤饼置于 230mL 水中,加入 0.2g 碳酸钠,升温至 80℃～85℃,加入约 10g 的氯化钠盐析,趁热抽滤。

滤饼用 250mL 5％的碳酸钠及 5％的氯化钠的溶液洗涤至滤液接近无色。然后,用纸色谱法检验产品纯度。在 80℃～85℃干燥,称重,即得产品。

展开剂:正丁醇:乙醇:氨水＝6:2:3。

六、注意事项

洗涤、过滤时要注意产品的流失,以免影响产率。

七、思考题

(1) 什么是酸性染料?强酸性染料的结构特征是什么?

(2) 用 20％盐酸洗涤产物的目的是什么?是否会洗掉产物,为什么?

(3) 用碳酸钠溶液洗涤的目的是什么?

实验二　活性艳红 X-3B 的制备

一、实验目的

(1) 掌握活性艳红 X-3B 的制备方法。

(2) 掌握缩合、重氮化、偶合反应的机理。

二、性质与用途

1. 性质

染料索引号为 C. I. Reactive Red 2(C. I. 18200)。

活性艳红(reactive red)X-3B 为枣红色粉末。其水溶液呈蓝光红色,在浓硫酸中为红色,在浓硝酸中为大红色,稀释后均无变化;遇铁离子对色光无影响,遇铜离子使色光转暗;20℃时的溶解度为 80g/L,50℃时的溶解度为 160g/L。

2. 用途

本品可用于棉、麻、粘胶纤维及其他纺织品的染色,也可用于羊毛、蚕丝、锦纶的浸染,还可用于丝绸印花,并可与直接染料、酸性染料同印;可与活性蓝 X-R、活性金黄 X-G 组成三原色,拼染各种中、深色泽,如草绿、墨绿、橄榄绿等,色泽丰满,但贮存稳定性差。

三、实验原理

活性染料又称反应性染料,其分子中含有能与纤维素反应的基团,染色时与纤维素形成共价键,生成"染料—纤维"化合物,因此这类染料的水洗牢度较高。

这类染料的分子结构包括母体染料和活性基团两个部分。活性基团一般通过某些联结基与母体染料相连。根据母体染料的结构,活性染料可分为偶氮型、酞菁型、蒽醌型等;按活性基团可分为 X 型、K 型、KD 型、KN 型、M 型、E 型、P 型、T 型等。

活性艳红 X-3B 为二氯均三嗪型(即 X 型)活性染料,其母体染料的制备方法同一般酸性染料相同,可用预先制备母体染料与三聚氯氰缩合引进活性基团。若以氨基萘酚磺酸作为偶合组分,为避免副反应发生,通常先将氨基萘酚磺酸和三聚氯氰缩合,这样偶合反应就可完全发生在羟基邻位。

活性艳红 X-3B 的制备方法:先用 H 酸与三聚氯氰缩合,再与苯胺重氮盐偶合。反应方程式如下:

(1) 缩合:

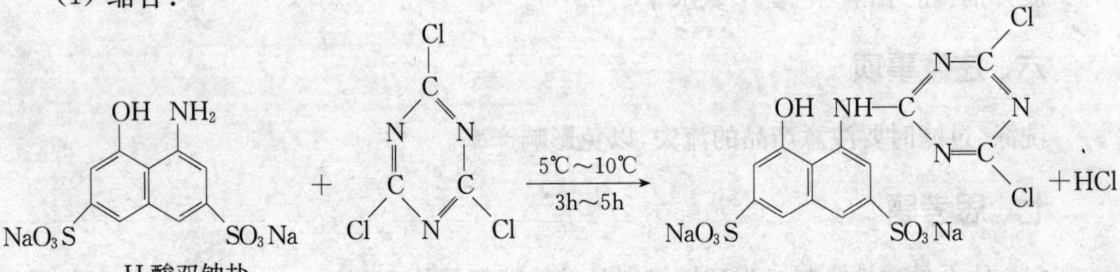

H 酸双钠盐

(2) 重氮化:

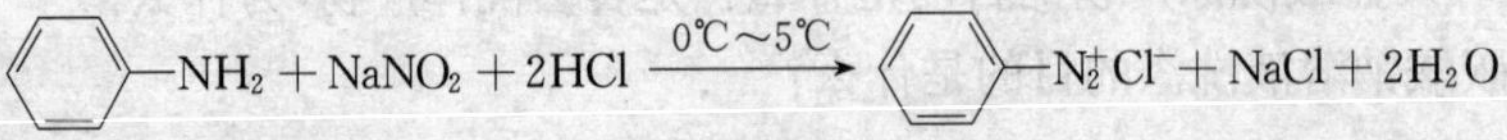

(3) 偶合:

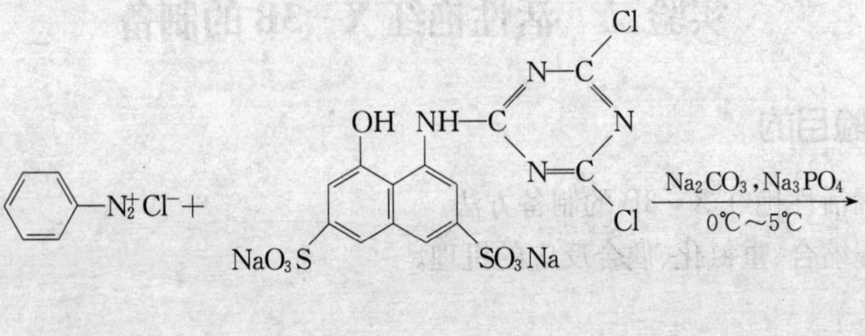

106

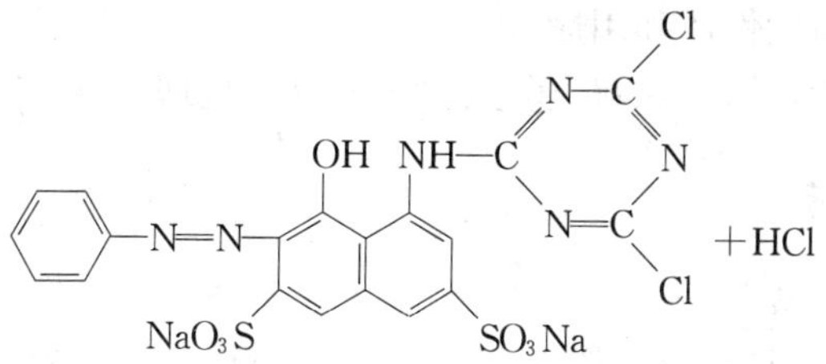

四、主要仪器和药品

三口烧瓶、电动搅拌器、温度计、滴液漏斗、烧杯、布氏漏斗、真空水泵。

H 酸、苯胺、三聚氯氰、盐酸、亚硝酸钠、碳酸钠、精盐、磷酸三钠、磷酸二氢钠、磷酸氢二钠、尿素。

五、实验内容

在装有电动搅拌器、滴液漏斗和温度计的 250mL 三口烧瓶中加入 30g 碎冰、25mL 冰水和 5.6g 三聚氯氰，在 0℃搅拌 20min，然后在 1h 内加入 H 酸溶液(10.2g H 酸、1.6g 碳酸钠溶解在 68mL 水中)，加完后在 5℃～10℃搅拌 1h，抽滤，得黄棕色澄清缩合液。

在 150mL 烧杯中加入 10mL 水、36g 碎冰、7.4mL 30%盐酸、2.8g 苯胺，不断搅拌，在 0℃～5℃时于 15min 内加入 2.1g 亚硝酸钠配成的 30%溶液，加完后在 0℃～5℃搅拌 10min，得淡黄色澄清重氮液。

在 600mL 烧杯中加入上述缩合液和 20g 碎冰，在 0℃时一次性加入重氮液，再用 20%磷酸三钠溶液调节 pH 值至 4.8～5.1。反应温度在 0℃～5℃，搅拌 1h。加入 1.8g 尿素，随即用 20%碳酸钠溶液调节 pH 值至 6.8～7。加完后搅拌 3h。此时溶液总体积约为 310mL，然后加入溶液体积 25%的食盐盐析，搅拌 1h，抽滤。滤饼中加入滤饼质量 2%的磷酸氢二钠和 1%的磷酸二氢钠，搅匀，过滤，在 85℃以下干燥，称量，计算产率。

六、注意事项

(1) 严格控制重氮化反应的温度和偶合时的 pH 值。

(2) 三聚氯氰在空气中遇水分会水解放出氯化氢，使用后要盖好瓶盖。

七、思考题

(1) 活性染料的结构特点有哪些？

(2) 活性染料主要有哪几种活性基团？相应型号是什么？

(3) 盐析后加入磷酸氢二钠和磷酸二氢钠的目的是什么？

实验三　分散蓝 2BLN 的制备

一、实验目的

(1) 掌握分散蓝 2BLN 的制备方法。

(2) 了解分散染料的性质和用途。

(3) 掌握苯氧基化、硝化、水解、还原、溴化的反应机理。

二、性质与用途

1. 性质

染料索引号为 C. 1. Disperse Blue 56(C. I. 63285)。

分散蓝 2BLN 学名为 1,5 -二羟基- 4,8 -二氨基蒽醌溴化物,外观为深蓝色粉末;溶于浓硫酸呈绿光黄色,稀释后呈带红光蓝色;能溶于乙醇、吡啶和丙酮等有机溶剂中;不溶于水,但在分散剂存在下可均匀地分散于水中。

2. 用途

主要用于涤纶及其混纺织物的染色,也可用于锦纶、腈纶、醋酸纤维及其混纺织物的染色;可与分散红 3B、分散黄 RGFL 拼色。

三、实验原理

分散染料的结构特点是由被染物料的特性决定的。由于聚酯纤维分子的线形结构较好,没有大的侧链和支链,经过纺丝过程中拉伸和定型的作用,分子排列整齐,结晶度高;定向性好,纤维分子间空隙小;但它的吸湿性很差;水中的膨化度不好;染色时染料分子不易浸入纤维内部,造成染色困难。因此,必须采用相对分子质量小、结构简单的染料,通常是含有两个苯环的单偶氮染料,或比较简单的蒽醌衍生物。

分散蓝 2BLN 是蒽醌类分散染料,其制备方法是以蒽醌- 1,5 -双磺酸钠盐或以 1,5 -二硝基蒽醌为原料,经过苯氧基化、硝化、水解、还原、溴化而制得。反应方程式如下:

(1) 苯氧基化:

(2) 硝化:

(3) 水解,再加入盐酸回收 2,4 -二硝基苯酚:

108

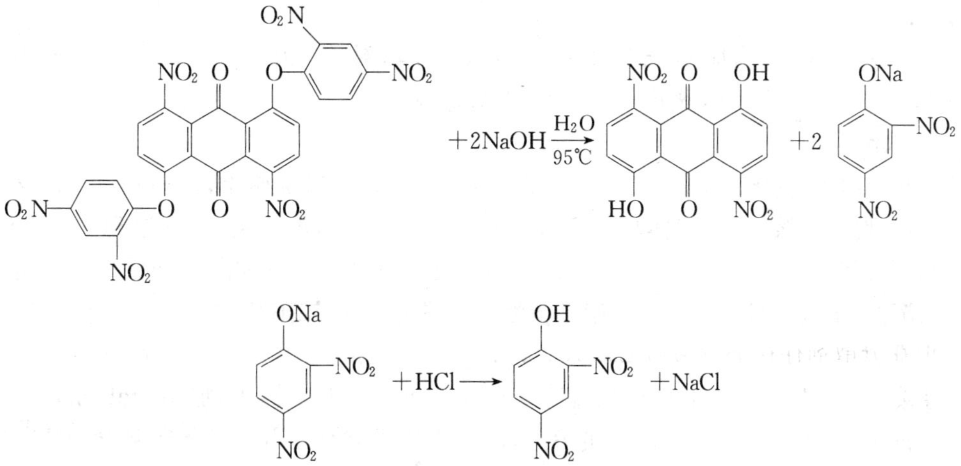

$+2NaOH \xrightarrow[95℃]{H_2O}$ $+2$

$+HCl \longrightarrow$ $+NaCl$

（4）还原：

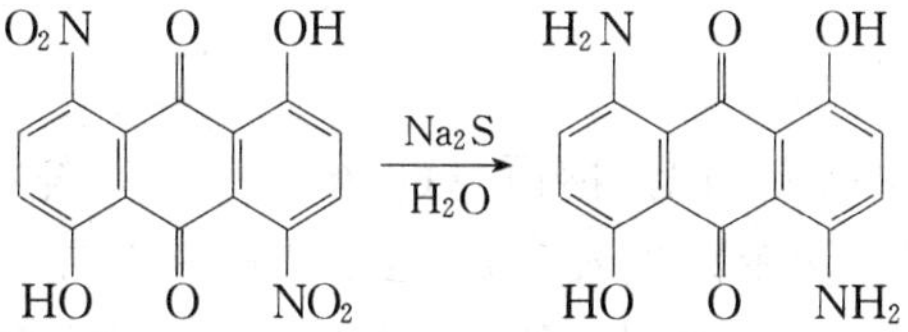

$\xrightarrow[H_2O]{Na_2S}$

（5）溴化：

2 $+Br_2 \xrightarrow[H_3BO_3,80℃]{H_2SO_4 \cdot SO_3} 2$ $+2H_2O+SO_2\uparrow$

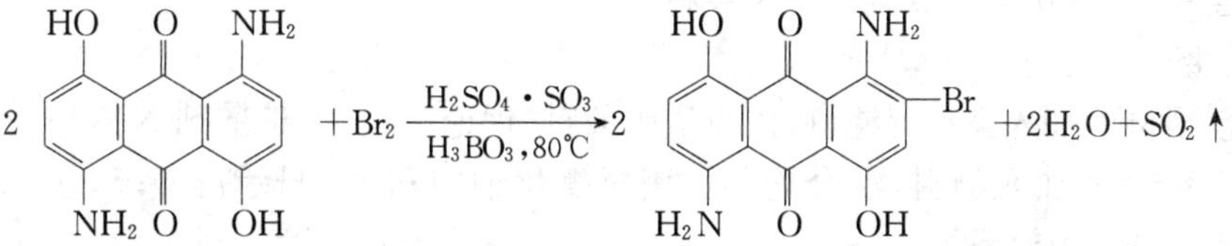

四、主要仪器和药品

三口烧瓶、电动搅拌器、温度计、回流冷凝管、烧杯、减压蒸馏装置、布氏漏斗、真空水泵、瓷烧杯。

苯酚、氢氧化钠、1,5-二硝基蒽醌、98%硫酸、96%硝酸、15%硫化钠溶液、盐酸、3%～5%发烟硫酸、硼酸、溴、玻璃珠、扩散剂 NNO。

五、实验内容

1. 苯氧基化

在装有电动搅拌器、温度计、回流冷凝管的 250mL 三口烧瓶中，加入 7.5g 氢氧化钠，36g 苯酚。搅拌，加热到 130℃～140℃使其全部溶解，冷却到 120℃，加入 24.2g 1,5-二硝基蒽醌，在 2h～4h 内升温至 140℃～145℃，恒温 2h；再升温至 145℃～155℃，恒温 6h。然后于 140℃/21.28 kPa 下蒸去苯酚，加 40mL 热水稀释，再加入 4g 30%的氢氧化钠溶液，搅拌 4h，抽滤，水洗到中性，得到 1,5-二苯氧基蒽醌 31.2g。

2. 硝化

在装有电动搅拌器、温度计、回流冷凝管的 250mL 三口烧瓶中，加 3g 水，86.5g 98%的硫酸，11g 1,5-二苯氧基蒽醌，搅拌，溶解，于 2h 内加入 14g 96%的硝酸，升温到 40℃，恒温 8h。

在 400mL 烧杯中,加 200mL 冰水,再加入硝化物料,于 40℃以下抽滤,水洗到中性,得到 1,5-(2,4-二硝基苯氧基)-4,8-二硝基蒽醌。

3. 水解

在装有电动搅拌器、温度计、回流冷凝管的 500mL 三口烧瓶中,加 100mL 水和硝化物料滤饼,搅拌打浆,加水到体积 200mL,加入 24g 30%的氢氧化钠,升温到 95℃,恒温 30min,冷却到 50℃以下抽滤。用 3%的氢氧化钠溶液洗至滤液加酸中和后无沉淀析出,如析出沉淀,抽滤,可回收 2,4-二硝基苯酚。滤饼为 1,5-二硝基-4,8-二羟基蒽醌。

4. 还原

在装有电动搅拌器、温度计、回流冷凝管的 250mL 三口烧瓶中,加 100mL 水,加入滤饼搅拌打浆,加入 60g 15%的硫化钠溶液,加热至 90℃,恒温 1h。冷却至 40℃～45℃,抽滤,水洗至中性,再依次用 200mL 0.5%的盐酸和水洗至中性,烘干,得到 1,5-二氨基-4,8-二羟基蒽醌 6.5g。

5. 溴化

在装有电动搅拌器、温度计、回流冷凝管的 250mL 三口烧瓶中,加入 3%～5%的发烟硫酸 56g,硼酸 3.2g,搅拌溶解。加入 1,5-二氨基-4,8-二羟基蒽醌 5.7g,搅拌 2h,加溴 2.1g,于 5h 内升温至 80℃,恒温 4h,冷却至 40℃以下,倒入 200mL 冰水中,在 40℃抽滤,水洗至中性,滤饼为分散蓝 2BLN 染料。

6. 砂磨

在瓷烧杯中,加入染料湿滤饼,按质量比染料(理论产量):扩散剂 NNO:水:玻璃珠=1:1:5:8 加入物料,混合均匀。用氢氧化钠中和至 pH=7～7.5,在 90℃砂磨 14h,过筛、干燥、粉碎、称重。

六、注意事项

(1) 严格控制抽滤温度。

(2) 洗涤、抽滤时注意产品流失,以免影响产率。

七、思考题

(1) 分散染料的结构特点是什么?

(2) 水解过程中,为什么要用 3%的氢氧化钠溶液洗至滤液加酸中和后无沉淀析出?

(3) 溴化反应中,加入硼酸的目的是什么?

实验四　直接冻黄 G 的制备

一、实验目的

(1) 掌握直接冻黄 G 的制备方法。

(2) 了解直接染料的性质和用途。

(3) 掌握烷基化反应的机理。

二、性质与用途

1. 性质

染料索引号为 C. I. Direct Yellow 12（C. I. 24895）。

直接冻黄 G 外观为橘黄色均匀粉末，溶于水为黄色至金黄色溶液，水溶液低于 15℃ 时有冻状沉淀物析出，故又称冻黄；水中的溶解度为 30g/L（80℃）；微溶于丙酮呈绿光黄色，适量溶于乙醇（呈柠檬黄色）和溶纤素；在浓硫酸中呈红青莲色，稀释后呈青莲色或生成红光蓝色沉淀；染料水溶液加入浓盐酸生成深酱红色沉淀，加入浓氢氧化钠溶液生成金橙色沉淀，加入 10％ 的氢氧化钠溶液颜色稍有变化；对纤维素纤维染色的吸尽率好；在 40℃时的亲和力最大，拔染性好。

2. 用途

用于棉、蚕丝、羊毛、维纶、锦纶及其混纺织物的染色，棉或黏胶织物的印花，还可用于皮革、纸浆、生物的染色以及制造色淀颜料。

三、实验原理

直接冻黄 G 为二苯乙烯型染料，具有线型、平面型结构，有直接性。其制备方法是：由 DSD 酸双重氮化后与两分子苯酚偶合，再用氯乙烷将苯酚的羟基转化为乙氧基即制得产品。反应方程式如下。

（1）重氮化：

$$H_2N-\bigcirc-CH=CH-\bigcirc-NH_2 + 6HCl + 2NaNO_2 \xrightarrow{26℃\sim30℃}$$

（DSD 酸钠盐）

$$ClN_2-\bigcirc-CH=CH-\bigcirc-N_2Cl + 4NaCl + 14H_2O$$

（2）偶合：

$$ClN_2-\bigcirc-CH=CH-\bigcirc-N_2Cl + 2NaO-\bigcirc + 2Na_2CO_3 \xrightarrow{34℃\sim36℃}$$

$$NaO-\bigcirc-N=N-\bigcirc-CH=CH-\bigcirc-N=N-\bigcirc-ONa + NaCl + H_2O$$

(3) 乙基化：

$$NaO-\langle\rangle-N=N-\langle\rangle-CH=CH-\langle\rangle-N=N-\langle\rangle-ONa+2C_2H_5Cl+$$

上部含 SO_3Na 取代基

$$2NaOH \xrightarrow[392kPa]{100℃\sim106℃}$$

$$H_5C_2O-\langle\rangle-N=N-\langle\rangle-CH=CH-\langle\rangle-N=N-\langle\rangle-OC_2H_5+2NaCl+H_2O$$

含 SO_3Na 取代基

四、主要仪器和药品

烧杯、温度计、电动搅拌器、减压装置、蒸馏装置。

DSD 酸、氯乙烷、盐酸、亚硝酸钠、苯酚钠、氯化钠、稀硫酸、碳酸钠、氨磺酸、氢氧化钠乙醇溶液、刚果红试纸、淀粉碘化钾试纸。

五、实验内容

1. 重氮化

在 800mL 烧杯中加入 23.3g DSD 酸,盐酸酸化至刚果红试纸变蓝,加入碎冰冷却至 30℃以下,于 1h 内加入 8.7 g 亚硝酸钠,反应中保持刚果红试纸和淀粉碘化钾试纸都变蓝。重氮化反应完毕后,调整体积至 260mL～280mL。用氨磺酸破坏过量的亚硝酸,重氮液备用。

2. 偶合

将 12g 苯酚钠快速加入重氮液中进行偶合,搅拌反应 4h,温度控制在 34℃～36℃,pH 值为 9,总体积 500mL。

偶合完毕后升温至 50℃,加入 100g 氯化钠,搅拌 30min,加入稀硫酸调节为 pH 值为 6.5～7,抽滤。

3. 乙基化

在高压釜中,将滤饼用含氢氧化钠 6.4g 的乙醇溶液搅拌打浆。再加入碳酸钠 23g,密闭升温至 102℃,通入氯乙烷 12h,压力为 392kPa,温度为 102℃～106℃。保持 4h,反应完毕。放压,蒸出乙醇,盐析、过滤、干燥、粉碎、称重。

六、思考题

(1) 直接染料的结构特点是什么?

(2) 为什么重氮化反应结束后要破坏过量的亚硝酸?

(3) 在重氮化、偶合反应中,为什么要控制反应液的体积?

实验五　阳离子翠蓝 GB 的制备

一、实验目的

(1) 掌握阳离子翠蓝 GB 的制备方法。

112

（2）了解阳离子染料的性质和用途。

（3）掌握烷基化、亚硝化、缩合反应的机理。

二、性质与用途

1. 性质

染料索引号为 C. I. Basic Blue 3（C. I. 51004）。

阳离子翠蓝 GB 为古铜色粉末，在 20℃水中的溶解度为 40g/L，溶解度受温度的影响很小，水溶液呈绿光蓝色；在浓硫酸中呈暗红色，稀释后变为红光蓝色；在水溶液中加入氢氧化钠生成蓝黑色沉淀；染腈纶为艳绿光蓝色，在钨灯下更绿；在 120℃高温下染色，色光较绿；染色时遇铜离子色光显著变绿，遇铁离子色泽微暗。

2. 用途

用于毛/腈、黏/腈混纺织物的接枝法染色，也可用于腈纶地毯的印花。

三、实验原理

阳离子翠蓝 GB 的制备方法是以间羟基-N,N-二乙基苯胺为原料，经过硫酸二甲酯甲基化，得到间甲氧基-N,N-二乙基苯胺；再用亚硝酸钠亚硝化；然后与间羟基-N,N-二乙基苯胺进行缩合制得。反应方程式如下：

（1）甲基化反应：

（2）亚硝化反应：

（3）缩合反应：

113

四、主要仪器和药品

三口烧瓶、电动搅拌器、回流冷凝管、温度计、滴液漏斗、分液漏斗、电热套、烧杯。

氢氧化钠、保险粉、间羟基-N,N-二乙基苯胺、硫酸二甲酯、30%盐酸、亚硝酸钠、50%氯化锌溶液、刚果红试纸、淀粉碘化钾试纸。

五、实验内容

1. 甲基化反应

在装有电动搅拌器、回流冷凝管、温度计的100mL三口烧瓶中加入15mL水,13g 42%的氢氧化钠,0.2g保险粉和10g间羟基-N,N-二乙基苯胺,搅拌加热至75℃～80℃,使间羟基-N,N-二乙基苯胺全部溶解。将16g硫酸二甲酯分四次加入,第一次在85℃,加入4g硫酸二甲酯,温度升高,反应15min,冷却至88℃;第二次和第三次都是加入4g硫酸二甲酯,再加热升温至100℃～102℃,恒温15min,然后冷却至88℃;第四次加入4g硫酸二甲酯后,加热升温到100℃～102℃,反应20min,停止搅拌,冷却至50℃～60℃,分液,放掉下层水,再静置30min,再放掉下层水,上层棕色油状物即为间甲氧基-N,N-二乙基苯胺,称重,计算粗产率。

2. 亚硝化反应

在250mL烧杯中加入30g冰水,6.5mL 30%的盐酸,5.1g上述产物间甲氧基-N,N-二乙基苯胺,搅拌冷却至0℃～2℃,在15min内慢慢加入由2.1g亚硝酸钠溶于7mL水中配成的亚硝酸钠溶液,亚硝化温度保持在5℃以下。反应物应使刚果红试纸变蓝色,否则补加盐酸,用淀粉碘化钾试纸测定,若不显蓝色,则补加亚硝酸钠溶液,在5℃以下反应30min。

3. 缩合反应

在装有电动搅拌器、回流冷凝管、温度计的250mL三口烧瓶中,加入8mL水,搅拌下加入5.2g(0.03mol)间羟基-N,N-二乙基苯胺,加热升温至85℃,恒温10min后降温至80℃,将上述亚硝化物在15min内细流加入,保持流量均匀,加完后,再搅拌45min,冷却至75℃,加入3.5mL 30%的盐酸,搅拌10min,使物料全部溶解。

然后于65℃～70℃下滴加2mL 50%氯化锌溶液,于65℃～70℃恒温15min,自然冷却到45℃,测渗圈,斑点清晰后,过滤、干燥、称重。

六、注意事项

硫酸二甲酯有剧毒,在使用过程中应注意安全。

七、思考题

(1) 阳离子染料有何特点?

(2) 在甲基化反应中,硫酸二甲酯为何要分四批加入?

实验六　颜料永固黄的制备

一、实验目的

(1) 掌握颜料永固黄的制备方法。
(2) 了解颜料永固黄的性质和用途。

二、性质与用途

1. 性质

染料索引号为 C. I. Pigment Yellow 12 (C. I. 21090)。

颜料永固黄又名联苯胺黄 G，1138 或 1003 联苯胺黄，双偶氮黄 G，属双偶氮型不溶性颜料。其外观为淡黄色粉末，熔点为 317℃，相对密度为 1.35～1.64；不溶于水，微溶于乙醇；在浓硫酸中呈红光橙色，稀释后生成棕光黄色沉淀；在浓硝酸中呈棕光黄色；鲜艳度优良，着色力强，耐晒性和耐酸碱性好，有较好的透明度和遮盖力。

2. 用途

主要用于油墨、橡胶、聚乙烯、聚苯乙烯、聚氯乙烯及酚醛、脲醛等塑料的着色，也用于纺织品的涂料印花，以及涂料及纸张的着色。

三、实验原理

　　不溶性偶氮颜料所用的重氮组分通常为冰染染料的色基类或氯代联苯胺衍生物；偶合组分多为萘酚类、乙酰乙酰芳胺类、色酚 AS 类、苯基吡唑啉酮类以及其他含有杂环结构的化合物。

　　偶氮颜料色泽鲜艳，着色力强，合成工艺简单，价格低廉。一般双偶氮颜料耐溶剂、耐高温及抗迁移性较单偶氮颜料好；而缩合偶氮颜料及含杂环取代基的偶氮颜料具有更优异的耐热、耐迁移性能，但其耐光力不如单偶颜料。

　　永固黄的制备方法是由 3,3′-二氯联苯胺经过双重氮化，再与二分子乙酰乙酰苯胺偶合而得。反应方程式如下：

(1) 重氮化：

(2) 偶合：

四、主要仪器和药品

烧杯、电动搅拌器、温度计、布氏漏斗、真空水泵、电热套。

$3,3'$-二氯联苯胺、30%亚硝酸钠溶液、氨磺酸、活性炭、土耳其红油、碳酸钠、醋酸、乙酰乙酰苯胺、淀粉碘化钾试纸。

五、实验内容

1. 重氮化

在 500mL 烧杯中加 110mL 水,加入 16g $3,3'$-二氯联苯胺,搅拌,打浆,加入 42g 30%盐酸,搅拌反应 3h,冰盐浴冷却,在烧杯中加入少量碎冰,降温至 0℃,然后快速加入 30g 30%亚硝酸钠溶液进行重氮化反应。反应过程中保持淀粉碘化钾试纸呈蓝色,反应 30min 后,加适量的氨磺酸破坏过量的亚硝酸,加入 0.5g 活性炭和少量土耳其红油,并调整体积至 300mL~350mL,温度为 0℃,pH 值为 1,抽滤,得到透明溶液,备用。

2. 乙酰乙酰苯胺悬浮体的配制

在 2000mL 烧杯中加 220mL 水,加入 14g 碳酸钠,搅拌溶解,加入稀醋酸(约含 17g 醋酸)中和至 pH 值为 5.5~6.0。再加入 23.2g 乙酰乙酰苯胺,搅拌打浆 30min,调整体积为 600mL,温度 15℃~17℃。备用。

3. 偶合

将重氮液于 1.5h~2h 内,缓缓加入乙酰乙酰苯胺悬浮体中。用 H 酸溶液作渗圈试验检验加入速度,加入速度以重氮盐不过量为度。加完重氮液后,pH 值为 3~4,检查偶合组分应过量。继续搅拌反应 30min,升温至 95℃,恒温 1h,加冰水稀释,抽滤,洗涤,滤饼于 60℃~80℃下干燥,得产品。

六、思考题

(1) 重氮化反应为何在低温下进行?

(2) 在重氮化结束时,加入少量土耳其红油的目的是什么?

实验七 酞菁绿 G 的制备

一、实验目的

(1) 掌握酞菁绿 G 的制备方法。

(2) 了解酞菁类颜料的性质和用途。

二、性质与用途

1. 性质

染料索引号为 C. I. Pigment Green 7 （C. I. 74260）。

酞菁绿 G 为全氯代铜酞菁，平均每个分子含 14～15 个氯原子，属于氯代铜酞菁不褪色颜料。其外观为深绿色粉末；在浓硫酸中呈橄榄绿色，稀释后产生绿色沉淀；色光鲜艳，着色力强；不溶于水和一般有机溶剂；耐光性、耐热性、耐候性、耐溶性等各项性能优异。

2. 用途

酞菁绿 G 可用于颜料能应用的所有领域，如涂料、油墨、橡胶、皮革、各种塑料、合成纤维原浆以及涂料印花浆等。

三、实验原理

酞菁颜料结构上是由四个异吲哚啉构成的多环分子，其发色基团为具有 18 个 π 电子的环状轮烯。酞菁可与铜、铁、锌、钴、镍等生成稳定的配合物。

酞菁绿 G 的制备方法是以三氯化苯为溶剂、钼酸铵为催化剂，由邻苯二甲酸酐与尿素及氯化亚铜进行缩合制得粗酞菁蓝，再用氯气氯化得到酞菁绿。反应方程式如下：

（1）缩合：

(2) 氯化：

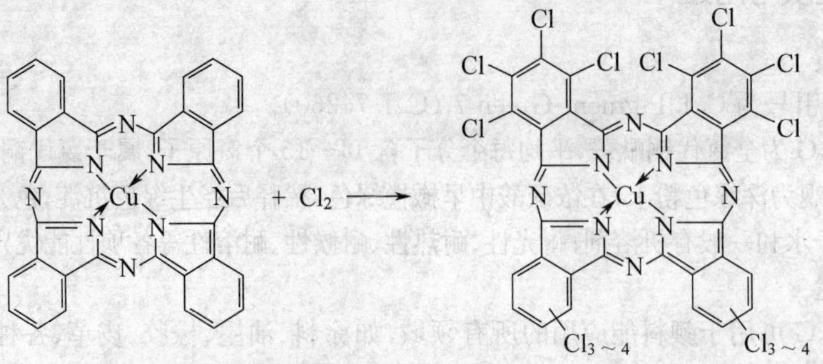

四、主要仪器和药品

三口烧瓶、电动搅拌器、温度计、回流冷凝管、蒸馏烧瓶、滴液漏斗、布氏漏斗、真空水泵、烧杯、托盘天平、点滴板。

三氯化苯、邻苯二甲酸酐、尿素、氯化亚铜、钼酸铵、氢氧化钠、三氯化铝、氯化钠、二氯化铜、氯气。

五、实验内容

1. 缩合制备酞菁蓝

将 80g 三氯化苯加入装有电动搅拌器、温度计和回流冷凝管的 250mL 三口烧瓶中，在搅拌下加入 17g 邻苯二甲酸酐和 15g 尿素，升温至 160℃，恒温反应 1.5h，升温至 170℃，再加入 12g 尿素和 3.5g 氯化亚铜，恒温反应 2h 后再加入 0.2g 钼酸铵，继续缓慢升温至 205℃，恒温反应 4h~5h。将反应物移入蒸馏烧瓶中，加 30％氢氧化钠，蒸馏出三氯化苯。用 100mL 水分 6 次洗涤，至洗液 pH 值为 7~8，继续蒸净，于(100±2)℃干燥，得粗品酞菁蓝。

2. 酞菁绿的制备

在装有电动搅拌器、温度计、回流冷凝管的 250mL 三口烧瓶中，加入 44g 三氯化铝、11g 氯化钠、11g 上述粗酞菁蓝、1.35g 二氯化铜，搅拌，加热至 190℃，继续搅拌 30min，通入干燥的氯气，流量为 4.5g/15min~5g/15min，待氯气通入量为 25g 左右(约 75min)，要放慢速度。通氯气的温度控制在 200℃~230℃，温度超过 230℃应停止通氯气。通入氯气量约为 32.5g 时，应不断地观察终点。终点测定的方法：取样，滴在点滴板上，将 1％氢氧化钠滴在氯代物上，用手涂抹，看其色相，如颜色绿中带黄，则终点已到。到氯化终点后，停止通氯，降温至 180℃。

向 500mL 烧杯中加 250mL 水，在 30 min 内搅拌加入的氯化物料，再补加 50mL 水，继续搅拌 30min，沉淀 4h 后，吸去上层水，再在搅拌下加水至 475mL，沉淀 5h 再吸水。抽滤，干燥，得产品。

六、注意事项

(1) 三氯化苯有毒，回流和蒸馏时不要逸出。

118

（2）洗涤、抽滤粗品时注意产品流失，以免影响产率。

七、思考题

（1）简述酞菁绿的制备原理，并写出反应方程式。
（2）氯化反应的影响因素有哪些？
（3）如何控制氯化反应的深度？

第九章　催　化　剂

根据 IUPAC1981 年的定义,催化剂(Catalyst)是一种物质,它能够加快反应的速率而不改变该反应的标准 Gibbs 自由焓变化,这种作用称为催化作用,涉及催化剂的反应为催化反应。

催化剂会诱导化学反应发生改变,在不改变反应物的情形下,经由只需较小活化能的路径来进行化学反应。催化剂在工业上也称为触媒。

催化剂有三种类型:均相催化剂、多相催化剂和生物催化剂。

均相催化剂与其催化的反应物处于同一种物态(固态、液态或气态)。例如,如果反应物是气体,那么催化剂也是一种气体。笑气(四氧化二氮)是一种惰性气体,当它在氯气存在下日照时,会分解成氮气和氧气。此时,氯气就是一种均相催化剂,它把原来很稳定的笑气分解成了氮气和氧气。

多相催化剂与其催化的反应物处于不同的状态。例如,人造黄油的生产,通过固态镍催化剂,能把不饱和的植物油和氢气转变成饱和的脂肪。固态镍就是一种多相催化剂,它催化的反应物分别是液态植物油和气态氢气。

酶是生物催化剂。生物体利用它们来加速体内的生化反应。如果没有酶,生物体内的生化反应就会进行很慢,难以维持生命。大约在 37℃ 时,酶的工作状态最佳。如果温度高于 50℃ 或 60℃,酶就会被破坏而失去催化能力。因此,含有酶的生物洗涤剂,在低温下使用最有效。

大多数催化剂都只能加速某一种或者某一类化学反应,而不能加速所有的化学反应。理论上催化剂在化学反应中不被消耗,反应前后,都能从反应体系中被分离出来。不过,在反应的某一个阶段它们可能被消耗,在反应结束之前又再生出来。

由于催化剂的种类繁多,应用广泛,本章只介绍其主要品种的实验操作。

实验一　油脂氢化催化剂的制备

一、实验目的

(1) 熟悉沉淀法制备油脂氢化催化剂的方法。
(2) 了解沉淀反应的原理。

二、实验原理

油脂氢化催化剂(Hydrogenizing Catalyst)一般是固体催化剂。通常制备固体催化剂有两种方法,即沉淀法和浸渍法。最常用的油脂氢化催化剂是金属镍,本实验采用沉淀法,使用硫酸镍并以碳酸钠为沉淀剂,经过氢气还原后制取金属镍。反应方程式如下:

$$3NiSO_4 + 3Na_2CO_3 + 2H_2O \xrightarrow{>80℃} NiCO_3 \cdot 2Ni(OH)_2 \downarrow + 2CO_2 \uparrow + 3Na_2SO_4$$

$$2NiSO_4 + 2Na_2CO_3 + 2H_2O \xrightarrow{<80℃} NiCO_3 \cdot Ni(OH)_2 \downarrow + 2CO_2 \uparrow + 2Na_2SO_4$$

$$Ni(OH)_2 + H_2 \xrightarrow{450℃} Ni + 2H_2O$$

还原制得的金属镍具有很高的活性,必须隔氧保存。

三、主要仪器和药品

磁力搅拌器、烧杯、容量瓶、滴液漏斗、锥形瓶、吸漏瓶、滤纸、干燥箱、温度计、研钵、还原玻璃管、管式炉、氢气瓶、马弗炉、托盘天平、分析天平、移液管、布氏漏斗、真空水泵。

硅藻土、0.2mol/L 硫酸镍溶液、0.5mol/L 碳酸钠溶液、柠檬酸(AR)、氨水(AR)、铬黑 T、EDTA、0.02mol/L 氯化锌溶液、硬化油。

四、实验内容

1. 催化剂的制备

准确称取 2.00g 经 100℃烘干的硅藻土于 500mL 烧杯中,加入 100mL 0.2mol/L 的硫酸镍溶液,置于磁力搅拌器上加热至 50℃。以适当速度搅拌,同时用盛有 60mL 0.5mol/L 的碳酸钠溶液的滴液漏斗向烧杯中滴加碳酸钠溶液,加完后继续搅拌 30min,抽滤,然后用 50mL 蒸馏水洗涤沉淀,将滤液定容于 1000mL 容量瓶中待用。滤饼于 120℃下烘干 2h 后,在马弗炉中于 350℃下煅烧 2h。研细焙烧后的滤饼,取少量置于还原玻璃管中,在 450℃下通氢气还原,氢气流量为 40mL/min。

2. 滤液中镍含量的测定

测定催化剂活性时,催化剂的加入量是按镍含量计算的,所以要测出滤液中镍含量,即镍的损失量,以求出载体上负载的镍量。

用 25mL 移液管从容量瓶中吸取滤液 25.00mL 于 250mL 的锥形瓶中,加入 10mL (1:20)柠檬酸溶液、20mL 蒸馏水、25.00mL 0.02mol/L 的 EDTA 标准溶液。用体积比 1:1 的氨水调 pH 值至 7~8,再加 5mL 缓冲溶液,铬黑 T 少许,然后用 0.02mol/L 的标准氯化锌溶液滴定至蓝色变紫色即为终点。记下氯化锌标准溶液的消耗量。

$$溶液中的镍含量(mg) = [(25.00 \times c_{EDTA} - V_{ZnCl_2} \times c_{ZnCl_2}) \times 58.69] \times \frac{1000}{25}$$

式中 c_{EDTA}——EDTA 标准溶液的浓度,mol/L;

V_{ZnCl_2}——$ZnCl_2$ 标准溶液的消耗量,mL;

c_{ZnCl_2}——$ZnCl_2$ 标准溶液的浓度,mol/L;

58.69——镍的摩尔质量,g/mol。

3. 催化剂中镍含量的计算

根据镍的损失量,可计算出还原后催化剂中镍的百分含量。

五、注意事项

(1) 安全使用氢气钢瓶,严格控制氢气流量。

(2) 为防止镍氧化,可将其保护于硬化油中。方法为:在 10mL 烧杯中放入一个小磁力搅拌棒,将烧杯放在磁力搅拌器上。用分析天平准确称量 1.0000g 硬化油加入烧杯中,搅拌,加热熔化,取出还原后的催化剂迅速倒入硬化油中,搅拌至再凝固,称量烧杯,算出催化剂的量。

六、思考题

(1) 为什么沉淀剂要逐滴加入到硫酸镍和硅藻土混合液中?
(2) 还原后的催化剂为什么要迅速放入硬化油中保护?

实验二 纳米 TiO_2 胶体光催化剂的制备

一、实验目的

(1) 掌握胶体 TiO_2 的制备方法。
(2) 了解 TiO_2 光催化剂的性能。

二、实验原理

光催化剂也叫光触媒,是指在光激发下能够起到催化作用的物质的统称。光催化技术是 20 世纪 70 年代诞生的基础纳米技术,叶绿素是典型的天然光催化剂,在植物的光合作用中促进空气中的二氧化碳和水化合成碳水化合物和氧气。总的来说,纳米光触媒技术是一种纳米仿生技术,用于环境净化、新能源、自清洁材料、高效率抗菌、癌症医疗等多个前沿领域。

能作为光触媒的材料众多,包括二氧化钛(TiO_2)、氧化锌(ZnO)、氧化锡(SnO_2)、二氧化锆(ZrO_2)、硫化镉(CdS)等多种氧化物、硫化物半导体,其中二氧化钛(Titanium Dioxide)因氧化能力强、化学性质稳定、无毒,成为世界上首选的纳米光触媒材料。

二氧化钛是氧化物半导体的一种,是世界上产量非常大的一种基础化工原料。分别具有锐钛矿(Anatase)、金红石(Rutile)及板钛矿(Brookite)三种晶体结构,其中只有锐钛矿和金红石两种结构具有光催化特性。普通的二氧化钛通常称体相半导体,以区别纳米二氧化钛。

半导体的能带结构一般由高能的导带(Conduction Band)和低能的价带(Valence Band)构成,价带和导带之间存在禁带,禁带宽度又叫能隙、带隙能。当照射到半导体的光能量大于或等于能隙时,半导体微粒吸收光,价带电子被激发至导带,产生电子—空穴对。该电子—空穴对一般具有皮秒级寿命,足以使其经由禁带向来自溶液或气相的吸附在半导体表面的物质发生电子转移。空穴可以夺取半导体颗粒表面吸附物质或溶剂中的电子,使本来不吸收光的物质活化并被氧化;电子受体通过接收半导体表面的电子而被还原。在上述过程中,还可进一步产生具有强氧化性的物质,如·OH、·OOH 自由基等,这些强氧化剂能和溶液中的有机物发生氧化还原反应,将有机物最终转化为二氧化碳、水及小分子无机物。可见光及紫外线激发染料敏化 TiO_2 的机理如图 9-1 所示。

具有 Anatase 或者 Rutile 结构的二氧化钛在一定能量的光子激发下,能使分子轨道中的电子离开价带跃迁至导带,从而在材料价带形成光生空穴[Hole$^+$],在导带形成光生

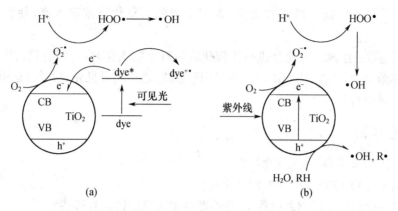

图 9-1 半导体的光催化机理示意图

(a) 可见光照射下；(b) 紫外线照射下。

电子[e⁻]。纳米二氧化钛(一般为 0.1nm~100nm)半导体的能隙在 3.2eV。由于颗粒尺寸很小,电子比较容易扩散到晶体表面,导致原本不带电的晶体表面的两个不同部分出现了极性相反的两个微区——光生电子和光生空穴。又由于光生电子和光生空穴都有很强的能量,远远高出一般有机污染物分子链的强度,所以可轻易将有机污染物分解成最原始的状态。这种在一个区域内两个微区截然相反的性质并共同作用的过程是纳米技术的典型应用,一般称为二元论。该反应微区称为二元协同界面。

本实验由四氯化钛在水中酸性水解生成二氧化钛,经调整适宜的二氧化钛浓度、生成速率、搅拌速度、pH 值,制备纳米二氧化钛的水分散胶体。整个实验使用的都是去离子水。$TiCl_4$ 的水解反应方程式如下：

$$TiCl_4 + 2H_2O \longrightarrow TiO_2 + 4HCl$$

三、主要仪器和药品

烧杯、微量注射器、电动搅拌器。

四氯化钛、稀盐酸。

四、实验内容

在 20℃将 1000mL 去离子水用稀盐酸调 pH 值为 1.0。然后在快速搅拌下,用微量注射器将 $550\mu L(5\times10^{-3}mol)$ $TiCl_4$ 快速加入,温度控制在 20℃,加完 $TiCl_4$ 后,继续搅拌胶体溶液 4h~6h,得到分散均匀的 TiO_2。紫外线—可见光短波长吸收带宽约为 345nm,颗粒大小为 2nm~3nm。

上述方法制得的 TiO_2 胶体溶液,室温下稳定,无需使用稳定剂,保存几个月几乎看不到明显沉淀。

五、注意事项

(1) 四氯化钛易水解,暴露于空气中易分解发烟,要在通风橱内戴好橡胶手套,小心操作。

(2) 用注射器加入四氯化钛时,搅拌要快,使胶体颗粒分布均匀。

（3）加入四氯化钛的量不宜太多，否则生成的二氧化钛浓度太高，使胶体稳定性下降。

（4）用制得的纳米二氧化钛进行光催化降解有机物实验时，可将有机污染物直接加入适量胶体溶液中，搅拌、光照即可。既可用紫外线，也可用可见光，后者应选用可被可见光激发的有机染料。

六、思考题

（1）简述纳米 TiO_2 的光催化原理。

（2）纳米 TiO_2 有哪些性质？哪些用途？

（3）二氧化钛胶体的制备过程中，影响胶体稳定性的因素有哪些？

实验三　负载型纳米 TiO_2 光催化剂的制备

一、实验目的

（1）掌握纳米光催化原理。

（2）掌握制备负载型纳米 TiO_2 的方法。

二、实验原理

纳米氧化钛粉体无论对液相还是气相反应都具有良好的光催化性能，但是由于粉末状纳米氧化钛颗粒太细微，在水中易于凝聚、不易沉降，催化剂与水相分离、回收困难，活性成分损失较大，不利于催化剂的再生和再利用。将催化剂固定在大比表面的固体颗粒上，既保持了催化剂的活性，又易于分离和回收。实际上，催化剂的活性组分仍是以纳米薄膜的形式负载于载体的内外表面，仍具有纳米半导体的光催化活性。

本实验以硅胶 100（筛孔为 70 目～230 目，孔径为 10nm，比表面积为 310m²/g）为载体，异丙氧基钛为钛源，水解生成 TiO_2，并负载于硅胶表面。硅胶比表面积大，可负载较多的催化剂，颗粒较大，易于简单过滤回收。用已知量的异丙氧基钛与硅胶混合处理，异丙氧基钛可以和硅胶表面的羟基反应，然后再慢慢水解。为使异丙氧基钛与硅胶混合良好，可用己烷为混合介质。未反应的有机物在空气中高温烧掉。异丙氧基钛的水解反应方程式如下：

$$Ti(O-i-Pr)_4 + H_2O \rightarrow TiO_2 + 4i-PrOH$$

三、主要仪器和药品

烧杯、超声波清洗器、电动搅拌器、电热套、干燥箱、管式炉、Whatman 541 滤纸、721 分光光度计。

己烷、硅胶 100、异丙氧基钛（Ⅳ）、浓硝酸。

四、实验内容

在 400mL 烧杯中加入 250mL 己烷，10g 硅胶 100。搅拌下滴加 0.1g～8.0g 异丙氧基钛(Ⅳ)。悬浊液立即用超声波分散 20min,然后搅拌至己烷挥发干净。

将干燥的样品放入带封盖的 1000mL 烧杯中,为使样品在烧杯中湿度恒定,放入一个盛 50mL 水的烧杯。过夜,让其慢慢水解。

然后将粉状样品加入 375mL 去离子水中,与 2.5mL 浓硝酸混合。悬浮液在 80℃ 搅拌、加热,直到大部分水挥发。样品在 105℃ 的干燥箱中烘干过夜后,在 500℃ 管式炉中焙烧 12h,通入稳定流速的湿空气。焙烧结束,将催化剂粉末和去离子水混合,充分振荡,倾出水层。在每次倾倒前,混合物先沉降 5min,使较大的颗粒沉入底部。较细的硅胶和悬浮的 TiO_2 被倾倒掉。这种方法可将与硅胶结合不牢固的 TiO_2 除掉。重复洗涤倾倒过程,直到上层倾液中无悬浮的颗粒。最后,把样品放在 Whatman 541 滤纸上洗涤,直到滤液在 350nm 的可见光谱区域无 TiO_2 的吸收,90℃～100℃ 下烘干。将烘干的样品再置于 500℃ 管式炉中焙烧 12h,使 TiO_2 与硅胶负载牢固,并转变晶型。

五、注意事项

(1) 异丙氧基钛易水解,应保存在通风干燥处。

(2) 己烷溶剂的挥发要在通风橱中进行,以免污染及着火。

(3) 经 Whatman 541 滤纸过滤的滤液在 350nm 的可见光谱区域无 TiO_2 的吸收,表明已无颗粒太小的 TiO_2 负载型催化剂,催化剂易于与液相分离。

(4) 异丙氧基钛水解时,一定要保证硅胶表面附近有足量的水分,保证水解程度和质量。

(5) 在管式炉中于 500℃ 焙烧 12h 是为了得到锐钛型 TiO_2,温度不宜太高,否则会向金红石晶型转变,降低催化剂活性。大部分研究认为锐钛型催化活性高于金红石型。

六、思考题

(1) 载体光催化剂有哪些优点和不足?

(2) 哪些因素或操作条件会影响 TiO_2 的负载量及负载牢度?

(3) 常用光催化剂载体有哪些?

(4) 载体催化剂的制备方法有哪些?

实验四　威尔金森均相加氢催化剂的制备

一、实验目的

(1) 了解均相催化剂的特点及应用。

(2) 掌握一种均相催化剂的制备方法。

二、实验原理

均相催化剂也称络合催化剂或配位催化剂,是指能溶于非极性溶剂的有机金属配合物,溶于反应介质,分散均匀,是一种起着独特分子催化作用的分子催化剂。均相催化剂的出现,是对多相催化剂的重要补充,弥补了多相催化剂的不足。由于均相催化剂具备了催化效率高、反应条件温和、选择性高等优点,可用于不对称合成,制备不同性能的配体,适用于不同底物的还原、分子结构的确定,副反应少,易于了解催化机理,分子性能相同,避免了多相催化剂存在的传质、反应速度等问题。

均相催化剂在有机合成上的应用非常广泛,可用于氢化、加成、聚合、羰基化、异构化、偶联、环合、氢硅化和不对称合成等多种有机反应。主要的应用有:选择性还原没有空间位阻的双键和三键、末端双键和三键,含氯和醚键的烯烃,有共轭羰基的烯烃、α,β-不饱和硝基、氰基、酮和醛等化合物中的双键,环内双键;制备四取代烯烃,顺式加成,双键不迁移的氢化,氢氘交换;也可用于沉香醇及敏感化合物的还原等。常用的均相催化剂有 $RhCl(PPh_3)_3$、$IrCl(CO)(PPh_3)_3$、$RuHCl(PPh_3)_3$、$RhH(CO)(PPh_3)_3$、$RuH(OCOR)(PPh_3)_3$、$RhCl_3Py_3/NaBH_4$ 等。

威尔金森催化剂是由诺贝尔化学奖获得者、英国 G. Wilkinson 于 1965 年发现的第一个用做均相溶液中氢化催化剂的配位化合物。学名为氯化三(三苯基膦)合铑[$RhCl(PPh_3)_3$],外观为棕红色固体结晶,熔点为 157℃~158℃,溶于氯仿、二氯甲烷,稍溶于苯、甲苯等溶剂,对空气不太敏感,在室温和常压的氢气中能使非共轭双键或三键的不饱和烃氢化,不影响其他可还原的基团。

制备这种催化剂的方法有两种:①用三苯基膦在乙醇溶液中与三氯化铑络合,得到棕红色晶体。三苯基膦除作为配位体之外还作为还原剂,把 Rh(Ⅲ)还原至 Rh(Ⅰ)。这是一个四方平面型络合物,对空气不太敏感。②三氯化铑在含水甲醇溶液中先用乙烯还原成二聚二氯化二烯烃合铑(Ⅰ),这也是平面型络合物,通过两个氯桥把两个铑连在一起。在这个反应中水是必需的,一部分乙烯被铑氧化成醛,另一部分以 π 键与铑配位。这个二聚体在水里的溶解度不大,可以分离出来,与三苯基膦作用后沉淀出威尔金森催化剂。本实验采用第一种方法。反应方程式如下:

$$RhCl_3 \cdot 3H_2O + 4PPh_3 \longrightarrow RhCl(PPh_3)_3 + PPh_3Cl_2$$

三、主要仪器和药品

气体导管、回流冷凝管、气泡计、三口烧瓶、玻璃砂芯漏斗。
氮气、三水合三氯化铑、95%乙醇、三苯基膦、脱氧无水乙醚。

四、实验内容

在氮气的保护下,在装有气体导管、回流冷凝管和气泡计的 500mL 三口烧瓶中,将 2g 三水合三氯化铑溶于 70mL 95%乙醇中。加入含有 12g 三苯基膦的 350 mL 热乙醇溶液,加热回流 2h。用玻璃砂芯漏斗过滤热溶液中生成的结晶,每次用 50mL 脱氧无水乙醚洗净,得暗红色结晶,产量约为 6.25g,收率约为 88%,熔点为 157℃~159℃。

五、注意事项

(1) 整个实验要在氮气保护下进行,氮气流量要适当,以免冲料。
(2) 三苯基膦要用乙醇重结晶除去氧化物,其他药品也应除氧。

六、思考题

(1) 什么是均相催化剂?

(2) 为什么三苯基膦和无水乙醚要脱氧?

(3) 为什么用无水乙醚洗涤?

(4) 制得的催化剂应如何保存?

实验五　骨架镍催化剂的制备

一、实验目的

(1) 掌握骨架镍催化剂的性能和制备方法。

(2) 了解骨架镍催化剂的应用。

二、实验原理

骨架镍催化剂(Raney Nickel),又称镭尼镍、拉尼镍或兰尼镍,由粉碎的镍—硅合金或镍-铝合金与氢氧化钠水溶液反应,除去其中的硅或铝而制得,以镍—铝合金为例,反应方程式如下:

$$Ni-Al + 2NaOH + 2H_2O \longrightarrow Ni + 2NaAlO_2 + 3H_2$$

用上述方法制得的催化剂具有晶体骨架结构,内外表面吸附有大量氢气,具有很高的催化活性。在放置过程中,催化剂会慢慢失去氢,在空气中活性下降得特别快。只有在密闭容器中,将骨架镍置于醇或其他惰性溶剂的液面下,隔绝空气才能保持其活性。

骨架镍催化剂应用广泛,几乎对所有进行氢化和氢解的官能团都起作用。在中性或碱性溶液中有很好的催化作用,尤其是在碱性条件下催化作用更好。因此在氢化时常加入少量碱性物质如三乙胺、氢氧化钠和氢氧化锂等,除硝基化合物外都能明显提高活性。与其他贵金属催化剂如氧化铂、铂碳、钯炭等相比,其氢化温度和压力较高,但价格便宜、来源方便且制备简便。

卤素(尤其是碘),含磷、硫、砷或铋的化合物及含硅、锗、锡或铅的有机金属化合物,在不同程度上使骨架镍中毒。在一定压力下有水蒸气存在时,骨架镍会很快失活,使用时应注意。催化剂活性降低的主要原因有失去氢,催化剂表面层组成改变,由于生成结晶而使催化剂表面积减少、中毒。

由于镍—硅合金较硬,粉碎和溶解均较困难,通常用镍—铝合金为原料制备这类骨架镍催化剂。镍含量一般在30%～50%之间,其余为铝含量。最常用的镍—铝合金是镍铝各占质量分数50%的微细颗粒体。镍—铝合金的一般制备过程如下:在氧化铝或石棉坩埚内,先将纯铝按比例放入坩埚,在电炉上熔融,待温度升到1000℃时,加入纯镍粉。由于有熔化热产生,使温度上升至1200℃～1300℃。用石墨棒不断搅动,恒温20min～30min,倒入大容器中,缓缓冷却,保证合金有规则的晶格结构。若冷却速度太快,会产生很大的应力,晶格不完整。该合金质脆,易于粉碎,可制成200目以下的小颗粒。按上述方法制备的镍—铝合金是专为制备骨架镍用的,装入密闭容器中,可长期保存。该合金有商品出售。本实验不进行上述镍—铝合金的制备过程。

骨架镍的催化活性取决于镍—铝合金的不同组成、添加合金的不同方法、所用碱浓度、熔化时间、反应温度及洗涤条件等。总之,采用不同的制备条件,可以得到不同活性以及不同用途的骨架镍(通常用符号 W 表示,数字 1～7 表示不同的牌号)。本实验于 25℃,用 20% 氢氧化钠水溶液处理镍—铝合金,反应 2h,水洗至中性制得 W－2 型骨架镍。

三、主要仪器和药品

烧杯、电动搅拌器、电热套、磨口瓶。

氢氧化钠、镍—铝合金、95% 乙醇、无水乙醇。

四、实验内容

在 1000mL 烧杯中加入 95g 氢氧化钠和 375mL 蒸馏水,搅拌溶解,冰水浴冷却至 10℃。在搅拌下,把 75g 镍—铝合金分批少量加入碱液中,控制加入速度,使冰水浴上的溶液温度不超过 25℃。约 1.5h 全部加完后,停止搅拌,取下烧杯,使反应液升至室温。当氢气发生缓慢时,可在沸水浴上徐徐加热,避免升温太快,以防气泡过多,反应液溢出,当气泡发生再度变慢为止,需 8h～12h,补加蒸馏水使溶液体积维持恒定,静置,沉降镍粉,倾去上层清液。加蒸馏水至原体积,搅拌使镍粉悬浮,再次静置,沉降镍粉,倾去上层清液。然后转移至 500mL 烧杯中,加入 125mL 含有 12.5g 氢氧化钠的水溶液,搅拌,静置,倾去上清层液。再加入 125mL 蒸馏水,搅拌,静置,倾去上层清液。重复水洗数次至洗出液呈中性后,再洗 10 次,共洗涤 20 次～40 次,倾去上层清液。用 95% 的乙醇洗涤 3 次,每次 50mL。再用无水乙醇洗 3 次。制得的 W－2 型骨架镍悬浮在液体中,质量约 37.5g。

五、注意事项

(1) 反应时放出大量氢气,应注意安全。

(2) 将镍—铝合金加入氢氧化钠溶液中的速度要慢,温度要低,尤其在反应前期,以免氢气放出太快、物料溢出或出现危险。

(3) 碱性的骨架镍催化剂不易水洗至中性,故要多次洗涤。

(4) 制得的骨架镍应贮存在装有无水乙醇的磨口瓶中,不得与空气接触。催化剂必须保存在液面以下。

六、思考题

(1) 催化剂的制备原理是什么?

(2) 为什么反应后期要在沸水浴上慢慢加热?

(3) 为什么要多次用蒸馏水洗涤催化剂?

(4) 制得的骨架镍为什么要保存在无水乙醇的液面下?

(5) 在加氢还原过程中,使用骨架镍应注意什么?

第十章 综合性实验

实验一 香料溴代苏合香烯的制备

一、实验目的

(1) 了解珀金(W. Perkin)反应、消除反应和溴化反应的机理。

(2) 掌握原料肉桂酸的制备与鉴定方法。

(3) 掌握溴代苏合香烯的制备方法,了解溴代苏合香烯顺反异构体的区别。

二、性质和用途

1. 肉桂酸的性质与用途

肉桂酸(Cinnamic Acid),又名桂皮酸、桂酸,化学名为 β-苯丙烯酸、3-苯基-2-丙烯酸,其结构式为:

$$\text{C}_6\text{H}_5\text{—CH=CH—COOH}$$

有顺、反异构体,通常以反式形式存在,是一种无色针状结晶,具有爽快的淡甜脂香气,相对密度 1.249 (25℃),熔点为 133℃(反式),沸点为 300℃(反式),不溶于冷水,可溶于热水、乙醇、乙醚、丙酮和冰醋酸。

肉桂酸本身就是一种香料,具有很好的保香作用,通常作为配香原料,可使主香料的香气更加清香透发。

在医药方面,可用于合成治疗冠心病的重要药物乳酸,可心定和心平痛,也可以用于制造脊椎骨骼松弛剂、镇痉剂、麻醉剂、杀菌剂和止血药等。

肉桂酸也是负片型感光树脂最主要的合成原料之一。塑料方面用做 PVC 的热稳定剂、多氨基甲酸酯的交联剂和己内酰胺的阻燃剂。还用做镀锌铁板的缓蚀剂。

2. 溴代苏合香烯的性质与用途

溴代苏合香烯又称 ω-溴苯乙烯、β-溴乙烯苯、ω-溴苏合香烯,外观为黄色液体,有强烈的素馨花香,为卤代烃类香料的代表产品。沸点为 219℃~220℃,108℃/2.67kPa,熔点为 7℃,相对密度为 1.422~1.426(20℃),折光率为 1.604~1.608(20℃),闪点为 79℃。微溶于水,易溶于乙醇等有机溶剂,易聚合。日光中久置变为褐色,封闭贮存于阴凉处。

本品主要用于柏木、风信子、紫丁香、水仙、葵花香型皂和洗衣香精,很少用于化妆品香精。

溴代苏合香烯一般是以肉桂酸为原料,在非极性溶剂中溴化,再以碳酸钠溶液处理,或者以溴代苯乙醇经浓硫酸脱水制得。本实验采用前一种方法。

三、实验内容

（一）肉桂酸的制备与鉴定

1．实验原理

本实验采用苯甲醛与乙酐在无水醋酸钾的存在下缩合制备肉桂酸。反应方程式如下：

$$\langle C_6H_5\rangle\text{—CHO} + (CH_3CO)_2O \xrightarrow[150℃\sim170℃]{CH_3COOK} \langle C_6H_5\rangle\text{—CH=CHCOOH} + CH_3COOH$$

2．主要仪器和药品

三口烧瓶、空气冷凝管、温度计、电热套、保温漏斗、水蒸气蒸馏装置、布氏漏斗、真空水泵、烧杯、红外灯、试管。

苯甲醛、无水醋酸钾、乙酐、饱和碳酸钠溶液、浓盐酸、活性炭、pH 试纸、高锰酸钾溶液、溴水。

3．实验操作

（1）肉桂酸的制备

在装有空气冷凝管和温度计的干燥的三口烧瓶中加入 15mL 新蒸馏过的苯甲醛，15g 新熔融、研细的无水醋酸钾粉末，14mL 乙酐，振荡混合均匀，加热至 150℃～170℃，回流 3h，并不断振荡。降温至 100℃左右，加入热的 120mL 去离子水，振荡使结晶溶解，慢慢加入饱和碳酸钠至反应液呈弱碱性。水蒸气蒸馏，蒸出未反应的苯甲醛，直到馏出液中无油珠为止，将苯甲醛馏出液倒入指定回收瓶。若在 100℃左右时三口烧瓶内出现结晶，可慢慢加入热的去离子水以溶解肉桂酸结晶，使瓶内固体物中只有树脂状物。

向反应瓶中加入 0.3g～0.5g 活性炭，振荡，煮沸 10min，趁热过滤。滤液用浓盐酸酸化至明显酸性，冷水浴冷却。待肉桂酸完全析出后，抽滤。用少量水洗涤，挤压除去水分，红外灯烘干，称重。

（2）肉桂酸的鉴定

（a）在试管中加入少许肉桂酸晶体、1mL 水和 8 滴～10 滴高锰酸钾溶液，用力振荡。在室温下，溶液颜色发生变化；稍加热，颜色变化加快，并有特殊的芳香气味。

（b）用溴水代替高锰酸钾溶液，重复上述操作，但不必加热，即可发现溴的红棕色消失。

4．注意事项

（1）苯甲醛中含有苯甲酸，必须用高效分馏柱蒸馏除去。

（2）无水醋酸钾可用等摩尔数的无水醋酸钠（或无水碳酸钾）代替。

（3）不能用氢氧化钠溶液代替碳酸钠溶液。

（4）若水蒸气蒸馏后的剩余液过多，应先浓缩至 15mL 左右再酸化，不要先酸化再浓缩。

5．思考题

（1）何种结构的醛能进行珀金反应？

（2）水蒸气蒸馏除去什么？为什么必须用水蒸气蒸馏？

（3）苯甲酸的存在给反应带来什么影响？

（4）在无水碳酸钾存在下苯甲醛与丙酸酐作用得到什么产物？

(二) 溴代苏合香烯的制备

1. 实验原理

以肉桂酸为原料制备溴代苏合香烯分加成和消除两步进行。第一步是溴对双键反式加成,即溴原子分别从双键平面的反向接近不同的碳原子。由于肉桂酸通常以反式结构存在,产物将是赤-(2R,3S-或2S,3R-)2,3-二溴-3-苯丙酸,熔点为203℃~204℃,它的苏式非对应异构体熔点为91℃~93℃。第二步是消除反应,根据碱度和溶剂的不同可生成多种产物。为了解释此结果,Grovenstiein 和 Cristol 给出了如下的反应机理。在强碱条件下,二溴苯丙酸与碱反应主要生成2-溴代肉桂酸(机理 A);在丙酮和弱碱存在的条件下,发生 E2 消除反应,具有立体选择性,只生成顺式溴代苏合香烯(机理 B);在碳酸盐等弱碱的水溶液中,发生 E1 消除反应(机理 C),产物为顺式/反式溴代苏合香烯异构体的混合物。本实验使用碳酸盐,按照机理 C 进行反应。

2. 主要仪器和药品

圆底烧瓶、锥形瓶、分液漏斗、量筒、烧杯、蒸馏装置、电热套、微量移液管、布氏漏斗、真空水泵、干燥箱。

肉桂酸产物、乙醚、20%溴的乙醚溶液、无水碳酸钾、无水硫酸镁、沸石。

3. 实验操作

1) 2,3-二溴-3-苯丙酸的制备

取 5.5g 肉桂酸产物放入 100mL 圆底烧瓶中,加入 50mL 乙醚。将 10mL 20%溴的乙醚溶液分多次加入烧瓶中,用玻璃棒搅匀。肉桂酸慢慢溶解成暗橘黄色溶液。在烧瓶上装上蒸馏装置,水浴加热,缓慢蒸出乙醚,用于第二步反应。停止加热,残留物将固化,加入 20mL~30mL 冰水,用刮勺将固状物搅碎。抽滤,用 20mL 冷水分两次淋洗,收集晶体,放入 100℃干燥箱中干燥,称量。产率为 85%~90%。测熔点,判断立体结构。

2) 溴代苏合香烯的制备

将上一步反应的产物放入 250mL 锥形瓶中。称取等量的无水碳酸钾加入 100mL 烧杯中,并加入 75mL 水溶解。将溶液倒入锥形瓶中并放入一粒沸石,加热混合物至微沸,几分钟后,固体消失产生淡黄色油状物。放入冰水中冷却,倒入分液漏斗,用 50mL 乙醚

分两次萃取,舍弃水相,有机层放入 125mL 锥形瓶中。用 1g~2g 无水硫酸镁干燥 10min ~15min,放入 100mL 圆底烧瓶中,水浴加热蒸去乙醚,用微量移液管把瓶底残留物移入样品瓶。粗产物的产率约为 50%。无需进一步提纯。

产物可用 IR 或 NMR 光谱确认。从 NMR 谱图可以看出顺式和反式异构体分别形成的共振峰。顺式异构体在高场的双重峰中心化学位移为 $\delta6.3$,反式异构体在高场的双重峰中心化学位移为 $\delta6.8$。

4. 注意事项

(1) 本实验可小规模投料,在试管中进行。用碳酸盐处理后加入乙醚,搅拌。用移液管移出醚层放入另一试管,干燥,除净溶剂,产品用来鉴定芳香性和测定 IR 光谱。

(2) 肉桂酸刺激皮肤,吸入后有中等毒性,操作要小心。

(3) 溴有毒、有腐蚀性,使用溴或其溶液要特别小心。要戴橡胶手套在通风橱中进行操作。

(4) 蒸馏乙醚易形成过氧化物,使用回收或贮存的乙醚不要超过实验用量。

5. 思考题

(1) 溴化反应属于什么类型?

(2) 在不同的碱性条件,2,3-二溴-3-苯丙酸(溴化肉桂酸)的反应有何不同?

实验二　洗洁精的配制及脱脂力的测定

一、实验目的

(1) 掌握洗洁精的配制方法。

(2) 了解洗洁精各组分的性质及配方原理。

(3) 掌握洗洁精脱脂力的测定原理和方法。

二、性质与用途

1. 性质

洗洁精(Cleaning Mixture)又叫餐具洗涤剂或果蔬洗涤剂,是无色或淡黄色透明液体,散发淡雅果香味。其主要成分是烷基磺酸钠、脂肪醇醚硫酸钠、泡沫剂、增溶剂、香精、水、色素等。

2. 用途

洗洁精为日用消费品,主要用于洗涤碗碟和水果蔬菜。特点是去油腻性好、洁净温和、泡沫柔细、简易卫生、使用方便。洗洁精是最早出现的液体洗涤剂,产量在液体洗涤剂中居第二位,世界总产量为 2×10^6 吨/年。

三、实验内容

(一) 洗洁精的配制

1. 实验原理

设计洗洁精的配方时,应根据洗涤方式、污垢和被洗物特点,以及其他功能要求来考

虑,具体可归纳为以下几条:

(1) 基本原则

(a) 对人体安全无害。

(b) 能较好地洗净并除去动植物油垢,包括黏附牢固的油垢。

(c) 洗洁精和清洗方式不损伤餐具、灶具及其他器具。

(d) 洗涤蔬菜和水果时,应无残留物,不影响外观和原有风味。

(e) 手洗产品发泡性良好。

(f) 消毒洗涤剂应能有效地杀灭有害细菌,不危害人的安全。

(g) 长期贮存稳定性好,不发霉变质。

(2) 配方结构特点

(a) 洗洁精应制成透明液体,调配成适当的浓度和黏度。

(b) 设计配方时,一定要充分考虑表面活性剂的配伍效应,以及各种助剂的协同作用。例如,阴离子表面活性剂烷基聚氧乙烯醚硫酸酯盐与非离子表面活性剂烷基聚氧乙烯醚复配后,产品的泡沫性和去污力均好。配方中加入乙二醇单丁醚,则有助于去除油污。加入月桂酸二乙醇酰胺可以增泡和稳泡,减轻对皮肤的刺激,增加介质的黏度。羊毛酯类衍生物可滋润皮肤。调整产品黏度主要使用无机电解质。

(c) 洗洁精一般具有高碱性,主要为提高去污力和节省活性物,并降低成本。但 pH 值不能大于 10。

(d) 高档的餐具洗涤剂要加入釉面保护剂,如醋酸铝、甲酸铝、磷酸铝酸盐、硼酸酐及其混合物。

(e) 加入少量香精和防腐剂。

(3) 主要原料

洗洁精一般以阴离子表面活性剂为主要活性物配制而成。手工洗涤用的洗洁精主要使用烷基苯磺酸盐和烷基聚氧乙烯醚硫酸盐,其活性物含量为 10%~15%。

2. 主要仪器与药品

电炉、水浴锅、电动搅拌器、温度计、烧杯、量筒、托盘天平、滴管、玻璃棒。

十二烷基苯磺酸钠(ABS-Na)、脂肪醇聚氧乙烯醚硫酸钠(AES)、椰子油酸二乙醇酰胺(尼诺尔)、壬基酚聚氧乙烯醚(OP-10)、乙醇、甲醛、乙二胺四乙酸、三乙醇胺、二甲基月桂基氧化胺、二甲苯磺酸钠、香精、pH 试纸、苯甲酸钠、氯化钠、硫酸。

3. 实验操作

1) 配方(表 10-1)

表 10-1 洗洁精的配方

成　分	质量分数/%			
	I	II	III	IV
ABS-Na(30%)		16.0	12.0	16.0
AES(70%)	16.0		5.0	14.0
尼诺尔(70%)	3.0	7.0	6.0	

成　分	质量分数/%			
	Ⅰ	Ⅱ	Ⅲ	Ⅳ
OP - 10(70%)		8.0	8.0	2.0
EDTA	0.1	0.1	0.1	0.1
乙醇		6.0	0.2	
甲醛			0.2	
三乙醇胺				4.0
二甲基月桂基氧化胺	3.0			
二甲苯磺酸钠	5.0			
苯甲酸钠	0.5	0.5	1.0	0.5
氯化钠	1.0			1.5
香精、硫酸	适量	适量	适量	适量
去离子水	加至100	加至100	加至100	加至100

2）操作步骤

向烧杯中加入去离子水，水浴加热至 60℃左右。加入 AES 搅拌至全部溶解，保持温度 60℃～65℃，搅拌下加入其他表面活性剂，搅拌至全部溶解。降温至 40℃以下，加入香精、防腐剂、螯合剂、增溶剂，搅拌均匀。测溶液的 pH，用硫酸调节 pH 值至 7～8。加入食盐调节到所需黏度。调节之前应把产品冷却到室温或测黏度时的标准温度。调节后即为成品。

4. 注意事项

(1) AES 应慢慢加入水中。

(2) AES 高温下极易水解，溶解温度不可超过 65℃。

(3) 洗洁精产品标准 GB 9985—2000。

5. 思考题

(1) 配制洗洁精的原则有哪些？

(2) 洗洁精的 pH 值应控制在什么范围？为什么？

(二) 脱脂力的测定

1. 实验原理

脱脂力又称洗净率，是洗涤剂的一个重要性能指标，通过脱脂力的测定，可帮助人们筛选最佳的洗涤剂配方。

将标准油污涂在已称重的载玻片上，用配好的一定浓度的洗涤剂溶液进行洗涤，干燥后称重，即可通过下式计算脱脂力 W。

$$W/\% = \frac{B-C}{B-A} \times 100\%$$

式中　A——未涂油污的载玻片质量，g；

B——涂油污后的载玻片质量,g;

C——洗涤后干燥载玻片质量,g。

2. 主要仪器与药品

脱脂力测定装置(图 10-1)、载玻片 6 枚、天平、称量瓶、载玻片架、镊子、脱脂棉球、容量瓶、小烧杯。

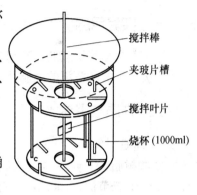
搅拌棒
夹玻片槽
搅拌叶片
烧杯(1000ml)

图 10-1　脱脂力测定装置

标准油污(将植物油 20g、动物油 20g、油酸 0.25g、油性红 0.1g、氯仿 60mL 混合均匀即可)、无水氯化钙、硫酸镁($MgSO_4 \cdot 7H_2O$)、无水乙醇、洗洁精产品。

3. 实验内容

1)载玻片油污的涂制

用酒精洗净六枚载玻片,干燥后称重,准确到 0.0001g。

在(20±1)℃,将每一枚载玻片浸入油污中,浸末至 55mm 高处约 3s 取出,用滤纸吸净载玻片下沿附着的油污,放在载玻片架上,在(30±2)℃下干燥 1h,称重,准确到 0.0001g。

2)硬水的配制

根据我国的水质情况并参照洗涤剂去污力的测定方法,采用 250mg/L 的硬水,按钙镁离子比为 6:4 进行配制。

取 0.165g 无水氯化钙,0.247g 硫酸镁($MgSO_4 \cdot 7H_2O$),用蒸馏水稀释至 1L,即为 250mg/L 的硬水。

3)洗涤剂溶液的配制

取 10g 洗洁精产品,用 250mg/L 的硬水稀释至 1L。

4)脱脂实验

将制好的油污载玻片小心放入脱脂力测定装置的支架上。取 700mL 配制好的洗涤剂溶液倒入测定仪的烧杯中,搅拌转数控制在 250r/min,在(30±2)℃或室温的条件下洗涤 3min。

倒出洗净液,另取 700mL 蒸馏水,在相同条件下漂洗 1min。

取出载玻片,挂在支架上,室温下干燥一昼夜,准确称重到 0.0001g。

5)平均脱脂力计算

取六枚载玻片脱脂力的平均值即为洗洁精的平均脱脂力。

$$平均脱脂力 = \frac{\sum_{i=1}^{6} W_i}{6}$$

4. 注意事项

称量时按顺序编号,防止混淆。

5. 思考题

(1)操作过程中,手指能否直接接触载玻片?为什么?

(2)为什么漂洗后的载玻片要在室温下放置一昼夜后再称重?

实验三　中油度醇酸树脂的制备和醇酸清漆的配制

一、实验目的

(1) 掌握缩聚反应的原理和中油度醇酸树脂的制备方法。
(2) 了解醇酸清漆的配制及漆膜干燥的过程。

二、性质与用途

1. 性质

醇酸树脂(Alkyd Resin)为淡黄色透明黏稠液体,易燃,闪点 23℃～61℃。可溶于甲苯、二甲苯、松节油、乙酸乙酯等有机溶剂。遇高温、明火、氧化物容易燃烧,热裂解产物有毒。固化成膜后,有光泽和韧性,附着力强,并具有良好的耐磨性、耐候性和绝缘性等。

2. 用途

醇酸树脂主要用做涂料、油漆,在金属防护、家具、车辆、建筑等方面有广泛的应用,可作漆包线的绝缘层,制成油墨可大量应用于印刷工业。

醇酸树脂涂料又称醇酸树脂清漆或醇酸清漆,是应用较早、使用面较广的一种涂料,主要应用于木制建筑物和木制家具的表面涂饰,也可用于铁制家具及铁制建筑物的涂饰。

三、实验原理

1. 醇酸树脂的制备原理

醇酸树脂是由多元醇、邻苯二甲酸酐和脂肪酸(甘油脂肪酸酯)缩聚而成的油改性聚酯树脂。它与单纯由多元醇、多元酸制成的聚酯不同。醇酸聚酯的出现,改变了以干性油和天然树脂熬炼制漆的传统方法。

醇酸树脂可用熔融缩聚或溶液缩聚法制得。熔融法是将甘油、邻苯二甲酸酐、脂肪酸在惰性气体中加热至 200℃以上酯化,直到酸值达到要求,再加溶剂稀释。溶液缩聚法是在二甲苯等溶液中反应,二甲苯既是溶剂,又作为与水的共沸液体,可提高反应速率。反应温度较熔融法低,产物色浅。本实验采用溶液缩聚法制备醇酸树脂。

合成醇酸树脂通常先将植物油与甘油在碱性催化剂存在下进行醇解反应,生成羧酸甘油酯:

然后加入苯酐进行缩聚反应,同时脱去水,最后生成醇酸树脂:

136

2. 醇酸清漆的配制原理

醇酸树脂一般情况下以线型聚合物为主,但由于所用的油(如亚麻油、桐油等)的脂肪酸根中含有许多不饱和双键,当涂成薄膜后与空气中的氧发生反应,逐渐转化成固态的漆膜,这个过程称为漆膜的干燥。其机理相当复杂,主要是与双键相邻近的—CH₂—接收氧,形成氢过氧化物,这些氢过氧化物再引发聚合,使分子间交联,最终形成网状结构的干燥漆膜。现以 ROOH 代表脂肪酸根中的氢过氧化物、RH 代表未被氧化的脂肪酸根,则机理大致如下式所示:

$$ROOH \longrightarrow RO \cdot + \cdot OH$$
$$2ROOH \longrightarrow RO \cdot + ROO \cdot + H_2O$$
$$RO \cdot + RH \longrightarrow ROH + R \cdot$$
$$ROH + \cdot H \longrightarrow R \cdot + H_2O$$
$$R \cdot + R \cdot \longrightarrow R - R$$
$$RO \cdot + R \cdot \longrightarrow R - O - R$$
$$RO \cdot + RO \cdot \longrightarrow R - O - O - R$$

这个过程在空气中进行得相当缓慢,但某些金属如钴、锰、铅、锌、钙、锆等的有机酸盐类对此过程有催化作用,这类物质称作催干剂。

醇酸清漆主要是由醇酸树脂、溶剂如甲苯、二甲苯、溶剂汽油以及多种催干剂组成。

四、主要仪器和药品

三口烧瓶、回流冷凝管、温度计、分水器、电热套、电动搅拌器、烧杯、漆刷、胶合板或木板、量筒、干燥箱,分析天平。

亚麻油、甘油、邻苯二甲酸酐、氢氧化锂、二甲苯、溶剂汽油、甲苯、乙醇、氢氧化钾、4%环烷酸钴、3%环烷酸锌、2%环烷酸钙。

五、实验内容

1. 中油度醇酸树脂的制备

1)亚麻油醇解

在装有电动搅拌器、温度计、回流冷凝管的 250mL 三口烧瓶中加入 84g 亚麻油和 26g 甘油。加热至 120℃,然后加入 0.1g 氢氧化锂。继续加热至 240℃,保持醇解 30min,取样测定反应物的醇溶性。当达到透明时即为醇解终点;若不透明,则继续反应。定期测定,达到终点后降温至 200℃。

醇解终点测定:取 0.5mL 醇解物加入 5mL 95%乙醇,剧烈振荡后放入 25℃水浴中,若透明说明终点已到,若混浊则继续醇解。

2)酯化

在三口烧瓶与回流冷凝管之间装上分水器,分水器中装满二甲苯(到达支管口为止,这部分二甲苯未计入配方量中)。将 53.2g 邻苯二甲酸酐用滴液漏斗加到三口烧瓶中,保持 180℃~200℃,约在 30min 内加完。然后加入 8g 二甲苯,缓慢升温至 230℃~240℃,回流 2h~3h。取样测定酸值,酸值小于 20 时为反应终点。冷却后,加入 150g 溶剂汽油稀释,得米棕色醇酸树脂溶液,装瓶备用。

测定酸值:取样 2g～3g(精确称至 0.1 mg),溶于 30mL 甲苯与乙醇的混合液中(甲苯:乙醇＝2:1),加入 4 滴酚酞指示剂,用氢氧化钾—乙醇标准溶液滴定。然后用下式计算酸值:

$$酸值 = \frac{c_{KOH} \times 56.1}{m_{样品}} \times V_{KOH}$$

式中　c_{KOH}——KOH 的浓度,mol/L;

$m_{样品}$——样品的质量,g;

V_{KOH}——KOH 溶液的体积,mL;

56.1——KOH 的摩尔质量,g/mol。

3) 固含量与黏度的测定

测定固含量:取样 3g～4g,烘至恒重(120℃,约 2h),计算百分含量。

$$固含量 = \frac{m_{固体}}{m_{溶液}} \times 100\%$$

测定黏度:用溶剂汽油调整固含量至 50% 后测定。

2. 醇酸清漆的调配

将 42g 50% 醇酸树脂产品,0.23g 4% 环烷酸钴,0.18g 3% 环烷酸锌、1.2g 2% 环烷酸钙和 6.4g 溶剂汽油放入烧杯,用搅拌棒调匀。

1) 成品要求

外观:透明无杂质。

不挥发分:≥45%。

干燥时间:25℃,表干≤6h;实干≤18h。

2) 干燥时间的测定

用漆刷均匀涂刷三合板样板,观察漆膜干燥情况,用手指轻按漆膜,直到无指纹为止,所用时间即为表干时间。

六、注意事项

(1) 本实验要注意操作安全,防止着火。

(2) 各升温阶段必须缓慢均匀,防止冲料。

(3) 滴加邻苯二甲酸酐时要缓慢,观察是否有泡沫上升,防止溢出。

(4) 加入二甲苯时熄火,不要撒到烧瓶外面。

(5) 调配清漆时要仔细搅匀,但搅拌不要太快,防止空气混入。

(6) 涂刷样板时要均匀,不能太厚,以免影响漆膜干燥。

(7) 实验场所必须杜绝火源。

七、思考题

(1) 为什么反应要分成两步,即先醇解后酯化? 能否将亚麻油、甘油和邻苯二甲酸酐直接混合在一起反应?

(2) 缩聚反应的特点是什么? 加入二甲苯的作用是什么?

(3) 醇溶性的测定原理是什么?

138

(4) 为什么用反应物的酸值来决定反应终点？酸值与树脂的相对分子质量有何联系？

(5) 调漆时为什么要同时加入多种催干剂？

实验四　食用樱桃香精的配制

一、实验目的

(1) 了解香兰素的合成方法。

(2) 熟悉高压釜、水蒸气蒸馏、减压蒸馏操作。

(3) 掌握食用樱桃香精的配制方法。

(4) 了解水性与油性香精的区别。

二、性质与用途

1. 香兰素的性质与用途

香兰素(Vanillin)是人类合成的第一种香精。学名为 3 -甲氧基- 4 -羟基苯甲醛,结

构式为: ,为白色至微黄色针状结晶或结晶性粉末,香气类似香荚兰豆,气味

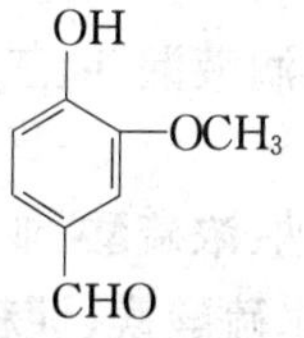

微甜。熔点 81℃～83℃,沸点 284℃～285℃,易溶于乙醇、氯仿、乙醚、冰醋酸和热挥发性油,溶于水、甘油,对光不稳定,在空气中逐渐氧化,遇碱易变色。

香兰素是一种重要的食用香料,广泛用于巧克力、冰淇淋、饮料及日用化妆品,起增香和定香作用,也可直接用做饼干、糕点、冷饮、糖果等的香精。另外香兰素还可用做饲料的添加剂、电镀增亮剂、制药中间体。

2. 食用樱桃香精的性质与用途

食用樱桃香精为水溶性液体香精,呈淡黄色,易挥发,具有樱桃香味。在水中质量浓度可达 0.2%,不溶于油脂。主要用于汽水等冷饮中,一般用量为 0.05%～0.1%。

三、实验内容

(一) 香兰素的制备

1. 实验原理

香兰素是由邻硝基氯苯经甲氧基取代、硝基还原、氨基重氮化水解、醛基化反应制得。反应方程式如下:

(1) 甲氧基取代反应:

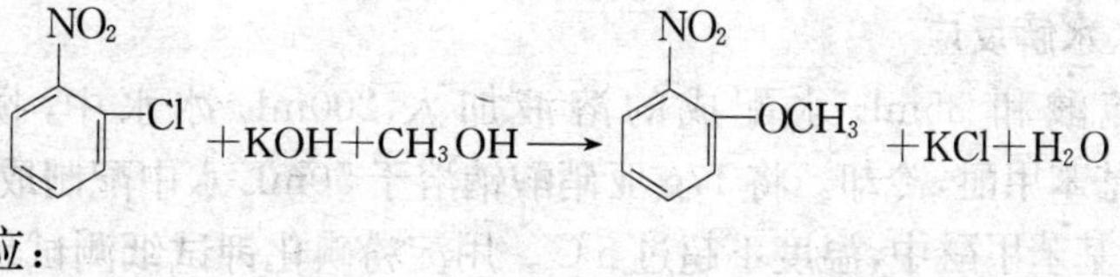

(2) 还原反应:

(3) 重氮化、水解反应：

邻硝基苯甲醚结构 $+3Sn+12HCl \longrightarrow$ 邻氨基苯甲醚结构 $+3SnCl_4+4H_2O$

(3) 重氮化、水解反应：

邻氨基苯甲醚 $+HNO_2 \xrightarrow{H_2SO_4}$ 重氮盐 $+2H_2O$

重氮盐 $+H_2O \longrightarrow$ 邻甲氧基苯酚 $+N_2+H_2SO_4$

(4) 醛基化反应：

邻甲氧基苯酚 $+CHCl_3+3NaOH \xrightarrow{Et_3N}$ 醛化产物 $+3NaCl+2H_2O$

2. 主要仪器和药品

高压釜、蒸馏装置、减压蒸馏装置、水蒸气蒸馏装置、分液漏斗、滴液漏斗、三口烧瓶、温度计、电动搅拌器、回流冷凝管、布氏漏斗、真空水泵。

氢氧化钾、邻硝基氯苯、甲醇、乙醚、碎锡粒、36%盐酸、氢氧化钠、浓硫酸、亚硝酸钠、氨磺酸、95%乙醇、三乙胺、氯仿、硫酸铜、苯、食盐、无水硫酸钠、无水硫酸镁、淀粉碘化钾试纸、刚果红试纸。

3. 实验操作

(1) 甲氧基化反应

将 36.5g(0.65mol)氢氧化钾和 100g(0.63mol)邻硝基氯苯溶于 400mL 甲醇中,移入 1000mL 高压釜中,通氮气置换空气,密闭高压釜并加热,在 120℃~130℃保温 5h,表压约 0.65MPa。反应结束后,冷却,滤去氯化钾。滤液移入圆底烧瓶中,蒸去甲醇。剩余物减压蒸馏,收集真空度为 2.659kPa,沸点为 140℃~160℃的粗邻硝基苯甲醚馏分。用 200mL 乙醚溶解粗邻硝基苯甲醚,加氢氧化钾干燥,蒸去乙醚。常压下蒸出邻硝基苯甲醚,收集沸点为 258℃~265℃的馏分,产量 70g,收率 70%~75%。

(2) 还原反应

向装有温度计、电动搅拌器、回流冷凝管的 500mL 三口烧瓶加入 60g(0.3mol)邻硝基苯甲醚及 94g 碎锡粒,搅拌,分批加入 18.25g 36%盐酸,保持沸腾。加完后加热 2h。冷却,加氢氧化钠溶液至碱性,水蒸气蒸馏出邻氨基苯甲醚。分液,水层用 200mL 乙醚萃取。合并萃取液与邻氨基苯甲醚,氢氧化钾干燥,蒸出乙醚,收集 218℃~228℃之间的馏分,得到浅黄色油状物邻氨基苯甲醚 31g,收率为 65%。

(3) 重氮化、水解反应

将 35g 浓硫酸和 35mL 水配成的溶液加入 200mL 冰水中,搅拌下加入 31g (0.25mol)邻氨基苯甲醚,冷却。将 17g 亚硝酸钠溶于 50mL 水中配制成溶液,冷却后,在搅拌下加入邻氨基苯甲醚中,温度不超过 5℃。用淀粉碘化钾试纸测试反应终点,过量的亚硝酸用氨磺酸分解,冷却重氮液。

在 1000mL 的三口烧瓶中加入 70g 硫酸铜和 70mL 水,加热至沸腾,向三口烧瓶中通入蒸气流进行水蒸气蒸馏。同时向瓶中滴加重氮液,调节滴加速度,使生成的泡沫不进入冷凝管,馏出液均匀流入接收器。当馏出液中不含愈创木酚(邻羟基苯甲醚)气味时,蒸馏结束。

(4) 提纯愈创木酚

向馏出液中加入 20g 氢氧化钠,水蒸气蒸馏除去主要杂质苯甲醚。残余液冷却,用稀硫酸中和至使刚果红试纸变蓝色,愈创木酚析出。水蒸气蒸出愈创木酚,盐析,用 50mL苯提取三次。加 10g 无水硫酸钠干燥,蒸去苯。减压蒸馏,收集 81℃～91℃/1.33kPa 的馏分,约 9g 愈创木酚,熔点 33℃。

(5) 醛基化反应

向 100mL 三口烧瓶中加入 6.2g(0.1mol)愈创木酚、22.5mL 95%乙醇、7.5g 氢氧化钠及 0.1g 三乙胺。回流,在 1h 内加入 5mL 氯仿,再回流 1h～2h,用稀硫酸调 pH=7,滤去氯化钠,用乙醇充分洗涤。合并滤液,水蒸气蒸馏去除三乙胺、氯仿和 2-羟基-3-甲氧基苯甲醛,直到无油珠馏出为止。余下的反应液用 80mL 乙醚分三次萃取。无水硫酸镁干燥,蒸去乙醚,得到白色晶体。将白色晶体溶于 40℃～60℃热水中,上层为香兰素水层,下层为杂质层。分层,减压浓缩即得香兰素产品,收率为 76.3%。

4. 注意事项

(1) 高压釜要密闭好,操作时注意安全。

(2) 水蒸气蒸馏时要控制水蒸气流量,太大会冲料。

(3) 重氮化反应要在低温下进行。

5. 思考题

(1) 减压蒸馏与水蒸气蒸馏有什么不同?

(2) 甲氧基化反应有什么特点?

(3) 用水蒸气蒸馏法水解制备愈创木酚有何优点?

(4) 醛基化有几种方法? 用氯仿醛基化有何特点?

(二) 食用樱桃香精的配制

1. 实验原理

香料包括合成香料、天然香料和调和香料,调和香料也称香精。香精是由几种甚至几十种香料按一定香型调配而成的,具有愉快悦人或适合口味的香料混合物。由于合成香料和天然香料的香气比较单调,多数不能直接用于加香产品中。为满足人们对香气或香味的需求,往往将多种香料混合配制成香精。香精分为水溶性香精、油溶性香精、乳化香精和粉末香精等四大类。根据香型和用途,又可分为花香型香精、非花香型香精、肉味香精、果味香精、奶味香精或日用香精、烟用香精、酒用香精、药用香精等。虽然香精在加香产品中的用量只有百分之几,但对加香产品的质量却有着很大影响。

食用樱桃香精是由乙酸乙酯、丁酸乙酯、乙酸异戊酯、丁酸异戊酯、庚酸乙酯、苯甲醛、桂醛、大茴香醛、香兰素、丁香油、苯甲酸乙酯、洋茉莉醛、乙基麦芽酚、乙醇和蒸馏水混配而成。

2. 主要仪器和药品

烧杯、电动搅拌器、玻璃棒。

乙酸乙酯、丁酸乙酯、乙酸异戊酯、丁酸异戊酯、庚酸乙酯、苯甲醛、桂醛、大茴香醛、香兰素、丁香油、苯甲酸乙酯、洋茉莉醛、乙基麦芽酚、乙醇。

3. 实验操作

取 4.0g 乙酸乙酯,1.0g 丁酸乙酯,1.0g 乙酸异戊酯,2.0g 丁酸异戊酯,0.2g 庚酸乙酯,0.6g 苯甲醛,0.1g 桂醛,0.2g 大茴香醛,0.4g 香兰素,0.4g 丁香油,0.2g 苯甲酸乙酯,0.3g 洋茉莉醛,0.1g 乙基麦芽酚,140g 乙醇,49.2g 蒸馏水加入 500mL 烧杯中,搅拌混合均匀,静置,得食用香精。产品应澄清透明,无悬浮杂质,香气纯正,无异杂气味。若有不溶物,可过滤除去。

4. 注意事项

(1) 配方所用原料较多,称量要仔细,不要遗漏。

(2) 由于气味太重,称量及配制应在通风橱中进行。

5. 思考题

为什么配方中加入大量的乙醇?

实验五　化学卷发液的配制及测定

一、实验目的

(1) 掌握卷发液原料巯基乙酸铵的制备原理和方法及定性鉴定。

(2) 了解卷发液烫发原理及配方中各组分的作用。

(3) 掌握卷发液的配制及各组分的分析方法。

二、性质与用途

巯基乙酸铵(Ammonium Thioglycolate)的分子式为 $HSCH_2COONH_4$。外观为无色液体,有特殊气味,遇铁呈紫红色,放出硫化氢。易吸潮,易氧化,易溶于水。用硫脲—钡盐水解法生产的巯基乙酸铵浓度在 13% 左右,为玖红色透明溶液。主要用于配制化学卷发液。市售的化学卷发液商品巯基乙酸铵含量一般在 5%~9.5%。

化学卷发液(Permanent Hair-waving Solution)又称冷烫液或冷烫精。市售的化学卷发液分一剂型和二剂型两种,一剂型目前使用较多,外观为淡紫红色透明溶液,有氨味。化学卷发液主要用于改变发型。

三、实验内容

(一) 原料巯基乙酸铵的制备

1. 实验原理

巯基乙酸铵的制备方法有多种,最常用、最经济的方法是硫脲—钡盐水解法。它是用碳酸钠中和氯乙酸,再与硫脲、氢氧化钡、碳酸氢铵反应制得,其反应方程式如下:

$$2ClCH_2COOH + Na_2CO_3 \longrightarrow 2ClCH_2COONa + H_2O + CO_2 \uparrow$$

$$2ClCH_2COONa + 2NH_2CSNH_2 \longrightarrow 2\ \underset{H_2N}{\overset{HN}{>}}CSCH_2COOH \downarrow + 2NaCl$$

$$2\ \overset{HN}{\underset{H_2N}{}}CSCH_2COOH + 2Ba(OH)_2 \longrightarrow Ba\begin{matrix}SCH_2COO\\SCH_2COO\end{matrix}Ba\downarrow + 2H_2NCONH_2$$

$$Ba\begin{matrix}SCH_2COO\\SCH_2COO\end{matrix}Ba + 2NH_4HCO_3 \longrightarrow 2HSCH_2COONH_4 + 2BaCO_3\downarrow$$

2. 主要仪器和药品

烧杯、电动搅拌器、电热套、吸滤瓶、布氏漏斗、移液管、温度计、量筒、托盘天平、真空水泵、锥形瓶。

氯乙酸、硫脲、氢氧化钡、碳酸钠、碳酸氢铵、10％氨水、醋酸、10％醋酸镉。

3. 实验内容

(1) 巯基乙酸铵的制备

在 100mL 烧杯中加入 20g 氯乙酸、40mL 去离子水，搅拌溶解，缓慢加入碳酸钠中和，待泡沫减少时，控制溶液的 pH 在 7～8，静置、澄清。

在 200mL 烧杯中加入 30g 硫脲、100mL 去离子水，加热至约 50℃，搅拌溶解，加入上述澄清的氯乙酸钠溶液，在 60℃左右恒温 30min。抽滤，弃去滤液，用少量去离子水洗涤，再抽滤，得粉状沉淀。

在 250mL 烧杯中加入 70g 氢氧化钡、170mL 去离子水，加热，间歇搅拌至溶解，缓慢加入上述粉状沉淀，在 80℃下恒温 3h，间歇搅拌，防止沉淀物下沉。趁热过滤，用去离子水洗涤 3～5 次，抽滤吸干，得二硫代二乙酸钡白色粉状物。含有尿素的碱性滤液用酸性氧化剂处理后排放。

在 200mL 烧杯中加入 40g 碳酸氢铵、100mL 去离子水，搅拌，分散加入二硫代二乙酸钡，继续搅拌 10min，静置 1h 后过滤，得到 100mL～200mL 玫瑰红色滤液，即为巯基乙酸铵溶液。巯基乙酸铵含量一般为 13％～14％。

在 200mL 烧杯中加入 30g 碳酸氢铵、40mL 去离子水、上述滤渣，搅拌均匀，静置 1h，抽滤可得约 40mL 巯基乙酸铵溶液，浓度为 4％～5％。

(2) 定性分析

将 2mL 样品用水稀释到 10mL，加入 5mL 10％醋酸，摇匀，再加 2mL 10％醋酸镉，摇匀。若有白色胶状物生成，则说明存在巯基乙酸铵，加入 10％氨水，摇匀，则白色胶状物溶解。

4. 思考题

(1) 硫脲—钡盐水解法制巯基乙酸铵需要哪些原料？写出主要反应方程式。

(2) 所用原料是否有毒或有腐蚀性？如何正确操作？

(二) 化学卷发液的配制及测定

1. 实验原理

(1) 化学卷发液配制原理

化学卷发液是将巯基乙酸铵及各种助剂和辅助原料在不断搅拌下逐一溶解于水中配制而成的。一般配方中巯基乙酸铵的含量为 7％～10％，此外还包括碱剂（氨水）、氧化剂

（定型剂）等。

化学卷发液的产品标准如表 10-2 所列：

表 10-2　化学卷发液产品标准

指 标 名 称		标　　准
色泽		成品不得呈紫色
剂型	水剂	澄清透明，无沉淀物
	乳剂	无沉淀物
对皮肤刺激性		斑点实验合格
pH 值		8～9.5
巯基乙酸胺含量/%（质量）		7.5～9

（2）烫发原理

头发是由不溶于水的角蛋白组成，而角蛋白是由多种氨基酸组成的肽链或聚肽链桥接而成的。由于角蛋白的胱氨酸含量较大，决定着角蛋白的物理化学特性。胱氨酸是一种含二硫键的氨基酸，当二硫键被打开后，头发就变得柔软，很容易卷成各种形状，化学药剂的作用就是将二硫键打开。当头发卷曲成型后，再把打开的二硫键重新接上，恢复头发原有的刚韧性。卷发剂由打开二硫键的柔软剂和接上二硫键的定型剂组成。巯基乙酸铵是卷发剂的原料，在碱性条件下经一定时间会使头发膨胀，还原断裂头发中角蛋白，使头发卷曲成任何形状，反应过程大致如下：

$$Cy—S—S—Cy+2RSH \longrightarrow Cy—SH+RSSR$$

$$或 Cy—S—S—Cy+2HSCH_2COONH_4 \longrightarrow 2Cy—SH+ \begin{matrix} S—CH_2COONH_4 \\ | \\ S—CH_2COONH_4 \end{matrix} 双硫代乙酸铵$$

　　角蛋白　　　　巯基乙酸铵　　　半胱氨酸

此为还原卷发过程。待头发成型后再用氧化剂或空气中的氧使半胱氨酸氧化连接成原来的聚肽链物质即角蛋白，为氧化定型过程。

由于巯基乙酸犹如一个二元酸，含有 COOH 和 SH 基，在碱性条件下更能表现出其"强酸性"，充分发挥还原作用。冷烫效果受 pH 值影响，中性时效果不好，pH 值太高会损伤头发，根据经验 pH 值一般为 8.0～9.5。为了提高冷烫效果，可在卷发剂中添加一些辅助原料如表面活性剂、中和剂、色素、香精等，增大卷发剂与头发之间的亲和力，减少用量，使接触均匀，减轻对头皮的刺激，增加美感，提高卷发效果。

2. 主要仪器与药品

烧杯、锥形瓶、碘量瓶、移液管、容量瓶、碱式滴定管、滴定台、电动搅拌器、电热套、量筒。

98％巯基乙酸、60％巯基乙酸铵、30％十二烷基苯磺酸钠、25％～28％氨水、乌洛托品、三乙醇胺、亚硫酸钠、甘油、香精、盐酸（1∶3）、0.1000mol/L 硫代硫酸钠标准液、0.1000mol/L 碘标准液、0.1000mol/L 氢氧化钠标准液、淀粉溶液、溴甲酚绿-甲基红指示剂、精密 pH 试纸。

3. 实验操作

（1）化学卷发液的配制

化学卷发液配方见表 10-3。

表 10-3 化学卷发液的配方

成 分	质量分数/%				
	I	II	III	IV	VII
巯基乙酸(98%)	8.0	8.5	6.0	1.5	
巯基乙酸铵(60%)					0.2
十二烷基苯磺酸钠(30%)	1.5	1.5	1.0		
亚硫酸钠	1.5	2.4	0.5		
甘油	3.0	4.7	1.0		
乌洛托品		4.7			
尿素					
硼砂			0.6		
三乙醇胺				0.5	
氨水(25%~28%)	17.5	15.0	11.2		
失水山梨醇月桂酸酯				20.0	
巯基甘油乙酸酯	1.0			20.0	
亚硫酸氢钾					0.8
酒石酸					0.03
乙醇					1.0
单乙醇胺					0.03
碘化钾					0.6
香精	适量	适量	适量	适量	适量
去离子水	加至100	加至100	加至100	加至100	加至100

操作方法:按配方量称取药品。在 200mL 烧杯中加入巯基乙酸,搅拌,滴加氨水,用 pH 试纸检测至 pH=9.0~9.5,然后加水和其他药品,搅拌均匀,静置 2h,即为成品。

(2) 化学卷发液的测定

(a) 巯基乙酸铵含量测定(返滴定法)。用移液管吸取 50mL 0.1000mol/L 标准碘溶液于 500mL 碘量瓶中,加入 5mL 1:3 的盐酸溶液,用差减法量取 0.7g~1.5g 试样,精确至 0.0001g,加入碘量瓶中,用 0.1000mol/L 硫代硫酸钠标准溶液滴定至溶液颜色变浅,加入 5mL 淀粉溶液,滴定至无色即为终点。

按同一方法进行空白试验,用硫代硫酸钠标准溶液滴定至终点。

$$巯基乙酸铵(\%) = \frac{(V_1 - V_2) \times c \times 109.17}{m \times 100} \times 100\%$$

式中　V_1——空白试验消耗硫代硫酸钠标准溶液的体积,mL;

　　　V_2——试样消耗硫代硫酸钠标准溶液的体积,mL;

　　　c——硫代硫酸钠标准溶液的浓度,mol/L;

　　　m——卷发液试样的质量,g;

　　　109.17——巯基乙酸铵摩尔质量,g/mol。

(b) 游离氨含量的测定。用移液管取 10mL 化学卷发液于 100mL 容量瓶中,用去离子水稀释至刻度,混匀。用移液管吸取其 10mL 于 250mL 锥形瓶中,加 50mL 去离子水,再准确加入 25 mL 0.1mol/L 硫酸标准溶液,加热至沸腾,冷却后加入 2 滴～3 滴溴甲酚绿—甲基红混合指示剂,用 0.1mol/L 氢氧化钠标准溶液滴定至红色变绿色即为终点。

$$游离氨含量(g/mL) = \frac{(25c_1 - Vc_2) \times 17.03}{V_样}$$

式中　c_1——硫酸标准溶液浓度,mol/L;

c_2——氢氧化钠标准溶液浓度,mol/L;

V——消耗氢氧化钠体积,mL;

$V_样$——卷发液样品的体积,mL;

17.03——氨的摩尔质量,g/ml。

4. 思考题

(1) 简述烫发机理并写出相关化学方程式。

(2) 化学卷发液的主要成分是什么? 各起什么作用?

实验六　食品色素苋菜红的制备

一、实验目的

(1) 掌握食品色素苋菜红的制备原理和方法。

(2) 熟悉硝化、还原、磺化、重氮化反应的特点。

二、性质与用途

1. 性质

苋菜红(Amaranth)学名为 1-(4'-磺基- 1'-萘偶氮)- 2 -萘酚- 3,6 -二磺酸三钠盐,又名 C. I. 食品红 9 号、食用赤色 2 号。苋菜红为红褐色或暗红褐色粉末或颗粒,无臭,耐光,耐热性强(105℃),对氧化还原反应敏感,易溶于水,溶液呈蓝光的红色,可溶于甘油、丙二醇及稀糖浆中,稍溶于乙醇及溶纤素中,不溶于油脂等其他有机溶剂,对柠檬酸及酒石酸等稳定,遇碱则变为暗红色。遇铜、铁易褪色,易被细菌分解,不适用于发酵食品。

2. 用途

本品可用于高糖果汁(味)或果汁(味)饮料、碳酸饮料、配制酒,糖果、糕点上彩装,青梅、山楂制品,渍制小菜,最大使用量 0.05g/kg;用于绿色丝、绿色樱桃,最大用量 0.10 g/kg。使用时可采取与食品混合或刷涂法着色。

三、实验原理

苋菜红一般是由 1 -氨基- 4 -萘磺酸重氮与 2 -萘酚 3,6 -二磺酸偶合而成的。本实验以萘为原料,经硝化、还原、磺化、重氮与偶氮化反应制取。反应方程式如下:

(1) 硝化反应:

146

（2）还原反应：

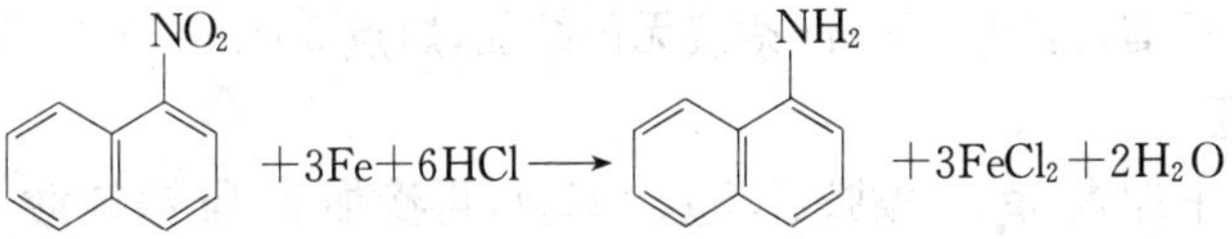

（3）磺化反应：

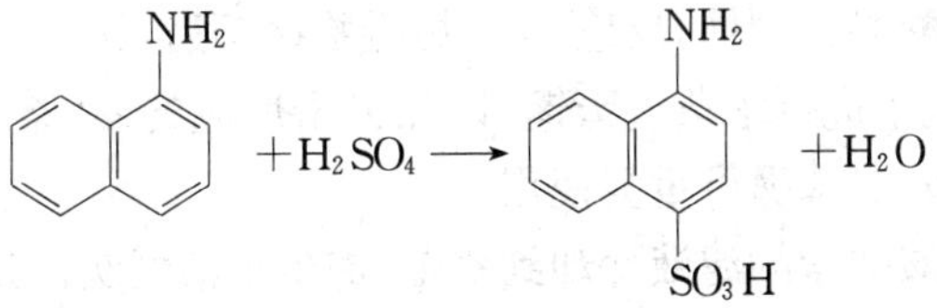

（4）重氮化与偶氮化反应：

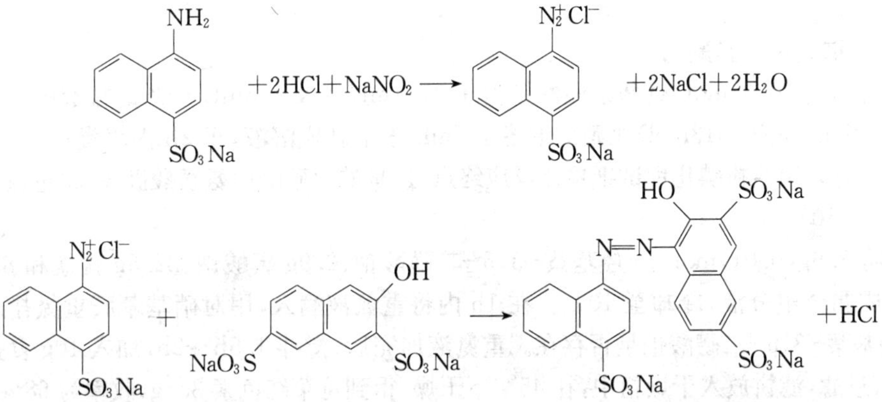

四、主要仪器和药品

三口烧瓶、电动搅拌器、温度计、滴液漏斗、真空水泵、布氏漏斗、水蒸气蒸馏装置、减压蒸馏装置、圆底烧瓶、干燥箱。

浓硝酸、浓硫酸、萘、稀乙醇、铁屑、无水乙醇、稀盐酸、30％盐酸、二苯砜、氢氧化钠稀溶液、活性炭、淀粉碘化钾试纸、氨磺酸、碳酸钠、食盐、对硝基苯胺重氮盐、2-羟基萘-3,6-二磺酸钠。

五、实验内容

1. 硝化反应

在装有电动搅拌器、温度计的250mL三口烧瓶中加入20g浓硝酸，搅拌下加入40g浓硫酸配成混酸。在40℃～50℃，将25g(0.2mol)磨细的萘粉分次加入后，在60℃下反应1h。倒入250mL水中，分去酸层。得到粗品α-硝基萘。粗品α-硝基萘与水煮沸数次，每次用100mL水，直到水层不呈酸性。将熔化的α-硝基萘在搅拌下滴入250mL冷水中，析出橙黄色固体。减压抽滤，干燥，用乙醇重结晶得到二硝基萘30g，收率为89％。

2. 还原反应

将10g铁屑放入1mL浓硫酸与37.5mL水的混合液中，加热至50℃。将8.7g(0.05mol)α-硝基萘溶解于25mL无水乙醇中，在60min内滴入混合液中，温度不超过75℃。反应达到终点时，取少量样品，应完全溶于稀盐酸中。将料液再加热15min，用碳

147

酸钠中和至呈碱性。用等体积的水稀释,水蒸气蒸馏,冷却析出 α-萘胺结晶,抽滤得到粗品。将粗品减压蒸馏,得到 5.5g α-萘胺无色结晶,熔点 50℃~51℃,收率 75%。

3. 磺化反应

在反应烧瓶中加入 5g α-萘胺、7.5g 二苯砜,再滴加 3.4g 浓硫酸,生成 α-萘胺硫酸盐白色沉淀。加热使反应混合物成为均一溶液,然后减压开始反应,生成氨基萘磺酸和水。析出的氨基萘磺酸凝为固体,反应 7h。熔融物冷却后,用 2.5g 氢氧化钠的稀热溶液处理,转移至圆底烧瓶中进行水蒸气蒸馏,以除去未反应的 α-萘胺。从蒸馏后的残渣中滤出二苯砜,用水洗涤,二苯砜可重复使用。

将含有氨基萘磺酸钠盐的滤液冷却到室温,加少量活性炭。搅拌,过滤,盐酸中和,析出粉白色结晶。过滤,冷水洗涤,130℃下干燥,制得不含结晶水的氨基萘磺酸 6.5g,收率为 90%。

4. 重氮化与偶氮化反应

将 2.5g(0.01mol)氨基萘磺酸钠溶于 17.5mL 水及 2.5mL 30% 的盐酸中。加热至 30℃,将 0.85g(0.013mol)亚硝酸钠溶于 5mL 水中制成溶液,于 2h 内缓慢加入,进行重氮化反应。用淀粉碘化钾试纸检测反应终点,过量的亚硝酸用氨磺酸破坏,将重氮液冷却至 8℃~10℃。

将 3.6g(0.011mol)2-羟基萘-3,6-二磺酸钠、2.9g 碳酸钠、22.5g 食盐和 82.5mL 水配成偶合组分液,冷却至 10℃。在 1h 内将重氮液滴入,用对硝基苯胺重氮盐来检验 2-羟基萘-3,6-二磺酸钠是否存在。重氮液加完后,搅拌 1.5h~2h,加入 10g 食盐进行盐析,过滤,滤饼放入干燥箱中,在 45℃下干燥,得到苋菜红色素 3.8g,收率为 68%。

六、注意事项

(1) 要低温配制混酸,以免硝酸分解。
(2) 可用铁粉替代铁屑还原。

七、思考题

(1) 混酸硝化有何特点?
(2) 还原后为何要用水蒸气蒸馏分离产品?
(3) 磺化反应方式有几种?
(4) 如何用对硝基苯胺重氮盐检验 2-羟基萘-3,6-二磺酸钠的存在?
(5) 磺化时为何要加入二苯砜?

附录 A 常用仪器与设备

1.1 分析天平

1.1.1 半自动电光天平

1. 半自动电光天平的结构

天平是实验室经常使用的精密称量仪器,用于准确称量。天平种类很多,如按使用范围可分为台秤、工业天平、分析天平和专用天平;按精密度可分为精密天平和普通天平;按结构可分为等臂双盘天平、阻尼天平、机械加码天平、电光天平、单臂天平和电子天平等。它们的基本原理都一样,是根据杠杆原理制成的,即用已知重量的砝码来衡量被称量物的重量,测得物体的质量。下面介绍电光天平的构造及使用。

电光分析天平的构造如附图1所示,它由横梁、立柱、悬挂系统、读数系统、操作系统及天平箱构成。

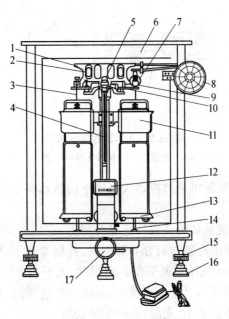

附图1　半自动电光分析天平的构造

1—横梁;2—平衡螺丝;3—吊耳;4—指针;5—支点刀;6—框罩;7—圈码;8—指数盘;9—支柱;

10—托叶;11—空气阻尼器;12—投影屏;13—天平盘;14—盘托;15—螺旋脚;16—垫脚;17—升降旋钮。

横梁又称天平梁,是天平的主要部件,一般由铜或铝合金制成。梁上有三个三棱形的玛瑙刀,中间一个刀口向下,称支点刀,两端等距离处各有一个刀口向上的刀,称承重刀,三个玛瑙刀口的棱边完全平行,位于同一水平面上,锋利程度决定天平的灵敏度,因此应十分注意保护刀口。横梁上两边各有一个平衡螺丝,用于调节天平的零点。梁的正中下方有一细长的指针,指针下端固定着一个透明的微分标尺。称量时,通过光学读数系统可从标尺上读出 10mg 以下的重量。

立柱是天平梁的支柱。立柱上方嵌有玛瑙平板。天平工作时,玛瑙平板与支点刀接触,天平关闭时,装在立柱上的托叶上升,托起天平梁,使刀口与玛瑙平板脱开保护刀口。立柱后方有一水准器,指示天平的水平状态。转动天平箱下方前螺旋脚的高度,调节水准器中气泡使之位于其圆圈的中央。

悬挂系统包括吊耳、空气阻尼器及天平盘三个部分。天平工作时,两个承重刀上各挂着一个吊耳,吊耳上嵌着玛瑙平板与承重刀口接触,天平关闭时则脱开。吊耳下各挂着一个天平盘,分别用于盛放被称量物和砝码。吊耳下还分别装有两个相互套合而又互不接触的铝合金圆筒组成的空气阻尼器,阻尼器的内筒挂于吊耳下面,外筒固定在立柱上,当天平工作时,由于空气的阻尼作用,天平梁可快速地停止摆动达到平衡。

半自动电光分析天平的机械加码装置可以添加 10mg～990mg 的重量。旋动内、外层圈码指数盘,与左边刻线对准的读数就是所加的圈码重量。此外,还配有光学读数系统(附图 2)。只要旋开升降旋钮,使天平处于工作状态,天平后方灯座中的小灯泡即亮,将缩微标尺的刻度投影在投影屏上,这时可以从投影屏上读出 0.1mg～10mg 的重量。

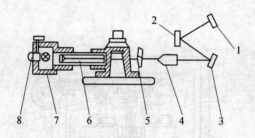

附图 2 光学读数装置示意图

1—投影屏;2,3—反射镜;4—物镜筒;5—微分标牌;6—聚光镜;7—照明筒;8—灯头座。

有的电光天平的投影屏可通过拨动天平座下的微动调节杆左右移位,因而可在小范围内调节天平的零点。

天平的操作系统除机械加码装置外还有升降枢,它装在天平台上正中,连接托梁架、盘托和光源,由升降旋钮来控制。启开升降枢时,托梁即降下,梁上的三个刀口与相应的玛瑙平板接触,盘托下降,吊耳和天平盘自由摆动,天平进入工作状态,同时也接通了光源,在屏幕上看到标尺的投影。停止称量时,关闭升降枢,则天平梁与盘被托住,刀口与玛瑙平板脱离,天平进入休止状态,光源切断,光屏变黑。

为防止有害气体和尘埃的侵蚀及热源、潮湿和气流等外界条件的影响,天平安放在一个三方装有玻璃门的天平箱内,取放被称量物或砝码时,应开侧门,天平的正门口只在调节和维修时才使用。

此外,每台天平都附有一盒配套的砝码。为了便于称量,砝码的大小有一定的组合形式,通常以 5、2、2、1 组合,并按固定的顺序放在砝码盒中。重量相同的砝码其重量仍有微小差别,故其面上打有标记以示区别。

电光天平一般可以称量至 0.1mg,最大载荷为 100g 或 200g。

2. 天平的灵敏度

在天平任一秤盘上增加 1mg 砝码时,指针在读数标牌上所移动的距离,称为天平的灵敏度,单位用分度/mg 表示。指针所移动的距离越大,即天平的灵敏度越高。例如,在一般空气阻尼天平的一秤盘上放 1mg 砝码时,指针移动 2.5 分度,则

$$灵敏度 = 2.5 分度/(1mg) = 2.5 分度/mg$$

天平的灵敏度太低或太高都不好。灵敏度太低,称量误差增大;灵敏度太高则达到平衡所需时间长,既不便于称量,也会影响称量结果。一般空气阻尼天平的灵敏度以 2.5 分度/mg 为宜。在实际工作中常用"分度值"表示天平的灵敏度。分度值是使天平的平衡位置产生一个分度变化时所需要的质量值,也就是读数标牌上每个分度所体现的质量值(mg)。灵敏度与分度值互为倒数关系,即

$$分度值 = 1/灵敏度$$

分度值的单位应为 mg/分度,习惯上往往将"分度"略去,把 mg 作为分度值的单位。

上例中灵敏度为 2.5 分度/mg 的天平,其分度值 = 1/2.5 = 0.4(mg),这一类天平也称为万分之四天平。从分度值也可以看出天平的灵敏度,即分度值越小的天平,其灵敏度越高。

电光天平由于采用了光学放大读数装置,提高了读数的精度,分度值为 0.1mg/分度的天平,称为万分之一天平。一般要求半自动电光天平的分度值为 10mg/(100±2)分度,即 0.098mg～0.102mg。如分度值太大或太小,可通过细致地改变重心砣到天平横梁支点的距离来调整。

此外,衡量分析天平的质量除灵敏度或分度值外,天平的示值变动性和不等臂性也是天平质量的重要指标。天平的示值变动性是天平载重前后几次零点变化的最大差值,一般为 0.1mg～0.2mg。例如,某电光天平测得空载零点为 0.0mg,+0.1mg,称量后再测空载零点为 −0.1mg,−0.1mg,故示值变动性 = 0.1 − (−0.1) = 0.2(mg)。

3. 半自动电光天平的称量方法

(1) 称量前的准备。取下天平的罩布,叠放在天平右侧。检查天平是否处于水平位置。

(2) 使用分析天平时,应遵守"分析天平的使用规则"。主要的注意事项有:天平的前门不得随意打开;加减砝码和加减物体时必须预先关闭天平;开关天平动作要轻、缓,砝码必须用镊子夹取,严禁用手触摸;称量物体的温度必须与天平温度相同;不得超载称量;称量完毕后,应将天平复原。

1.1.2 电子分析天平

电子分析天平是一种先进的称量仪器,它称量方便、迅速、读数稳定、准确度高。例如,梅特勒—特利多公司推出的超微量、微量电子天平可精确称量到 0.1mg,最大称量值 100g。随着实验室装备的现代化,托盘天平和电光天平会逐渐被电子分析天平所代替。

电子分析天平使用方法如下:

(1) 检查天平的指示是否在水平状态,如果不在,用水平脚调整水平。

（2）接通电源，预热 60min，轻按"on/off"键，开启显示器。

（3）天平校准。按住"cal"键直到屏幕显示"cal"字样松开，此时所需的校准砝码值 200.0000g 会在显示屏上闪烁，放上校准砝码，当出现"0.0000g"闪烁时，取下砝码，显示屏出现"0.0000g"，天平校准结束。天平回到称重状态，可以进行称量。

（4）称量。将样品轻放在称盘上，等待稳定状态探测符"0"消失，天平显示称量值不变时，读取称量结果，记录。

（5）关机。称量完毕后，长按"on/off"键直到显示屏出现"off"字样松开，此时关闭的是显示屏，天平并没有关闭。如果经常使用，可以不关闭天平，如果连续五天以上不用，应切断电源，关闭天平。

1.2 旋转式黏度计

1.2.1 NDJ－79 型旋转式黏度计简图

旋转式黏度计简图如附图 3 所示。

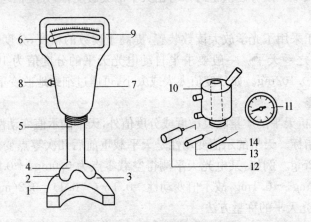

附图 3 旋转式黏度计简图

1—柱座；2—电源插座；3—电源开关；4—安放测定器的托架；5—悬吊转筒的挂钩；6—读数指针；
7—同步电动机；8—指针调零螺丝；9—具有反射镜的刻度盘；10—测定器；11—温度计；
12、13、14—因子分别为 1、10 和 100 的转筒。

1.2.2 原理

仪器的驱动是靠一个微型的同步电动机，它以 750 r/min 的恒速旋转，几乎不受荷载和电源电压变化的影响。电动机的壳体采用悬挂式来安装，它通过转轴和挂钩带动转筒旋转。当转筒在被测液体中旋转受到黏滞阻力作用时，产生反作用而使电动机壳体偏转，电动机壳体与两根具有正反力矩的金属游丝相连，壳体的转动使游丝产生扭矩，当游丝的力矩与黏滞阻力矩达到平衡时，与电动机壳体相连接的指针便在刻度盘上指示出某一数值，此数值与转筒所受黏滞阻力成正比，于是刻度读数乘以转筒因子就表示动力黏度的量值。

1.2.3 操作步骤

（1）通过黏度计的电源插座连接 220V 50Hz 的交流电源。

（2）调整零点。开启电源开关，使电动机在空载时旋转，待稳定后用调零螺丝将指针调到刻度的零点，关闭开关。

（3）将被测液体小心地注入测定器，直至液面达到锥形面下部边缘，约需液 15mL，将转筒浸入液体直到完全浸没为止，连上专用温度计，接通恒温水源，将测定器放在黏度计托架上，并将转筒悬挂在挂钩上。

（4）开启电源开关，启动电动机，转筒从开始晃动到对准中心。为加速对准中心，可将测定器在托架上向前后左右微量移动。

（5）当指针稳定后即可读数，将所用转筒的因子乘以刻度读数即得以厘泊（cP）表示的黏度。如果读数小于 10 格，应当调换直径大一号的转筒。记下读数后，关闭电源开关。将测定器内孔和转筒洗净擦干。

1.2.4 注意事项

（1）本黏度计为精密测量仪器，必须严格按规定的步骤操作。

（2）开启电源开关后，电动机就应启动旋转，如负荷过大或其他原因迟迟不能启动，就应关闭电源开关，查找原因后再开，以免烧毁电动机和变压器。

（3）电动机不得长时间连续运转，以免损坏。

（4）使用前和使用后都应将转筒及测定器内孔洗净擦干，以保证测量精度。

（5）以上所述黏度的测量范围为 10cP～10^4cP。对于更小或更高黏度的测量，请详见仪器说明书。

1.3　酸　度　计

酸度计（也称 pH 计）是用来测量溶液 pH 值的仪器。实验室常用的酸度计有雷磁 25 型、PHS－2 型和 PHS－3 型等。它们的原理相同，结构略有差别。

1.3.1　基本原理

酸度计是一种通过测定电池电势差（电动势）的方法测量溶液 pH 值的仪器。它的主要组成部分是指示电极（玻璃电极）、参比电极（饱和甘汞电极）及与它们相连接的电表等电路系统。既可以用来测溶液的 pH 值，又可用于测电池电动势（或电极电势），还可以配合搅拌器作电位滴定及其氧化还原电对的电极电势测量。测酸度时用 pH 档，测电动势时用毫伏（mV 或 －mV）档。

当与仪器连接好的测量电极（玻璃电极）与参比电极（饱和甘汞电极）一起浸入被测溶液中时，两电极间产生的电势差（电动势）与溶液的 pH 值有关，因为测量电极（玻璃电极）的电势随着溶液（H^+）的变化而变化。

$$E_玻 = E_玻^\circ - 2.303RT \frac{pH}{F}$$

153

式中　R——摩尔气体常数，$R=8.314\mathrm{J/mol \cdot K}$；

T——热力学温度，K；

F——法拉第常数，$F = 96485\mathrm{C/mol}$；

$E^{\circ}_{玻}$——玻璃电极的标准电极电势。298.15 K(25℃)时，$E_{玻} = E^{\circ}_{玻}-0.0592\mathrm{pH}$。

由于饱和甘汞电极的电极恒定($E_{甘} = 0.2415\mathrm{V}$)，所以由玻璃电极和饱和甘汞电极组成的电池的电动势(ε)只随溶液的 pH 值改变而改变。298.15K(25℃)时该电池的电动势(ε)为

$$\varepsilon = E_{正} - E_{负} = E_{甘} - E_{玻} = 0.2415 - (E^{\circ}_{玻} - 0.0592\mathrm{pH})$$
$$= 0.2415 - E^{\circ}_{玻} + 0.0592\mathrm{pH}$$

整理上式得

$$\mathrm{pH} = \frac{\varepsilon + E^{\circ}_{玻} - 0.2415}{0.0592}$$

如果 $E^{\circ}_{玻}$ 已知，只要测其电动势 ε，就可求出未知溶液的 pH 值。$E^{\circ}_{玻}$ 可利用一个已知 pH 值的标准缓冲溶液(如邻苯二甲酸氢钾溶液)代替待测溶液而确定。酸度计一般把测得的电动势直接用 pH 值表示出来，为了方便起见，仪器上有定位调节器，测量标准缓冲溶液时，可利用定位调节器，把读数直接调到标准缓冲溶液的 pH 值，以后测量未知液时，就可直接指示出未知液的 pH 值。

1. 玻璃电极

玻璃电极的主要部分是头部的球泡，它是由特殊的敏感玻璃膜(薄膜厚度约为 0.2mm)构成。球内装有 0.1 mol/LHCl 溶液和 Ag‑AgCl 电极，如附图 4 所示。

把它插入待测溶液便组成一个电极，可表示为

$$\mathrm{Ag, AgCl(s)\ |\ HCl(0.1\ mol/L)\ |\ 玻璃\ |\ 待测溶液}$$

电极反应为：$\mathrm{AgCl(s) + e^- \rightarrow Ag(s) + Cl^-(aq)}$

玻璃膜把两个不同 $\mathrm{H^+}$ 浓度的溶液隔开，在玻璃—溶液接触界面之间产生一定电动势。由于玻璃电极中 HCl 浓度是固定的，所以，在玻璃—溶液接触面之间形成的电势差，就只与待测溶液的 pH 值有关。

2. 饱和甘汞电极

饱和甘汞电极是由汞、氯化亚汞($\mathrm{Hg_2Cl_2}$，即甘汞)和饱和氯化钾溶液组成的电极，内玻璃管封接一根铂丝，铂丝插入纯汞中，纯汞下面有一层甘汞和汞的糊状物。外玻璃管中装入饱和 KCl 溶液，下端用素烧陶瓷塞塞住，通过素瓷塞的毛细孔，可使内外溶液相通，如附图 5 所示。饱和甘汞电极可表示为

$$\mathrm{Pt\ |\ Hg(l)\ |\ Hg_2Cl_2(s)\ |\ KCl(饱和)}$$

电极反应为

$$\mathrm{Hg_2Cl_2(s) + 2e^- = 2Hg + 2Cl^-}$$

$$E_{甘} = E^{\circ}_{甘} + \frac{0.0592}{2}\lg\frac{1}{c^2(\mathrm{Cl^-})}$$

温度一定，甘汞电极电势只与 $c(\mathrm{Cl^-})$ 有关，当管内盛饱和 KCl 溶液时，$c(\mathrm{Cl^-})$ 一定，298.15K(25℃)时，$E_{甘} = 0.2415\mathrm{V}$。

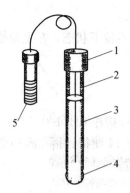

附图4 玻璃电极

1—胶木帽；2—Ag - AgCl 电极；

3—盐酸溶液；4—玻璃球泡；5—电极插头。

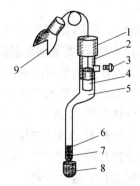

附图5 饱和甘汞电极

1—胶木帽；2—铂丝；3—小橡皮塞；

4—汞、甘汞内部电极；5—饱和 KCl 溶液；

6—KCl 晶体；7—陶瓷芯；8—橡皮帽；9—电极引线

1.3.2 酸度计的使用方法

1. PHS - 2 型酸度计

(1) 仪器的安装

见附图 6,装好电极杆 13,接通电源。电源为交流电,电压必须符合标牌上所指明的数值,电压太低或电压不稳会影响使用。电源插头中的黑线表示接地线,不能与其他两根线搞错。

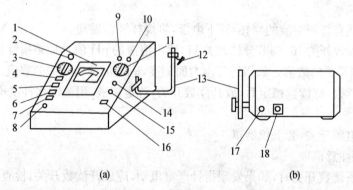

(a)   (b)

附图6 PHS—2型酸度计

(a)正面 (b)背面。

1—指示电表；2—指示灯；3—温度补偿旋钮；4—电源开关；5—pH 按键；6—＋mV 按键；

7—mV 按键；8—零点调节旋钮；9—甘汞电极接线柱；10—玻璃电极插口；11—mV-pH 量程分档开关；

10—电极插口；12—电极夹；13—电极杆；14—校正调节旋钮；15—定位调节旋钮；16—读数开关；

17—保险丝；18—电源插座。

(2) 电极安装

先把电极夹 12 夹在电极杆 13 上,然后将玻璃电极夹在夹子上,玻璃电极的插头插在电极插口 10 内,并将小螺丝旋紧。甘汞电极夹在另一夹子上。甘汞电极引线连接在接线柱 9 上。使用时应把上面的小橡皮塞和下端橡皮塞拔去,以保持液位压差,不用时要把它们套上。

（3）校正

如果测量 pH 值，先按下按键 5，但读数开关 16 保持不按下状态。左上角指示灯 2 应亮，为保持仪表稳定，测量前要预热 30min 以上。

① 用温度计测量被测溶液的温度。

② 调节温度补偿器到被测溶液的温度值。

③ 将分档开关 11 放在"6"，调节零点调节器 8 使指针指在 pH"1.00"上。

④ 将分档开关 11 放在"校正"位置，调节校正调节器 14 使指针指在满刻度。

⑤ 将分档开关 11 放在"6"，重复检查 pH"1.00"位置。

⑥ 重复③和④两个步聚。

（4）定位

仪器附有三种标准缓冲溶液（pH 值为 4.01，6.86，9.18），可选用一种与被测溶液的 pH 值较接近的缓冲溶液对仪器进行定位。仪器定位操作步骤如下：

① 向烧杯内倒入标准缓冲溶液，按溶液温度查出该温度时溶液的 pH 值。根据这个数值，将分档开关 11 放在合适的位置上。

② 将电极插入缓冲溶液，轻轻摇动，按下读数开关 16。

③ 调节定位调节器 15 使指针指在缓冲溶液的 pH 值（即分档开关上的指示数加表盘上的指示数），至指针稳定为止。重复调节定位调节器。

④ 开启读数开关，将电极上移，移去标准缓冲溶液，用蒸馏水清洗电极头部并用滤纸将水吸干。这时，仪器已定好位，后面测量时，不得再动定位调节器。

（5）测量

① 放上盛有待测溶液的烧杯，移下电极，将烧杯轻轻摇动。

② 按下读数开关 16，调节分档开关 11，读出溶液的 pH 值。如果指针打出左面刻度，则应减少分档开关的数值。如指针打出右面刻度，应增加分档开关的数值。

③ 重复读数，待读数稳定后，放开读数开关，移走溶液，用蒸馏水冲洗电极，将电极保存好。

④ 关上电源开关，套上仪器罩。

（6）使用注意事项

① 在按下读数开关时，如果发现指针严重甩动，应放开读数开关，检查分档开关位置及其他调节器是否适当，电极是否浸入溶液。

② 转动温度调节旋钮时，不要用力太大，防止移动紧固螺丝位置，造成误差。

③ 当被测信号较大，发生指针严重甩动时，应转动分档开关使指针在刻度以内，并需等待 1min 左右，至指针稳定为止。

④ 测量完毕后，必须先放开读数开关，再移去溶液，如果不放开读数开关就移去溶液，则指针甩动剧烈，影响后面测定的准确性。

2. DELTA320 型数显酸度计

DELTA320 型数显酸度计采用了数字显示，读数方便准确。测量溶液 pH 值时，pH 复合电极配套使用。pH 复合电极是将玻璃电极和甘汞电极制作在一起，使用方便。

（1）pH 值测量步骤

① 将电源适配器连接 DC 插孔上，接通电源开机。

② 如果显示屏上显示 mV,按"模式"键切换到 pH 测量状态。

③ 将电极放入待测溶液中,并按"读数"开始测量,测量时小数点在闪烁。在显示器上会动态地显示测量的结果。

④ 如果使用了温度探头,显示器上会显示 ATC 的图标及当前的温度。如果没有使用温度探头,显示器上会显示 MTC 和以前设定的温度,检查显示器上显示的温度是否和样品的温度相一致,如果不是,需要重新输入当前的温度。

⑤ 如果使用自动终点判断方式(Autoend),显示器上出现"A"图标。如果使用手动终点判断方式,则不显示"A"图标。

当仪表判断测量结果达到终点后,会有"⌐"显示于显示屏。

⑥ 当采用自动终点方式,仪表将自动判别测量是否达到终点,测量自动终止。当采用手动终点方式时,需按"读数"来终止测量。测量结束,小数点停止闪烁。

⑦ 测量结束后,再按"读数"重新开始一次新的测量过程。

终点方式的选择:

① 自动终点方式(Auto Ending),这种测量方式下,显示器上会有"A"显示。

② 手动终点方式(Manual Ending),这种测量方式下,显示器上没有"A"显示。

在自动终点方式下,仪表自动判别测量结果是否达到终点,有较好的准确性和重复性。长按"读数",在自动终点方式和手动终点方式之间切换。

(2) 设定校正溶液组

为获得更准确的测量结果,应该经常地对电极进行校正。320pH 计允许操作者选择一组标准缓冲溶液。校正时可以进行一点(一种标准缓冲溶液)、两点(两种标准缓冲溶液)或三点(三种标准缓冲溶液)校正。

有四组标准缓冲溶液可供选择:

标准缓冲溶液组 1 ($b=1$):pH 4.00、7.00、10.01

标准缓冲溶液组 2 ($b=2$):pH 4.01、7.00、9.21

标准缓冲溶液组 3 ($b=3$):pH 4.01、6.86、9.18

标准缓冲溶液组 4 ($b=4$):pH 1.68、4.00、6.86、9.18、12.46

按下列步骤选择缓冲溶液组:

① 在测量状态(测量过程中,或者测量结束后)下,长按"模式",进入 Prog 状态。

② 按"模式"进入 $b=2$(或者 $b=1,3,4\cdots$)。

③ 按"∧"、"∨"键改为 $b=1$(或者 $b=2,3,4\cdots$),LCD 会逐一显示该缓冲溶液组内的缓冲溶液 pH 值。

④ 按"读数"确认并退回到正常测量状态。

(3) 注意

① 所选择组别必须与所使用的缓冲液一致。

② 电极校正数据只有在完成了一次成功校正后才能被改写。

③ 即使遇上断电,320pH 计也仍保留此设置。

1.3.3 仪器的维护技术

仪器性能的好坏与合理的维护保养密不可分,因此必须注意维护与保养。

(1) 仪器可长时间连续使用,当仪器不用时,关掉电源开关。

(2) 玻璃电极的主要部分为下端的玻璃球泡,此球泡极薄,切忌与硬物接触,一旦发生破裂,则完全失效,取用和收藏时应特别小心。安装时,玻璃电极球泡下端应略高于甘汞电极的下端,以免碰到烧杯底部。

(3) 新的玻璃电极在使用前应在去离子水中浸泡 48h 以上,不用时最好浸泡在去离子水中。

(4) 在强碱溶液中应尽量避免使用玻璃电极。如果使用应操作迅速,测完后立即用水清洗,并用去离子水浸泡。

(5) 玻璃电极球泡切勿接触污物,如有污物可用医用棉轻擦球泡部分或用 0.1mol/L HCl 溶液清洗。

(6) 电极球泡有裂纹或老化,应更换电极,否则反应缓慢,甚至造成较大的测量误差。

(7) 甘汞电极不用时,要用橡皮套将下端套住,用橡皮塞将上端小孔塞住,以防饱和 KCl 溶液流失。当 KCl 溶液流失较多时,则通过电极上端小孔进行补加。

(8) 电极插口必须保持清洁干燥。在环境湿度较大时,应用干净的布擦干。

1.4 电导率仪

电导率仪即为测定液体总电导率的仪器,它可用于生产过程的动态跟踪,如去离子水制备过程中电导率的连续监测,也可用于电导滴定等。下面主要介绍 DDS—11A 型电导率仪。

1.4.1 基本原理

溶液的电导 G 取决于溶液中所有共存离子的导电性质的总和。对于单组分系统,溶液电导与浓度 c 之间的关系为

$$G = \frac{1}{1000} \times \frac{A}{d} zkc$$

式中 G——电导,S、mS 或 μS;

A——电极面积,cm^2;

d——电极间距离,cm;

z——每个离子带的电荷数;

k——常数。

电导率仪所用的电极称为电导电极(铂黑电极或铂光亮电极),是将两块铂片相对平行固定在玻璃电极杆上构成,具有确定的电导池常数,使用时插入溶液中即可。

电导率仪的工作原理是,当振荡器发生的音频交流电压加到电导池电阻与量程电阻所组成的串联回路中时,溶液的电导越大,则电导池电阻越小,量程电阻两端的电压就越大。电压经交流放大器放大,再经整流后推动直流电表,由电表即可直接读出电导率值。

DDS-11A 型电导率仪除了直接从表上读取数据外,并有 0mV～10mV 信号输出,可接自动平衡记录仪进行记录,用于连续监测。仪器外形如附图 7 所示。

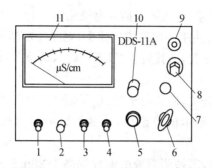

附图7 DDS—11A型电导率仪外形图

1—电源开关;2—电源指示灯;3—高、低周开关;4—校正、测量开关;5—校正调节;6—量程选择开关;
7—电容补偿;8—电极插口;9—mV输出;10—电极常数补偿;11—读数表头。

1.4.2 仪器使用方法

(1)打开电源开关前,观察指针是否指零,可调整表头上的螺丝,使指针指零。

(2)将校正、测量开关4拨向"校正"位置。

(3)插接电源线,打开电源开关1,并预热数分钟(待指针完全稳定下来为止)。调节校正调节5使电表满刻度指示。

(4)当测量电导率低于$300\mu S/cm$的溶液时选用"低周",这时将3拨向"低周"即可。当测量电导率在$300\mu S/cm \sim 10^4\mu S/cm$范围里的溶液时,则将3拨向"高周"。

(5)将量程选择开关6拨到所需要的测量范围。如预先不知被测溶液电导率的大小,应先将其拨在最大电导率测量档,然后逐档下调,以防指针被打弯。

(6)电极的选择:

① 当被测量的电导率低于$10\mu S/cm$时,使用DJS—1型光亮电极。这时应把10调节在与所配套的电极常数相对应的位置上。

② 当被测液的电导率在$10\mu S/cm \sim 10^4\mu S/cm$时,则使用DJS—1型铂黑电极。同时,应把10调节在与所配套的电极常数相对应的位置上。

③ 当被测的电导率大于$10^4\mu S/cm$以至用DJS—1型电极测不出时,则选用DJS—10型铂黑电极。此时应把10调节在该电极常数的1/10位置上,再将测得的读数乘以10即为被测液的电导率。

(7)将电极插头插入电极插孔内,旋紧插孔上的紧固螺丝,再将电极浸入待测液中。

(8)将4拨在"校正",调节5使指示为满度。为了提高测量精度,当使用"$\times 10^3$"、"$\times 10^4$"档时,必须在电极插头插入插孔、电极浸入待测液时,进行校正。

(9)将4拨向"测量",表盘指针所指示数乘以量程开关6所指的倍率即为被测溶液的实际电导率。

1.4.3 数显DDS—11A型电导率仪的使用

(1)接通仪器电源,让仪器预热约10min。

(2)用温度计测量出被测液的温度后,将"温度"旋钮置于被测液的实际温度相应位置上。当"温度"旋钮置于25℃位置时,则无补偿作用。

(3) 将电极浸入被测液体,电极插头插入电极插座(插头、插座上的定位销对准后,按下插头顶部即可使插头插入插座。如欲拔出插头,则捏其外套往上拔即可)。

(4) 按下"校准/测量"开关,使其置于"校准"状态,调节"常数"旋钮,使仪器显示所用电极的常数标准值。

(5) 按下"校准/测量"开关,使其处于"测量"状态(这时开关向上弹起)。将"量程"开关置于合适的量程档,待仪器示值稳定后,该显示数值即为被测液体在 25℃时的电导率值。

(6) 测量高电导的溶液,若被测溶液的电导率高于 20mS/cm 时,应选用 DJS−10 电极,此时量程范围可扩大到 200mS/cm(20mS/cm 档可测至 200mS,2mS/cm 档可测至 20mS/cm,但显示数必须乘 10)。

测量纯水或高纯水的电导率,宜选 0.01 常数的电极,被测值为显示数×0.01。也可用 DJS−0.1 电极,被测值为显示数×0.1。

被测液的电导率低于 30μS/cm 时,宜选用 DJS−1 光亮电极。电导率高于 30μS/cm 时,应选用 DJS−1 铂黑电极。

(7) 仪器可长时间连续使用,可用输出信号(0~10mV)外接记录仪进行连续监测。

注意事项:仪器设置的溶液温度系数为 2%,与此系数不符合的溶液使用温度补偿器将会产生一定的误差,为此可把"温度"旋钮置于 25℃,所得读数为被测溶液在测量温度下的电导率。

1.4.4 测量纯水或高纯水要点

(1) 应在流动状态下测量,确保密封状态,为此,用管道将电导池直接与纯水设备连接,防止空气中 CO_2 等气体溶入水中,使电导率迅速增大。

(2) 流速不宜太高,以防产生湍流,测量中逐增流速至使指示值不随流速增加而增大。

(3) 避免将电导池装在循环不良的死角。

1.5 界面张力仪

1.5.1 原理

JZHY−180 型界面张力仪主要由扭力丝、铂环、支架、拉杆架、蜗轮副等组成。如附图 8 所示。使用时通过蜗轮副的旋转对钢丝施加扭力,并使该扭力与液体表面接触的铂环对液体的表面张力相平衡。当扭力继续增加,液面被拉破时,钢丝扭转的角度,用刻度盘上的游标指示出来,此值就是界面张力(P)值,单位是 mN/m。

1.5.2 准备工作

(1) 将仪器放在平稳的地方,通过调节螺母 E 将仪器调到水平状态,使横梁上的水准泡位于中央位置。

(2) 将铂环放在吊杆端的下末端,小纸片放在铂环的圆环上,打开臂的制止器 J,调好

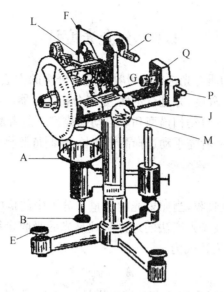

附图 8　JZHY-180 型界面张力仪

A—样品座；B—样品座螺丝；C—游码；E—水平螺旋；F—杠杆臂；G—杠杆臂(2)；
J—臂的制止器；L—指针；M—蜗轮把手；P—微调蜗轮把；Q—固定钢丝的手母。

放大镜,使臂上的指针 L 与反射镜上的红线重合,如果刻度盘上游标正好指示为零,则可进行下一步。如果不指零的话,可以旋转微调蜗轮把手 P 进行调整。

(3) 用质量法校正。在铂圆环的小纸片上放一定质量的砝码,当指针与红线重合时,游标指示正好与计算值一致。若不一致可调整臂 F 和 G 的长度,臂的长度可以用两臂上的两个手母来调整。调整时这两个手母必须是等值旋转,以便使臂保持相同的比例,保证铂环在试验中垂直地上下移动,再通过游码 C 的前后移动达到调整结果。具体方法是将 500mg～800mg 的砝码放在铂环的小纸片上,旋转蜗轮把手,直到指针 L 与反射镜上红线精确地重合。记下刻度盘的读数(精确到 0.1 分度)。如果用 0.8g 的砝码,刻度盘上的读数为

$$P = \frac{mg}{2L} = \frac{0.8 \times 980.17}{2 \times 6} = 0.6530 \text{N/m}$$

如记录的读数比计算值大,应调节杠杆臂的两个手母,使两臂的长度等值缩短;如过小,则应使臂的长度伸长。如此重复几次,直到刻度盘上的读数与计算值一致为止。

(4) 在测量以前,应把铂环和玻杯用洗涤剂清洗。

1.5.3　表面张力的测量

(1) 将铂环插在吊杆臂上,将被测溶液倒在玻杯中,高 20mL～25mL,将玻杯放在样品座的中间位置上,旋转螺母 B,铂环上升到溶液表面,且使臂上的指针与反射镜上的红线重合。

(2) 旋转螺母 B 和蜗轮把手 M 来增加钢丝的扭力。保持指针 L 始终与红线相重合,直至薄膜破裂时,刻度盘上的读数指出了溶液的表面张力值。测定三次,取其平均值。

仪器使用完毕,取下铂环清洗后放好,扭力丝应处于不受力的状态。杠杆臂应用偏心轴和夹板固定好。

161

1.6 分光光度计

吸光光度法是根据物质对光选择性吸收而进行分析的方法,而分光光度计就是用于测量待测物质对光的吸收程度,并进行定性、定量分析的仪器。可见分光光度计是实验室常用的仪器,按功能可分为自动扫描型和非自动扫描型。前者配置计算机可自动测量绘制待测物质的吸收曲线,后者需手动选择测量波长,绘制待测物质的吸收曲线。

1.6.1 基本原理

物质对光具有选择性吸收,当照射光的能量与分子中的价电子跃迁能级差 ΔE 相等时,该波长的光被吸收。吸光光度法的理论基础是光的吸收定律——朗伯-比耳(Lambert-Beer)定律,其数学表达式为

$$A = \varepsilon bc$$

即,在一定波长下,溶液的吸光度 A 与溶液中样品的浓度 c 及液层的厚度 b 成正比。式中 ε 为摩尔吸收系数。根据 1950 年 Braude 提出的 ε 与吸光分子截面积 a 的关系:$\varepsilon = \frac{1}{3} \times 2.62 \times 10^{20} a$,由于冠醚、卟啉、碱性染料-$SnCl_2$ 等大分子截面积显色体系的出现,ε 值已达 $10^6 \, \text{L/(cm·mol)} \sim 10^7 \, \text{L/(cm·mol)}$ 值。

吸光光度法对显色反应有一定的要求。影响显色反应的主要因素有显色剂的用量、溶液的酸度、显色时的温度、显色时间的长短、共存离子的干扰等。

吸光光度法使用的仪器主要由下面五部分组成,如附图 9 所示。

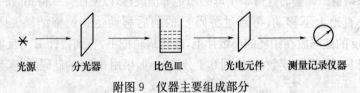

光源　　分光器　　比色皿　　光电元件　　测量记录仪器

附图 9　仪器主要组成部分

光源所发出的光经色散装置分成单色光后通过样品池,利用检测装置来测量并显示光的被吸收程度。通常以钨灯作为可见光光源,波长范围 360nm~800nm,光以氘灯作为紫外光源。如附图 10 所示。

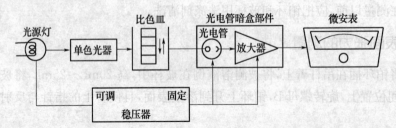

附图 10　721 型分光光度计的光学系统示意图

1.6.2 721 型分光光度计

721 型分光光度计的外形如附图 11 所示,使用操作步骤如下:

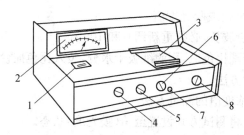

附图 11 721 型分光光度计外形结构

1—波长读数盘;2—电表;3—比色皿暗盒盖;4—波长调节器;5—"0"透光率调节;

6—"100%"透光调节;7—比色皿架拉杆;8—灵敏度选择。

(1) 打开仪器电源开关,开启比色皿暗盒盖,预热 20min。

(2) 将盛有溶液的比色皿放在比色室中的比色架子上。

(3) 调节波长旋钮,选择合适的波长。

(4) 选择合适的灵敏度档。

(5) 在比色皿暗盒盖开启时,用"0"旋钮调节透光率为 0。

(6) 在比色皿暗盒盖关闭时,用"100%"钮调节透光率为 100%。

(7) 重复调节透光率"0"和"100%",稳定后,测定溶液的吸光度。

(8) 将盛有溶液的比色皿推入光路,读出吸光度,读数后将比色皿暗盒盖打开。

(9) 当改变波长测量时,必须重新调节透光率"0"和"100%"。

(10) 测定完毕后,取出比色皿,洗净、晾干,关闭仪器电源开关。

1.6.3 WFJ2000 型分光光度计

WFJ2000 型分光光度计有透射比、吸光度、已知标准样品的浓度值和斜率测量样品浓度等测量方式,可根据需要选择合适的测量方式。

在开机前,需先确认仪器样品室内是否有物品挡在光路上,光路上有阻挡物将影响仪器自检甚至造成仪器故障。

1. 基本操作

无论选用何种测量方式,都必须遵循以下基本操作步骤:

(1) 接通电源,使仪器预热 20min。

(2) 用<MODE>键设置测试方式:透射比(T)、吸光度(A)、已知标准样品浓度值方式(C)和已知标准样品斜率(F)方式。

(3) 用波长选择旋钮设置所需的分析波长。

(4) 将参比样品溶液和被测样品溶液分别倒入比色皿中,打开样品室盖,将盛有溶液的比色皿分别插入比色皿槽中,盖上样品室盖。

一般情况下,参比样品放在第一个槽位中。比色皿透光部分表面不能有指印、溶液痕迹,被测溶液中不能有气泡、悬浮物,否则将影响样品测试的精度。

(5) 调零点:将黑体置入光路,在 T 方式下,按 0%T,显示"0.000"。

(6) 调 100%:将装有参比溶液的比色皿置于光路中,盖上样品室盖,在(T)或(A)方式下,按"OA/100% T"键调 OA/100% T,显示器显示"BLA"后出现 0.000 或 100%为止。

(7) 测量:将装有待测溶液的比色皿置于光路中,盖上样品室盖进行测量,可从显示器上得到被测样品的透射比或吸光度值。

(8) 每改变一次分析波长,必须重新调 0 和 100%。

(9) 测量结束后,清洗比色皿,用滤纸吸干水分,装入比色皿盒中。

2. 样品浓度的测量方法

(1) 已知标准样品浓度值的测量方法。

① 用<MODE>键将测试方式设置至 A(吸光度)状态。

② 步骤同基本操作中(2)~(6)。

③ 用<MODE>键将测试方式设置至 C 状态。

④ 按"INC"或"DEC"键将标准样品浓度值输入仪器,当显示器显示样品浓度值时,按"ENT"键。浓度值只能输入整数值,设定范围为 0~1999。

注意:如标准样品浓度值与它的吸光度的比值大于 1999 时,将超出仪器测量范围,此时无法得到正确结果。例如,标准溶液浓度为 150,其吸光度为 0.065,二者之比为 150/0.065=2308,已大于 1999。这时可将标准浓度值除以 10 后输入,即输入 15 后进行测试。只是在下面第 5 步测得的浓度值需要乘以 10。

⑤ 将被测样品依次推(或拉)入光路,这时,可从显示器上分别得到被测样品的浓度值。

(2) 已知标准样品浓度斜率(K 值)的测量方法。

① 用<MODE>键将测试方式设置至 A(吸光度)状态。

② 步骤同基本操作中(2)~(6)。

③ 用<MODE>键将测试方式设置至 F 状态。

④ 按"INC"或 "DEC"键将标准样品斜率值输入仪器,当显示器显示样品斜率时,按"ENT"键。这时,测试方式指示灯自动指向 C,斜率只能输入整数值。

⑤ 将被测样品依次推(或拉)入光路,这时,可从显示器上分别得到被测样品的浓度值。

1.7 阿贝折射仪

折射率是物质的重要物理常数之一,可借助它了解物质的纯度、浓度及其结构。在实验室中常用阿贝折射仪来测量物质的折射率,它可测量液体物质,试液用量少、操作方便、读数准确。

1.7.1 构造原理

阿贝折射仪的外形如附图 12 所示。

仪器的主要部分为两块高折射率的直角棱镜,将两对角线平面叠合。两棱镜间互相紧压留有微小的缝隙,待测液体在其间形成一薄层,其中一个棱镜的一面被由反射镜反射回来的光照亮。

工作原理:当一束光投在性质不同的两种介质的交界面上时发生折射现象,它遵循折射定律,即

$$\frac{\sin\alpha}{\sin\beta} = \frac{n_\beta}{n_\alpha}$$

式中　α——入射角;

β——折射角；

n_α、n_β——交界面两侧两种介质的折射率。

在一定温度下,对于一定的两种介质,此比值是一定的。光束从光密介质(如玻璃)进入光疏介质(如空气)时,入射角小于折射角,入射角增大时折射角也增大,但折射角不能无限增大,只能增加到$\beta = 90°$,这时入射角称为临界角。因此,只有入射角小于临界角的入射光才能进入光疏介质。反之,若一束光线由光疏介质进入光密介质时(附图13),入射角大于折射角。当入射角$\alpha = 90°$时,折射角为β,故任何方向的入射光都可进入光密介质中,其折射角$\beta \leqslant \beta_0$。折射仪是根据这个临界折射现象设计的。

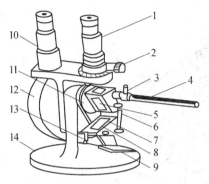

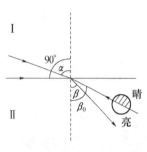

附图12　阿贝折射仪的基本结构　　　　附图13　光的折射

1—测量望远镜；2—色散手柄；3—恒温水入口；4—温度计；5—测量棱镜；6—铰链；7—辅助棱镜；8—加液槽；9—反射镜；10—读数望远镜；11—转轴；12—刻度盘罩；13—闭合旋钮；14—底座。

由于折射率与温度和入射光的波长有关,所以在测量时要在两棱镜的周围夹套内通入恒温水,保持恒温,折射率以符号n表示,在其右上角表示温度,其右下角表示测量时所用的单色光的波长,如n_D^{25}表示介质在25℃时对钠黄光的折射率。但阿贝折射仪使用的光源为白光,白光为波长400nm~700nm的各种不同波长的混合光。由于波长不同的光在相同介质的传播速度不同而产生色散现象,因而使目镜的明暗交界线不清。为此,在仪器上装有可调的消色补偿器,通过它可消除色散而得到清楚的明暗分界线。这时所测得的液体折射率,和应用钠光D线所得的液体折射率相同。

1.7.2　使用方法

(1) 将超级恒温槽调到测定所需要的温度,并将此恒温水通入阿贝折射仪的两棱镜恒温夹套中,检查棱镜上的温度计的读数。如被测样品混浊或有较浓的颜色时,视野较暗,可打开基础棱镜上的圆窗进行测量。

(2) 将阿贝折射仪置于光亮处,但避免阳光直接照射,调节反射镜,使白光射入棱镜。

(3) 打开棱镜,滴一两滴无水乙醇(或乙醚)在镜面上,用擦镜纸轻轻擦干镜面,再将棱镜轻轻合上。

(4) 测量时,用滴管取待测试样,由位于两棱镜右上方的加液孔将此被测液体加入两棱镜间的缝隙间,旋紧锁钮,务使被测物体均匀覆盖于两棱镜间镜面上,不可有气泡存在,否则需重新取样进行操作。

（5）旋转棱镜使目镜中能看到半明半暗现象，让明暗界线落在目镜里交叉法线交点上。如有色散现象，可调节消色补偿器，使色散消失，得到清晰的明暗界限。

（6）测完后用擦镜纸擦干棱镜面。

1.7.3　数字阿贝折射仪

数字阿贝折射仪的工作原理与上面讲的完全相同，都是基于测定临界角。由角度—数字转换系统将角度量转换成数字量，再输入计算机系统进行数据处理，而后数字显示出被测样品的折射率。下面介绍 WAY—S 型数字阿贝折射仪，其外形结构如附图 14 所示。

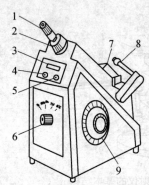

附图 14　WAY—S 型数字阿贝折射仪

1—望远镜系统；2—色散校正系统；3—数字显示窗；4—测量显示按钮；5—温度显示按钮；
6—方式选择旋钮；7—折射棱镜系统；8—聚光照明系统；9—调节手轮。

该仪器的使用颇为方便，内部具有恒温结构，并装有温度传感器，按下温度显示按钮可显示温度，按下测量显示按钮可显示折射率。

1.7.4　使用注意事项

阿贝折射仪是一种精密的光学仪器，使用时应注意以下几点：

（1）使用时要注意保护棱镜，清洗时只能用擦镜纸而不能用滤纸等。加试样时不能将滴管口触及镜面。对于酸碱等腐蚀性液体不得使用阿贝折射仪。

（2）每次测定时，试样不可加得太多，一般只需加 2 滴～3 滴即可。

（3）要注意保持仪器清洁，保护刻度盘。每次实验完毕，要在镜面上加几滴丙酮，并用擦镜纸擦干。最后用两层擦镜纸夹在两棱镜面之间，以免镜面损坏。

（4）读数时，有时在目镜中观察不到清晰的明暗分界线，而是畸形的，这是由于棱镜间充满液体；若出现弧形光环，则可能是由于光线未经过棱镜而直接照射到聚光透镜上。

（5）若待测试样折射率不在 1.3～1.7 范围内，阿贝折射仪不能测定，也看不到明暗分界。

1.7.5　仪器的维护和保养

（1）仪器应放在干燥、空气流通和温度适宜的地方，以免仪器的光学零件受潮发霉。

（2）仪器使用前后及更换试样时，必须先清洗擦净折射棱镜的工作表面。

（3）被测液体试样中不可含有固体杂质，测试固体样品时应防止折射镜工作表面拉毛或产生压痕，严禁测试腐蚀性较强的样品。

（4）仪器应避免强烈振动或撞击，防止光学零件震碎、松动而影响精度。

（5）仪器不用时应用塑料罩将仪器盖上或放入箱内。

（6）使用者不得随意拆装仪器，如发生故障或达不到精度要求时，应及时送修。

1.8　罗氏泡沫测定仪

1.8.1　原理

泡沫稳定性是泡沫最主要的性能，表面活性剂或其他起泡剂的起泡能力也是泡沫的重要性质，因而一般泡沫性能的测量，主要是对稳定性及起泡性进行研究。

泡沫稳定性的测量方法很多。根据成泡的方式主要分为两类：气流法和搅动法。在生产及实验室中比较方便而又准确地测量泡沫性能的方法是"倾注法"，它也属于搅动法。附图 15 为此法所用的仪器。

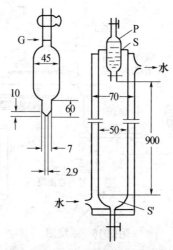

附图 15　倾注法所用仪器

P—泡沫移液管；G—刻度（200mL）；S—试液（200mL）；S—试液（500mL）。

1.8.2　操作步骤

（1）用蒸馏水将柱刷洗两次。

（2）控制恒温槽的温度在（50±0.1）℃。然后将循环恒温水通过恒温槽注入仪器的外套管中，使其在恒温条件下工作。

（3）将盛有待测溶液的容量瓶放入恒温槽内，以保持一定的温度。

（4）恒温后，沿柱内壁缓慢地加入待测溶液至 50mL 刻度处，并将吸满待测溶液的泡沫移液管垂直夹牢，使其下端与柱上的刻度线相齐。

（5）打开泡沫移液管的旋塞使溶液全部流下，待溶液流至 250mL 刻度处，记录一次泡沫高度，5min 后再记录一次泡沫高度。测量三次取其平均值。

1.9 熔点测定仪(双目显微熔点测定仪)

熔点的测定常常可以用来识别物质和检验物质的纯度。

1.9.1 用途

X－5数字显示双目显微熔点测定仪可广泛应用于医药、化工、纺织、橡胶、制药等方面的生产化验、药品检验和高等院校化学系等部门的单晶或共晶等有机物的分析,晶体的观察和晶体熔点温度的测定,为研究工程材料、固体物理、观察物体在加热状态下的形变、色变及物体三态转化等物理变化的过程,提供了有力的检测手段。

1.9.2 操作步骤

(1) 按照系统图(附图16),将显微熔点测试仪的纤维部分、加热台部分、X－5型调压测温仪、传感器和电源线等部分安装连接好。

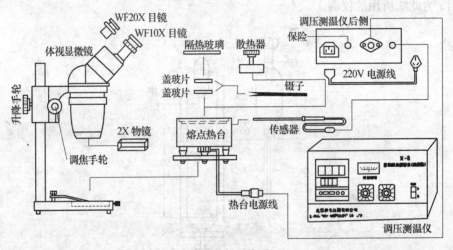

附图 16　系统图

(2) 对新的仪器,最好先用熔点标准药品进行测量标定(操作参照3步～12步)。求出修正值(修正值＝标准药品的熔点标准值－该药品的熔点测量值),作为测量时的修正依据。

(3) 对待测物品进行干燥处理。把待测物品研细,放在干燥塔内,用干燥剂干燥,或者用烘箱直接快速烘干(温度应控制在待测物品的熔点以下)。

(4) 将熔点热台放置在显微镜底座Φ100孔上,并使放入盖玻片的端口位于右侧,以便于取放盖玻片和药品。

(5) 取两片盖玻片,用蘸有乙醚(或乙醚与酒精混合液)的脱脂棉擦拭干净。晒干后,取适量待测物品(不大于0.1mg)放在一片载玻片上并使药品分布薄而均匀,盖上另一片载玻片,轻轻压实,然后放置在熔点热台中心。

(6) 盖上隔热玻璃。

(7) 扶好主机头,松开显微镜的升降手轮,参考显微镜的工作距离(108mm),上下调整显微镜,直到从目镜中能看到熔点热台中央的待测物品轮廓时锁紧该手轮。然后调节调焦手轮,直到能清晰地看到待测物品的像为止。

(8) 仔细检查系统的各种连接,确定无误后,将调压测温仪上的调温手钮逆时针调到头,打开电源开关。

(9) 接通电源后仪表上排"PV"显示 HELD,下排"SV"显示 PASS 字样表示仪表自检通过。如果显示-HH-表示未接上或未接传感器、传感器热阻开路、超温度量值。

(10) 自检通过后,系统自动进入工作状态,此时,"PV"显示测量值,"SV"显示上限温度值,按▲▼键可以改变上限温度值。当测量温度值高于上限设定值时,系统自动断电,停止加热。当测量温度值低于上限设定值时,系统自动通电,继续加热。

一般按照比待测物的熔点大约值略高调整上限设定值,起保护、限定高温作用,也可以利用此功能,实现在某温度值条件下观察物体的各种变化。

(11) 根据被测熔点物品的温度值,控制调温手钮 1 或 2,以期达到在测物质熔点过程中前段升温迅速、中断升温渐慢、后段升温平稳的目的。

具体方法如下:先将两个调温手钮顺时针调到较大位置,使热台快速升温。当温度接近待测物体熔点温度以下 40℃ 左右时(中段),将调温手钮逆时针调节适当位置,使升温速度减慢。在被测物熔点值以下 10℃ 左右时(后段),调整调温手钮控制升温速度约每分钟 1℃。

(12) 观察被测物品的熔化过程,记录初熔和全熔时的温度值,用镊子取下隔热玻璃和盖玻片,即完成一次测试。如需重复测试,只需将散热器放在热台上,逆时针调节手钮 1 和 2 到头,使电压调为零或切断电源,温度降至熔点值以下 40℃ 即可。

(13) 对已知熔点大约值的物质,可根据所测物质的熔点值及测温过程(操作参照 11 步),适当调节调温旋钮,实现精确测量。对未知熔点物质,可先用中、较高电压快速粗测一次,找到物质熔点的大约值,再根据该值适当调整和精细控制测量过程(操作参照 11 步),最后实现精确测量。

(14) 精密测试时,对实测值进行修正,并多次测试,计算平均值。

物品熔点值的计算:

一次测试时,熔点值为

$$T = X + A$$

式中　T——被测物品熔点值;

　　　X——测量值;

　　　A——修正值。

多次测试时,熔点值为

$$T = \frac{\sum_{i=1}^{n} X_i + A}{n}$$

式中　T——被测物品熔点值;

　　　X_i——第 i 次测量值;

　　　A——修正值;

n——测量次数。

(15) 测试完毕应及时切断电源,待热台冷却后按规定装好仪器。用过的载玻片可用乙醚擦拭干净,以备下次使用。

1.9.3 双目显微熔点测定仪使用注意事项

(1) 仪器应放置于阴凉、干燥、无尘的环境中使用与存放。

(2) 在整个测试过程中,熔点热台属高温部件,操作人员要注意身体远离热台,取放样品、盖玻片、隔热玻璃和散热块一定要用专用镊子夹持,严禁用手触摸,以免烫伤。

(3) 透镜表面有污垢时,可用脱脂棉沾少许乙醚和乙醇混合液轻轻擦拭,遇有灰尘,可用洗耳球吹去。

(4) 每测试完一个样品应将散热块放在热台上,待温度降至熔点值以下 40℃后才能测下一个样品。

1.10 超声波清洗仪

1.10.1 原理

超声波清洗是利用超声波在液体中的空化作用来完成的。超声波发生器产生的电信号,通过换能器传入清洗液中,会连续不断地迅速形成和迅速闭合无数的微小气泡,这种过程所产生的强大机械力,不断冲击物件表面,在液体中有加速溶解和乳化作用,使物件表面及缝隙中的污垢迅速剥落,从而达到清洗目的。超声波清洗器广泛应用于金属、电镀、塑胶、电子、机械、汽车等各工业部门以及医药行业、大专院校和各类实验室等。

超声空化效应与超声波的声强、声压、频率、清洗液的表面张力、蒸汽压、黏度以及被洗工件的声学特征有关,声强越高,空化越强烈,越有利于清洗。空化阈值和频率有密切关系。目前,超声波清洗器的工作频率根据清洗对象大致分为三个频段:低频超声清洗(20kHz~45kHz)、高频超声清洗(50kHz~200kHz)和兆赫超声清洗(700MHz~1MHz以上)。

低频超声清洗适用于大部件表面或者污物与清洗件表面结合强度高的场合。频率的低端,空化强度高,易腐蚀清洗件表面,不适宜清洗表面粗糙度低的部件,而且空化噪声大。60kHz 左右的频率,穿透力较强,宜清洗表面形状复杂或有盲孔的工件,空化噪声较小,但空化强度较低,适合清洗表面污物与被清洗件表面结合力较弱的场合。

高频超声清洗适用于计算机、微电子元件的精细清洗,如磁盘、驱动器、读写头、液晶玻璃及平面显示器、微组件和抛光金属件等的清洗。这些清洗对象要求在清洗过程中不能受到空化腐蚀,并能洗掉微米级的污物。

兆赫超声清洗适用于集成电路芯片、硅片及薄膜等的清洗,能去除微米、亚微米级的污物而对清洗件没有任何损伤,因为此时不产生空化,其清洗机理主要是声压梯度、粒子速度和声流的作用。

清洗剂的选择可从不同污物的性质及是否易于超声清洗两个方面考虑。

清洗液的静压力大时,不容易产生空化,所以在密闭加压容器中进行超声清洗或处理时效果较差。

清洗液的流动速度对超声清洗效果也有很大影响,最好是在清洗过程中液体静止不流动,这时泡的生长和闭合运动能够充分完成。如果清洗液的流速过快,则有些空化核会被流动的液体带走,有些空化核则在没有达到生长闭合运动整过程时就离开声场,因而使总的空化强度降低。在实际清洗过程中有时为避免污物重新粘附在清洗件上,清洗液需要不断流动更新,此时应注意清洗液的流动速度不能过快,以免降低清洗效果。

被清洗件的声学特性和在清洗槽中的排列对清洗效果也有较大的影响。吸声大的清洗件,如橡胶、布料等清洗效果差,而对声反射强的清洗件,如金属件、玻璃制品的清洗效果好。清洗件面积小的一面应朝声源排放,排列要有一定的间距。清洗件不能直接放在清洗槽底部,尤其是较重的清洗件,以免影响槽底板的振动,也避免清洗件擦伤底板而加速空化腐蚀。清洗件最好是悬挂在槽中,或用金属罗筐盛好悬挂,但必须注意要用金属丝做成,并尽可能用细丝做成空格较大的筐,以减少声的吸收和屏蔽。

清洗液中气体的含量对超声波清洗效果也有影响。在清洗液中如果有残存气体(非空化核),会增加声传播损失,在开机时先以低于空化阈值的功率水平作振动,减少清洗液中的残存气体。

要得到良好的清洗效果,必须选择适当的声学参数和清洗液。

1.10.2 清洗方法

1. 直接清洗和间接清洗

(1)直接清洗

放水和清洗液于清洗槽内,把被洗物件直接放在托架上,也可用吊架把被洗物件悬吊起来,并浸入到清洗液中。如附图 17 所示。

(2)间接清洗

放水和清洗液于清洗槽内,把所需的化学清洗剂倒入烧杯或其他合适的容器内,并将被洗物浸入其中。然后把装有化学清洗剂和被洗物的容器浸入到槽内托架上。需注意的是,一定不能让容器触碰槽底。如附图 18 所示。

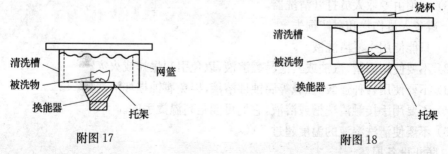

附图 17　　　　　　　　　　　　　　附图 18

直接和间接两种清洗方法,它们各有优劣,如果不知道选择哪种方法更好,可在进行清洗效果实验后再作选择。直接清洗的优点是清洗效率高并便于操作。间接清洗的优点是能清楚地看到存留在烧杯内的清除出来的污垢,便于对它们进行过滤或抛弃,能同时使用两种或更多的清洗溶剂。

2. 漂洗、干燥

(1) 对被洗物进行漂洗以去除残留在其表面的化学清洗剂。

(2) 可用压缩空气、热吹风机或烘箱对被洗物进行干燥。

(3) 超声清洗会洗去被洗物表面的防锈油,因此有必要在清洗之后涂上防锈油。

1.10.3 清洗器的使用

(1) 确保所用电源电压与清洗器标牌上标明的电压一致,并接地良好时插上电源插头。

(2) 选择清洗方法:

① 直接清洗。在清洗器槽内放置托架、水和清洗液,把被洗物件放在托架上,也可用吊架把被洗物件悬吊起来,并浸入到清洗液中。清洗槽内严禁直接放入酒精、丙酮、汽油等易燃溶液以及强酸、强碱等腐蚀性溶液。如果必须使用上述溶液,建议使用间接清洗法。

② 间接清洗。放水和清洗液于清洗槽内,并放置托架把所需的化学清洗剂倒入烧杯或其他合适的容器内,并将被洗物浸入其中,然后把装有化学清洗剂和被洗物的容器浸入到槽内托架上。

(3) 根据放入槽内的被工作物调整液面,确保液面至"建议水位线"。

(4) 把定时调在适当的时间上,由于清洗对象不同,所花的清洗时间也有很大不同,大部分物件一般清洗几分钟,有些物件可能需要时间长一些,具体时间可通过实验确定。

(5) 打开开关,并等候 2min～5min 使清洗器溶液脱气,脱气过程仅需在每天开始清洗前或更换溶液后进行。

(6) 清洗结束后,如有必要可用清水漂洗。

1.10.4 注意事项

1. 防止触电

(1) 只有在良好接地的情况下才能使用清洗器。

(2) 在倒入或倒出溶液之前应拔去电源插头。

(3) 必须由专业人员打开清洗器。

2. 避免人员伤亡和财产损失

(1) 只能使用水溶清洗液。

(2) 不要使用酒精、汽油或其他易燃溶液,以免引起爆炸或火灾。

(3) 不要使用各种强酸、强碱等腐蚀性溶液,以免腐蚀损坏清洗槽。

(4) 不要用手接触清洗槽或溶液,它们可能是高温烫手的。

(5) 不要使清洗溶液的温度超过 70℃。

3. 防止设备损坏

(1) 槽内无清洗液的情况下不能开机工作。

(2) 液面放至"建议水位线",并随时根据放入槽内的被清洗物件的多少来调整液面,保持液面至"建议水位线"。

（3）不要把被洗物直接放在清洗槽底部，应把它们悬挂起来或放在托架上，不然会损坏换能器。

（4）定期更换清洗溶液。

1.11 红外光谱仪

近年来，红外光谱已在有机化学中得到了广泛的应用。红外光谱不但可以鉴别有机化合物分子中所含的化学键和官能团，还可以鉴别这种化合物是饱和的还是不饱和的，是芳香族的还是脂肪族的，从而可以推断出化合物的分子结构。

在有机化合物的理论研究中，红外光谱用来测定分子中化学键的强度、键长、键角，还可用于反应机理的研究。特别是近年来电子计算机技术得到应用之后，利用红外光谱研究吸收谱带随时间的变化（即化学动力学的研究），就更为方便了。

红外光谱对气态、液态和固态样品都可以进行分析，这是它的一大优点。气体样品可装入特制的气体池内进行分析。液体样品可以是纯净液体，也可以配制成溶液。所选用的溶剂必须是对溶质具有较大的溶解度，在红外线范围内无吸收，不腐蚀窗片材料，对溶质不发生强的溶剂效应。原则上，分子简单、极性小的物质都可用做红外光谱样品的溶剂，如 CCl_4、CS_2 等。一般纯净液体样品只需要 1 滴~2 滴即可。固体样品可采用 KBr 压片法来制备，KBr 与样品的比例大约为 100:1，通常固体取样 1mg~2mg 即可。固体样品也可以用液体石蜡或六氯丁二烯调成糊剂进行测量，称为糊状法。

用红外光谱分析的样品不应含有游离水，因为水的存在会腐蚀吸收池的窗片（常用的窗片材料为 NaCl、KBr 等），而且在吸收光谱中会出现强的水的吸收峰而干扰测定。红外光谱以分析纯样品为宜，多组分试样必须预先进行组分分离，否则会使各组分的光谱相互重叠，给谱图解析带来困难甚至无法解释。傅里叶变换红外光谱问世后，对于组分不太复杂的样品可不必分离而采用差谱技术进行分析鉴定。

红外线的波长在 $0.7\mu m$~$1000\mu m$（波数 $14000cm^{-1}$~$10cm^{-1}$）之间，通常又把这个区域划分为近红外区 $[0.7\mu m$~$2.5\mu m(14000cm^{-1}$~$4000cm^{-1})]$、中红外区 $[2.5\mu m$~$25\mu m$ $(4000cm^{-1}$~$400cm^{-1})]$ 和远红外区 $[25\mu m$~$1000\mu m(400cm^{-1}$~$10cm^{-1})]$ 三个区域。用于有机化合物结构分析的是中红外区，因为分子振动的基频在此区域。

用一束红外线照射样品分子时，样品分子就要吸收能量，由于物质对光具有选择性吸收，即对各种波长的单色光会产生大小不同的吸收，将样品对每一种单色光的吸收情况记录下来，就可得到红外吸收光谱。

红外吸收光谱仪有两种主要类型：使用光栅作为色散元件的普通红外吸收光谱仪（IR）和使用迈克尔干涉仪的傅里叶变换红外吸收光谱仪（FTIR）。后者不使用色散元件，光源发出的红外线经过干涉仪和试样后获得含试样信息的干涉图，经计算机采集和快速傅里叶变换得到化合物的红外谱图。傅里叶变换红外吸收光谱仪具有很高的分辨率和灵敏度，扫描速度快（在 1s 内可完成全谱扫描），特别适合弱红外光谱测定。傅里叶变换红外吸收光谱仪的工作原理如附图 19 所示。

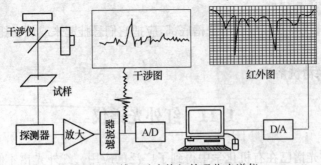

附图 19　傅里叶变换红外吸收光谱仪

1.12　微量注射器的使用方法

1.12.1　抽样

　　用微量注射器(附图 20)抽取液样时,通过反复地把液体抽入注射器内再迅速把其排回瓶中的操作方法,可排除注射器内的空气。但必须注意,对于黏稠液体,推得过快会使注射器胀裂。

　　抽取样品时,可先抽出需用量的 2 倍,然后使注射器针尖垂直朝上,穿过一层纱布,以吸收排出的液体。推注射器柱塞至所需读数,此时空气已排尽。用纱布擦干针尖,拉回部分柱塞,使之抽进少量空气。此少量空气有两个作用:①能在色谱图上流出一个空气峰,便于计算调整保留值;②能有一段空气缓冲段,使液样不致流失。

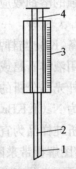

附图 20　微量注射器
1—针头;2—中间金属丝;
3—刻度玻璃套管;4—金属空心轴。

1.12.2　注射

　　双手拿注射器,用一只手(通常是左手)把针插入进样口垫片,另一只手用力使针刺透垫片,同时用右手拇指顶住柱塞,以防止色谱仪内压力将柱塞反弹出来。注射大体积气样或柱前压较高时,后一操作更加重要。

　　注射器针头要完全插入进样口,压下柱塞停留 1s～2s,然后尽可能快而稳地抽出针头(手始终压住柱塞)。

1.12.3　清洗

　　色谱进样为高沸点液体时,注射器用后必须用挥发性溶剂如二氯甲烷或丙酮等清洗。清洗办法是将洗液反复吸入注射器,高沸点溶液被洗净后,将注射器取出,在空中不断反复抽吸空气,使溶剂挥发。最后用纱布擦干柱塞,再装好待用。如针头长期使用变钝,可用磨石磨锐。

174

附录 B 部分精细化学品的国家标准

2.1 衣料用液体洗涤剂 QB/T 1224—2007

1 范围

本标准规定了织物用液体洗涤剂的分类、定义、要求、试验方法、检验规则和标志、包装、运输、贮存。

本标准适用于由各种表面活性剂和助剂配制而成,用于织物清洁去污的液体洗涤剂产品(不适用于非水洗型产品)。

2 规范性引用文件

下列文件中的条款通过本标准的引用而成为本标准的条款。凡是注日期的引用文件,其随后所有的修改单(不包括勘误的内容)或修订版均不适用于本标准,然而,鼓励根据本标准达成协议的各方研究是否可使用这些文件的最新版本。凡是不注日期的引用文件,其最新版本适用于本标准。

GB/T 6368 表面活性剂 水溶液 pH 值的测定 电位法(eqv ISO 4316:1977)

GB/T 8170 数值修约规则

GB 9985—2000 手洗餐具用洗涤剂

GB/T 13173.1 洗涤剂样品分样方法(eqv ISO 607:1980)

GB/T 13173.2—2000 洗涤剂中总活性物含量的测定

GB/T 13174 衣料用洗涤剂去污力及抗污渍再沉积能力的测定

JJF 1070—2005 定量包装商品净含量计量检验规则

国家质量监督检验检疫总局令[2005]第 75 号 《定量包装商品计量监督管理办法》

3 分类

本标准将衣料用液体洗涤剂根据其洗涤作用及洗涤对象的不同分为三类:即洗衣液、丝毛洗涤液、衣物预去渍液。

4 定义

下列定义适用于本标准。

4.1

洗衣液

是以水作为基质,可以代替洗衣粉和肥皂,具有高去污力的重垢型洗涤用品。一般用于洗涤各种纺织、针织面料、服装及床上用品等。

4.2

丝毛洗涤液

是以水作为基质,属性能温和的中性轻垢型洗涤用品。一般用于洗涤丝绸、羽绒、毛绒类等柔软、轻薄及其他高档面料服装。

4.3

衣物预去渍液

是以水或水和有机溶剂混合作为基质(不包括非水溶型),用于衣物整体洗涤前对重垢污斑预先处理,即衣物局部(如领口和袖口等)的重垢预洗洗涤用品。

5 要求

5.1 材料

衣料用液体洗涤剂产品配方中所用表面活性剂的生物降解度应不低于90%,且公认降解中对环境是安全的(如四聚丙烯烷基苯磺酸盐、烷基酚聚氧乙烯醚即不应使用)。

5.2 感官指标

5.2.1 外观

不分层,无悬浮物或沉淀,无机械杂质的均匀液体(加入均匀悬浮颗粒组分的产品除外)。

5.2.2 气味

无异味,符合规定香型。

5.2.3 稳定性

于(−5±2)℃的冰箱中放置24h,取出恢复至室温时观察,不分层,无沉淀,透明产品不混浊;于(40±2)℃的保温箱中放置24h,取出观察,不分层,无沉淀,透明产品不混浊。

注:稳定性是指样品经过测试后,外观前后无明显变化。

5.3 理化指标

5.3.1 洗衣液

5.3.1.1 产品类型

洗衣液分为普通型和浓缩型。

5.3.1.2 产品规格

洗衣液产品规格分为A级、B级、C级。

5.3.1.3 标记示例

洗衣液Ⓐ(普通型),洗衣液Ⓑ(浓缩型)。

5.3.1.4 洗衣液产品的理化指标

洗衣液产品的理化指标应符合表1的规定。

表1 洗衣液的理化指标

项 目	指 标		
总活性物含量/%	普通型≥12		浓缩型≥25
pH(25℃,0.1%溶液)	≤10.5		
	A级	B级	C级
规定污布的去污力a	三种污布的去污力≥ 标准粉去污力	二种污布的去污力≥ 标准粉去污力	一种污布的去污力≥ 标准粉去污力
a. 试验溶液浓度:标准粉为0.2%,普通型试样为0.3%,浓缩型试样为0.2%。 规定的污布:JB−01、JB−02、JB−03;各级产品应通过JB−01污布。			

5.3.2 丝毛洗涤液

丝毛洗涤液产品的理化指标应符合表2的规定。

表 2　丝毛洗涤液的理化指标

项　　目	指　　标
总活性物含量/%	≥12
pH(25℃,1%溶液)	4.0～8.5

5.3.3　衣物预去渍液

5.3.3.1　产品规格

衣物预去渍液产品规格分为 A 级、B 级。

5.3.3.2　标记示例

衣物预去渍液Ⓐ。

5.3.3.3　衣物预去渍液产品的理化指标

衣物预去渍液产品的理化指标应符合表 3 的规定。

表 3　衣物预去渍液的理化指标

项　　目	指　　标	
总活性物含量/%	≥6	
pH(25℃,1%溶液)	≤10.5	
规定污布的去污力ᵃ	A 级	B 级
	三种污布的去污力≥标准粉去污力	二种污布的去污力≥标准粉去污力
a. 试验溶液浓度:标准粉为 0.2%,试样为 0.3%。 规定的污布:JB-01、JB-02、JB-03;各级产品必须通过 JB-01 污布。		

5.4　定量包装要求

衣料用液体洗涤剂每批产品的销售包装净含量应符合国家质量监督检验检疫总局令[2005]第 75 号。

6　试验方法

除非另有说明,在分析中仅使用确认为分析纯的试剂和蒸馏水或去离子水或相当纯度的水。

6.1　外观

取适量试样,置于干燥洁净的透明实验器皿内,在非直射光条件下进行观察,按指标要求进行评判。

6.2　气味

感官检验。

6.3　稳定性

量取不少于 100mL 的试样二份,分别置于 250mL 的无色具塞广口玻璃瓶中,一份于(-5±2)℃的冰箱中放置 24h,取出恢复至室温时观察。一份于(40±2)℃的保温箱中放置 24h,取出观察。分别按指标要求进行评判。

6.4　总活性物含量的测定

一般情况下,总活性物含量按 GB/T 13173.2—2000 中 8.1(A 法)规定进行。当产品配方中含有不溶于乙醇的表面活性剂组分时,或客商订货合同书中规定总活性物含量检测结果不包括水助溶剂,要求用三氯甲烷萃取法测定时,总活性物含量按 GB 9985—2000 附录 A 的 A.1 规定进行。

6.5 pH 的测定

按 GB/T 6368 的规定进行。测试温度 25℃,用新煮沸并冷却的蒸馏水按指标规定配制相应质量浓度的试样溶液,混匀,测定。

6.6 去污力的测定

6.6.1 洗衣液去污力的测定

标准粉溶液浓度为 0.2%,洗衣液试样溶液浓度普通型为 0.3%,浓缩型为 0.2%,分别用 250mg/kg 硬水配制,用 GB/T 13174 规定的方法和污布,同机测定洗衣液试样和标准粉的去污力,并与标准粉的去污力进行比较。

6.6.2 衣物预去渍液去污力的测定

a) 标准粉溶液浓度为 0.2%,用 250mg/kg 硬水配制。与标准粉试验浴缸中匹配的污布试片 JB-01、JB-02、JB-03 各 3 块,尺寸为 6cm×6cm。

b) 衣物预去渍液试样浓度为 0.3%,与样品试验浴缸中匹配的污布试片 JB-01、JB-02、JB-03 各 3 块,尺寸为 ϕ4cm。试验用硬水预先加热至测试温度备用。

取 ϕ4cm 的 JB-01、JB-02、JB-03 污布各 3 块,分别叠放在一个培养皿中(一种污布为一组)。称取 3g 试样于烧杯中,加入 250mg/kg 的硬水 1mL 稀释。将混匀的试样用滴管按 JB-01、JB-02、JB-03 顺序平均滴加在每一种污布上,并用镊子轻轻翻动污布,使其全部润湿,滴加时间控制在 1min 内,再将浸湿污布试片放置 5min。取已加热至 30℃ 的 250mg/kg 硬水 200mL,分别将残留于滴管、烧杯、培养皿中的试样及浸湿后的污布试片全部转移至试验浴缸中(其中已预先放入加热至 30℃ 的 250mg/kg 硬水 800mL)。

c) 用 GB/T 13174 规定的方法,同机测定衣物预去渍液试样和标准粉的去污力,并与标准粉的去污力进行比较。

6.7 净含量的测定

按 JJF 1070—2005 的规定进行。

7 检验规则

7.1 检验分类

产品检验分出厂检验和型式检验。

7.1.1 出厂检验

出厂检验项目包括产品的感官指标、总活性物含量、pH 及定量包装要求。

7.1.2 型式检验

分别对衣料用液体洗涤剂各类产品的物理化学性能指标表中所规定的内容和外观、气味、稳定性、净含量进行型式检验。对于表面活性剂原料的生物降解度若已知可不检。在下列情况下应进行型式检验。

a) 正式生产时,原料、配方、工艺、管理等方面(包括人员素质)有较大改变,或设备改造可能影响产品质量时;

b) 正常生产时,应定期进行型式检验;

c) 长期停产后恢复生产时;

d) 出厂检验结果与上次型式检验结果有较大差异时;

e) 国家行业管理部门和质量监督机构提出进行型式检验要求时。

7.2　产品组批与抽样规则

7.2.1　组批

产品按批交付和抽样验收，由一次交付的同一类型、同一规格、同一批号的产品组成一交付批。

生产单位交付的产品，应先经其质量检验部门按本标准检验，符合采用标准并出具产品质量检验合格证书，方可出厂。产品质量检验合格证书应包括：生产者名称、地址、产品名称、商标、净含量、采用标准编号、批号或生产日期、质量指标等。

收货方凭产品质量检验合格证书或相关合同验收，必要时可按下述规定在一个月内抽样验收或仲裁。

7.2.2　取样

收货方验收、仲裁检验所需的样品，应根据产品批量大小按表4确定样本大小，交收双方会同在交货地点从交付批中随机抽取样本。

表 4　批量和样本大小

批量/箱	1	≤50	51～150	151～500	501～3200	>3200
样本大小/箱	1	2	5	8	13	20

验收产品的销售包装时，应检查样箱中全部销售包装，合格判定率为5%

注：合格判定率是判定批产品合格所允许的最大不合格品率。本处是指渗漏、漏贴标签和标志不清的小包装数与样品总数的百分比。

产品检验时，从每个箱样本中随机取2小件（瓶、袋），使总量约3kg（若取2小件不够时，可适当增加件数；若过多，应集中后，二次随机抽取）。取出的样品按 GB/T 13173.1 分样，然后分装在三个干燥洁净的密封容器中，并封签。标签上应注明产品名称、商标、生产日期（或批号）、抽样日期、生产厂名及双方抽样人签名等项目。交收双方各执一份进行检验，第三份由交货方保管，备仲裁检验之用，其保管期不超过一个月。

7.3　判定规则

检验结果按 GB/T 8170 中修约值比较法判定合格与否。如指标有一项不合格，可重新取两倍箱样本采取样品，对不合格项进行复检，复检结果仍不合格，则判该批产品不合格。

交收双方因检验结果不同，如不能取得协议时，可商请仲裁检验，以仲裁结果为最后依据。

产品质量监督检验及仲裁机构抽查检验时不进行二次抽样。

8　标志、包装、运输、贮存（略）

8.1　标志（略）

8.2　包装（略）

8.3　运输（略）

8.4　贮存（略）

8.5　保质期

在本标准规定的运输和贮存条件下，在包装完整未经启封的情况下，产品的保质期自生产之日起为 18 个月以上。

2.2 衣料用洗涤剂去污力及抗污渍再沉积能力的测定 GB/T 13174—2003

1 范围

本标准规定了用人工污布进行去污试验来评价洗涤剂去污力,用棉白布评价洗涤剂抗污渍再沉积能力(又称白度保持)的方法。

本标准适用于衣料用洗涤剂,包括粉状、液体及膏状产品去污力和白度保持的评价。

2 规范性引用文件

下列文件中的条款通过本标准的引用而成为本标准的条款。凡是注日期的引用文件,其随后所有的修改单(不包括勘误的内容)或修订版均不适用于本标准,然而,鼓励根据本标准达成协议的各方研究是否可使用这些文件的最新版本。凡是不注日期的引用文件,其最新版本适用于本标准。

GB/T 6367 表面活性剂 已知钙硬度水的制备(GB/T 6367—1997,idt ISO 2174:1990)

GB/T 13176.2 洗衣粉中水分及挥发物含量的测定(烘箱法)

3 术语、定义、符号和缩略语(略)

4 试验原理

将不同种类的试片用一定硬度水配制的确定浓度的洗涤剂溶液,在去污试验机内于规定温度下洗涤一定时间后,用白度计在规定波长下测定试片洗涤前后的白度值。以试片白度差评价洗涤剂的去污作用,由荧光白布试片洗前与洗后的白度差值,评价洗涤剂的抗污渍再沉积能力。

5 试剂与材料

除非另有说明,在分析中仅使用认可的分析纯试剂和蒸馏水或去离子水或纯度相当的水。

5.1 氯化钙($CaCl_2$)

5.2 硫酸镁($MgSO_4 \cdot 7H_2O$)(GB/T 671)

5.3 污布(JB 系列)

用前裁成 6cm×6cm 的大小,称为试片。其中 JB—00(荧光白布,参见附录 B)为用于评价洗涤剂白度保持能力,其余种类污布为用于去污力的评价,分别为 JB—01(碳黑油污布,参见附录 C)、JB—01(蛋白污布,参见附录 D)、JB—03(皮脂污布,参见附录 E)等。污布可从标准归口单位组织确认的国内外相关生产企业购买,部分品种的制备过程列于附录 B(略)、附录 C(略)、附录 D(略)和附录 E(略)中。

5.4 标准洗衣粉

5.5 标准蛋白酶

5.6 标准黄土尘

6 仪器和设备

使用普通实验室仪器和设备。

6.1 立式去污试验机外型见图 1。

图1 RHLQ型立式去污机

6.1.1 立式去污试验机:转速范围30r/min~200r/min,温度误差±0.5℃。

6.1.2 去污用浴缸:φ120mm,高170mm。

6.1.3 去污用搅拌叶轮:三叶状波轮,φ80mm,结构见图2。

6.2 白度计:符合JB/T 9327及JJG 512的规定。

6.3 大搪瓷盘:46cm×36cm。

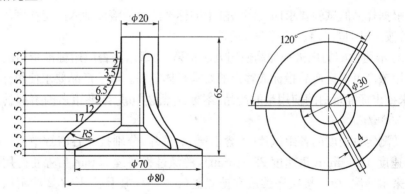

图2 去污用搅拌叶轮

7 试验程序

7.1 硬水配制

硬水标定按GB/T 6367进行。

洗涤试验中配制洗涤剂溶液采用250mg/kg(以碳酸钙表示,下同)硬水,钙离子与镁离子摩尔比为6:4,配制方法如下:称取氯化钙(5.1)16.7g和硫酸镁(5.2)24.7g,配制10L,即为2500mg/kg硬水。使用时取1L冲至10L即为250mg/kg硬水。

7.2 白度的测量

根据洗涤剂性能测试的要求,选择所需的JB系列试片品种。将用于测定的污布(5.3)裁成试片,按类别分别搭配成平均黑度相近的六组。若试片是JB-00,则每组中应有试片六片;其他JB种类试片,则至少为三片,同时作好编号记录,每组试片用于一个样品的性能试验。

注1:每组试片用于一个样品的性能试验,根据测定产品的数量确定需要的试片组数目,六组试片为RHLQ型立式去污机一车试验的最大量。

注2：去污洗涤测定中，选择 JB 污布的种类和数量的不同，会造成每组试片的总数不同。例如当每组试片包含三种 JB 类别的试片各三片，则每组试片总数为九块；当试验测定选用二种 JB 污布试片各四片，则每组试片总数为八块。

将试片按同一类别相叠，用白度计在 457nm 下逐一读取洗涤前后的白度值。洗前白度以试片正反两面的中心处测量白度值，取两次测量的平均值为该试片的洗前白度 F_1；洗后白度则在试片的正反两面取四个点，每一面两点且中心对称，测量白度值，以四次测量的平均值为该试片的洗后白度 F_2。

7.3 去污洗涤试验

为保证比较试验结果的可靠性，一次去污洗涤测定时每组试片（7.2）中的试片总数应控制在 6 片～12 片之内，试片总数低于 6 片可用相同大小的布基补足（B.1.1），试片总数多于 12 片应分步进行去污洗涤试验。

洗涤试验在立式去污机（6.1）内进行，测定前先将搅拌叶轮、工作槽、去污浴缸一一编号固定组成一个"工作单元"。试验时用 250mg/kg 硬水分别将试样与标准洗衣粉（5.4）配制成一定浓度（未特别说明时，浓度均为 0.2%）的测试溶液 1L 倒入对应的去污浴缸内，将浴缸放入所对应的位置并装好搅拌叶轮，调节仪器使洗涤试验温度保持在 30℃±1℃，准备测定。

可以根据样品的试验要求向去污浴缸中的标准洗衣粉溶液加入一定浓度的标准蛋白酶（5.5）溶液 1mL，同时启动搅拌 30s 后停止。

注1：标准蛋白酶的规格和配制使用方法见第 10 章。是否应用标准蛋白酶及蛋白酶溶液的使用浓度可根据产品指标或客户的要求具体掌握。对于产品要求使用标准蛋白酶评价，但未提出标准蛋白酶使用量的产品，本标准建议 1mL 标准蛋白酶溶液的用量中相当酶活力 300u/g。

将 7.2 测定过白度的各组试片（不含 JB-00 试片）分别投入各浴缸中，启动搅拌，并保持搅拌速度 120r/min（角速度 220π/min），洗涤过程持续 20min 后停止。用镊子取出试片用自来水冲洗 30s。按次序摊放在搪瓷盘（6.3）中，晾干后，按 7.2 测定白度。如果需要进行白度保持的测定，浴缸中剩余的洗涤剂溶液要保留。

注2：去污洗涤比较试验中，向测试样品和标准洗衣粉溶液的浴缸中投入的每组试片总数和品种要相同。

注3：向浴缸中加入试片要展开，必要时将试片一片片放入，以免试片贴在一起。

7.4 洗涤剂抗污渍再沉积能力（或称白度保持）试验

对于需要测试洗涤剂抗污渍再沉积能力的产品，进行如下试验。

在 7.3 测试后的每一个去污浴缸内分别放入 JB-00（5.3）六片和 2.0g 标准黄土尘（5.6），重新装好搅拌叶轮，按 7.3 的步骤搅拌洗涤 10min 后，用镊子取出试片（注意不要拧干），用自来水洗净去污浴缸，再将试片放回浴缸内，倒入 250mg/kg 硬水 1000mL 重复前步洗涤过程，漂洗 4min，取出试片，更换硬水 1000mL，重复漂洗 3min 后，将试片取出，排序于搪瓷盘（6.3）中，晾干后，按 7.2 测定洗后白度值。

8 结果判定

8.1 去污试验结果的计算及判定

对于 7.3 的测试结果，按照不同种类的污布试片分别计算、判定洗涤剂在各类污布上

的去污值 R 和去污比值 P，方法如下。

8.1.1　某种污布的去污值(R_i)按式(1)计算。

$$R_i(\%) = \sum(F_{2i} - F_{1i})/3 \tag{1}$$

式中　i——第 i 种类污布试片；

　　　F_{1i}——第 i 种类污布试片洗前白度值，%；

　　　F_{2i}——第 i 种类污布试片洗后白度值，%。

结果保留到小数后一位。

8.1.2　相对标准洗衣粉在第 i 种污布的去污比值(P_i)按式(2)计算。

$$P_i = R_i^s/R_i^\circ \tag{2}$$

式中　R_i°——标准洗衣粉的去污值，%

　　　R_i^s——试样的去污值，%。

结果保留到小数后一位。

若某单一试片的洗涤前后的白度差值($F_{2i} - F_{1i}$)超出该种类试片平均白度差值 $[\sum(F_{2i} - F_{1i})/3]$ 的 $\pm10\%$，则该种类试片的测试无效，需要重测。

8.1.3　洗涤剂去污力的判定

当 $P_i \geqslant 1.0$ 时，则判定结论为"样品对第 i 种污布去污力相当或优于标准洗衣粉"，简称"第 i 种污布去污力合格"；

当 $P_i < 1.0$ 时，则判定结论为"样品对第 i 种污布去污力劣于标准洗衣粉"，简称"第 i 种污布去污力不合格"。

要比较样品与标准洗衣粉的去污力大小，应将标准洗衣粉与样品的洗涤溶液置于相同条件下，各用相同数量的同种试片为一组作同机去污洗涤试验。当 $0.90 < P_i < 1.10$ 时(此处 P_i 可多取一位进行比较)，为确保测试结果的正确性，消除工作单元的误差因素，应按 7.3 节步骤重复测定，并适当增加测定的总次数。测定总次数以及样品与标准洗衣粉的去污比值 P_i 的最终确定应依据附录 A 进行计算。

注1：重复测定时，应注意将测试样品和标准洗衣粉在两个工作单元之间对调试验，测定的总次数应是偶数次(通常需要作四次)，以确保测试样品和标准洗衣粉在相同的工作单元中进行相同次数的测定。

注2：重复测定时，可以根据需要重点比较的污布类别，增加该种类试片的数量代替不需比较的品种，并保持测定中试片总数的一致。

8.2　白度保持试验结果的计算及判定

8.2.1　根据 7.4 的测试结果按式(3)计算白度保持值(T)。

$$T = \sum(F_1 - F_2)/6 \tag{3}$$

式中　F_1——单个 JB—00 试片洗前的白度值，%；

　　　F_2——同一 JB—00 试片洗后的白度值，%。

结果保留到小数点后一位。

如果 7.4 中某单个试片的洗涤前后的白度差值超出 T 值的 $\pm10\%$，略去，不代入计算[此时公式(3)中分母 6 应改为 5];有两片超出 T 值的±10%,需要做试验。

8.2.2 样品相对标准洗衣粉对白布的白度保持比值(B)按式(4)计算。

$$B = T^\circ / T^s \tag{4}$$

式中 T^s——样品对白布的白度保持值;

$\quad\quad T^\circ$——标准洗衣粉对白布的白度保持值。

结果保留到小数点后一位。

8.2.3 洗涤剂白度保持的判定

当 $B \geqslant 1.0$ 时,则判定结论为"样品白度保持能力相当或优于标准洗衣粉",简称"样品白度保持合格";

当 $B < 1.0$ 时,则判定结论为"样品白度保持能力劣于标准洗衣粉",简称"样品白度保持不合格"。

同 8.1.3 比较试样与标准洗衣粉的去污力大小一样,当 $0.90 < B < 1.10$ 时(此处 B 可多取一位进行比较),应按 7.4 步骤重复测定,并适当增加测定的总次数(见 8.1.3 中注1)。测定总次数和 B 值的最终确定应依据附录 A 进行计算。

9 标准洗衣粉

9.1 标准洗衣粉配方

烷基苯磺酸钠 15 份,三聚磷酸钠 17 份,硅酸钠 10 份,碳酸钠 3 份,羧甲基纤维素钠(CMC)1 份,硫酸钠 58 份。

注:上述各成分份数之和为 104 份。

标准洗衣粉原料规格如下:烷基苯磺酸钠为工业直链烷基苯(溴指数≤20,色泽≤10Hazen,脱氢工艺烷基苯)经三氧化硫磺化,碱中和之单体(不皂化物以 100%活性物计不超过 2%)。三聚磷酸钠符合 GB/T 9983—1988 中的一级品,硫酸钠符合 GB/T 6009—1992 中的一级品,CMC 符合 GB/T 12028—1989,碳酸钠符合 GB 210—1992 中的一级品,硅酸钠符合 GB/T 4209—1996 中的一类四型一等品(液体)。

9.2 标准洗衣粉的配制

标准洗衣粉由本标准归口单位授权某企业用统一规格的原料和工艺加工生产。

9.3 标准洗衣粉溶液的配制与使用

标准洗衣粉在使用时按洗涤试验要求配成确定浓度的溶液,应以干基计。使用前需取一定量标准洗衣粉按 GB/T 13176.2 测定水分,经折算后,称量配制基础对比溶液。

10 标准蛋白酶

10.1 标准蛋白酶的规格

标准蛋白酶由本标准归口单位委托某厂用统一规格的原料和工艺生产,要求活力均匀一致,并有明确的保质期。产品技术要求参见 QB/T 1806—1993 的优等品指标,并对酶活力进行必要的认定。

注:酶活力的测定方法参见 QB/T 1803,标准蛋白酶的酶活力由本标准归口单位根据相关技术单位的测试结果确定。

10.2 标准蛋白酶溶液的配制与使用

当样品的去污力试验需加入标准蛋白酶时,则称取一定量该蛋白酶(以标准归口单位认定的酶活力为依据,根据产品测试要求添加的活力单位折算成使用质量),加入少量去离子水,在电磁搅拌下搅拌崩解 10min,以水定容至 100mL。移取 1mL 加入至 1mL 标准洗衣粉溶液的去污浴缸中,其余弃去。

11 标准黄土尘

标准黄土尘技术要求见 GB/T 13268。标准黄上尘由本标准归口单位委托某厂用统一规格的原料和工艺生产。主要技术指标为:真密度 $\rho = 2.6g/cm^3 \sim 2.8g/cm^3$,粒径 $d_p \leqslant 60\mu m$,化学组成见表 1。

表 1 黄土尘的主要化学成分

化学成分	二氧化硅	三氧化二铝	氧化钙	三氧化二铁
含量/(%)	72~54	14~10	9~4	5~0.3

12 试验报告

试验报告应包括下列各项:

——所用的参考方法;

——结果和所用的表示方法;

——试验条件;

——本标准中未包括的或任选的任何操作,以及会影响结果的情况。

附 录 A

(规范性附录)

去污比值或白度保持比值测试结果的检查和确定

A.1 两个初始测试结果

在重复条件下得到两个测试结果,如果两个结果之差的绝对值不大于 0.10,最终测试结果 $\hat{u}$ 为两结果的平均值。

A.2 多次重复测试结果

在重复条件下如果两上结果之差的绝对值大于 0.10,应再做两次测试。如果四个结果的极差($X_{max} - X_{min}$)等于或小于 $n = 4$ 的临界极差 $CR_{95}(4)$,则取四个结果的平均值作为最终测试结果 $\hat{u}$。临界极差的表达式,见式(A.1):

$$CR_{95}(n) = f(n)\sigma \qquad (A.1)$$

式(A.1)中的 $f(n)$ 值见表 A.1。

表 A.1 临界极差系数 $f(n)$

n	$f(n)$	n	$f(n)$
2	2.8	5	3.9
3	3.3	6	4.0
4	3.6	7	4.2

n	$f(n)$	n	$f(n)$
8	4.3	15	4.8
9	4.4	16	4.8
10	4.5	17	4.9
11	4.6	18	4.9
12	4.6	19	5.0
13	4.7	20	5.0
14	4.7		

注：临界极差系数是$(X_{max}-X_{min})/\sigma$分布的95%分位数，X_{max}和X_{min}分别是来自标准差为σ的正态分布总体，样本量为n的样本中的最大值和最小值。

如果四个结果的极差大于重复性临界极差，则取四个结果的中位数作为最终测试结果。

上述判断过程进一步详细的表述见 GB/T 11792 图 A.1 为上述结果的图示。

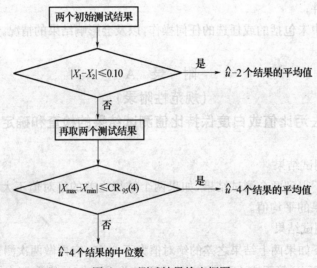

图 A.1　测试结果检查框图

A.3　去污比值或白度保持比值测试结果的确定

A.1 或 A.2 的比较判定中取小数点后两位进行，最终结果修约后取小数点后一位。

2.3　表面活性剂　洗涤剂试验方法
GB/T 13173—2008

1　范围

本标准规定了表面活性剂和洗涤剂的分样、颗粒度、总五氧化二磷、总活性物、非离子表面活性剂、各种不同形式的磷酸盐、甲苯磺酸盐、发泡力、螯合剂（EDTA）、表观密度、白度、水分及挥发物、4A 沸石含量、活性氧、碱性蛋白酶活力、有效氯等 16 项指标的测试方法。

本标准适用于表面活性剂和洗涤剂产品的指标测定。使用本标准规定的方法测定样品时,应结合具体样品的特性选择合适的方法。

2 规范性引用文件

下列文件中的条款通过本标准的引用而成为本标准的条款。凡是注日期的引用文件,其随后所有的修改单(不包括勘误的内容)或修订版均不适用于本标准,然而,鼓励根据本标准达成协议的各方研究是否可使用这些文件的最新版本。凡是不注日期的引用文件,其最新版本适用于本标准。

GB/T 6003.1—1997 金属纺织试验筛

GB/T 9087 用于色度和光度测量的粉体标准白板

QB/T 2623.1—2003 肥皂中游离苛性碱含量的测定

QB/T 2739—2005 洗涤用品常用试验方法 滴定分析(容量分析)用试验溶液的制备

JB/T 9327 白度计

JJG 512 白度计检定规程

3 术语和定义(略)

4 样品的分样

注:由于以下原因需要对样品进行分样:

a) 由 500g 以上的混合大批样品制备 250g 以上的最终样品或实验室样品;

b) 由最终样品制备若干份相同的实验室样品或参考样品或保存样品,每份样品质量都在 250g 以上;

c) 由实验室样品制备试验样品。

4.1 原理

用机械方法将大批样品分样,直至获得小份样品。

4.2 程序

4.2.1 粉状产品分样

此规定程序适用于粉状产品,包括喷雾干燥产品,特别包括在干燥过程后再配入添加剂的产品。

注1:粉体中含有干燥后加入的添加剂时,所得到的物理混合物有分离倾向。

注2:对洗衣粉,建议在通风橱内取样,需要时应带上面罩。

4.2.1.1 装置

可以用任何符合要求的装置。本标准规定使用锥形分样器。

锥形分样器(见图1和图2)具有的构造应该使每次分样操作所得的两份样品在数量上差不多。在性质上可代表原样。

能满足这些条件的锥形分样器(见图1),主要包括加料斗(A)、锥体(B)和转换料斗(C)。锥体(B)的顶部正好位于加料斗(A)下开口的中心,转换料斗(C)位于锥体(B)的底部。各个受器排列在转换料斗(C)的周围并交替地连接到转换料斗底部的两个出口。被分样样品经加料斗(A)流过锥体(B)表面,转至转换料斗(C),被分至各个受器,再交替地经两个出口流出,以给出两组类似的分样样品。

A 加料斗

B 锥体

C 转换料斗

图 1　锥形分样器剖视图

单位为毫米

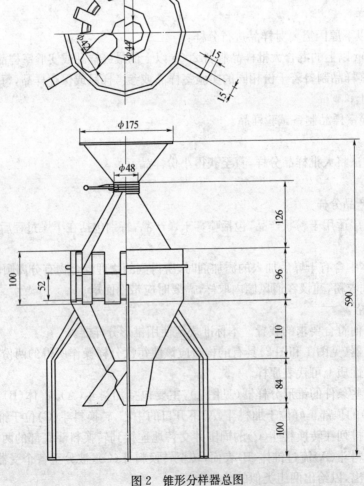

图 2　锥形分样器总图

4.2.1.2 分样的制备
4.2.1.2.1 最终样品的制备

在锥形分样器两个出口的下面各放一个接受器,将加料斗的阀门关闭,样品放入加料斗中,将阀门开至最大,使大批样品流过锥体,被分成两部门,各置于一个接受器内。

保留两份样品中的一份,将另一份弃去。再将一份新的大批样品通过锥形分样器,重复操作,直至所有大批样品被分样。

弄干净装置,再将保留的相当于一半大批样品如上述通过设备,重复操作,直到得到需要量的分样。

4.2.1.2.2 几个相同样品的制备

若所需样品数超过一个,应制备足够分样以得到 $2n$ 个相同样品,此处 $2n$ 等于或超过所需样品数。

采用本分样器将分样分成 $2n$ 个相等份。立即把每份全部放入密封瓶或烧瓶内。

4.2.1.2.3 试验样品的制备

如从实验室样品取试验样品,需将实验室样品按 4.2.1.2.1 和 4.2.1.2.2 的规定处理。

试验样品量最少不应少于 10g,否则试验样品可能不能真正代表大批样品,从而不适合用作分析。

4.2.2 浆状产品
4.2.2.1 装置
4.2.2.1.1 取样勺或刮勺。
4.2.2.1.2 适宜的混合部,装有混合用打浆器。

采用适宜设计的打浆器,要求有足够的功率,使大批样品能被全部混合并在 5min 内呈奶油状。在混合过程中应尽量避免大量的气泡混入。

4.2.2.2 分样的制备

在原容器中将产品(大批样品或实验室样品)温热到 35℃～40℃,采用适宜的混合器(4.2.2.1.2)立即混合 2min～3min,直到获得均匀物。

在混合前不得从原容器中取出浆状物,以防得到没有代表性的样品,待分样的大批样品应放在不取出物料就可以混合的容器内。

加热和混合时间应尽可能短,以使产品变化降至最小。使用勺或刮勺,立即取出所需量的样品,并转入适当的已预称量并配有玻璃塞的容器内。

使容器中的内容物冷却到室温,再称量以得到分样的质量。

注:浆状物与玻璃容器接触容易分离出碱液,一旦样品被放入容器内,就不允许取出。

实际经验表明,在混合称量时会损失微量水分,这是可接受的。

5 粉状洗涤剂颗粒度的测定(略)
6 洗涤剂中总五氧化二磷的测定(略)
7 洗涤剂中总活性物含量的测定(略)
8 洗涤剂中非离子表面活性剂含量的测度(离子交换法)(略)
9 洗涤剂中各种磷酸盐的分离测定(离子交换柱色谱法)(略)
10 洗涤剂中甲苯磺酸盐含量的测定(略)
11 洗涤剂发泡力的测定(Ross—Miles 法)

11.1 原理

将样品用一定硬度的水配制成一定浓度的试验溶液。在一定温度条件下,将 200mL 试液从 90cm 高度流到刻度量筒底部 50mL 相同试液的表面后,测量得到的泡沫高度作为该样品的发泡力。

11.2 试剂

11.2.1 氯化钙($CaCl_2$)。

11.2.2 硫酸镁($MgSO_4 \cdot 7H_2O$)(GB/T 671)。

11.3 仪器

常用实验室仪器和使用

11.3.1 泡沫仪

11.3.1.1 滴液管(见图 5)

由壁厚均匀耐化学腐蚀的玻璃管制成,管外径(45 ± 1.5)mm,两端为半球形封头,焊接梗管。上梗管外径 8mm,带有直孔标准锥形玻璃旋塞,塞孔直径 2mm。下梗管外径(7 ± 0.5)mm,从球部接点起,包括其端点焊接的注流孔管长度为(60 ± 2)mm;注流孔管内径(2.9 ± 0.02)mm,外径与下梗管一致,是从精密孔管切下一段,研磨使两端面与轴线垂直,并使长度为(10 ± 0.05)mm,然后用喷灯狭窄火焰牢固地焊接至下梗管端,校准滴液管使其 20℃时的容积为(200 ± 0.2)mL,校准标记应在上梗管旋塞体下至少 15mm,且环绕梗管一整周。

11.3.1.2 刻度量管(见图 6)

由壁厚均匀耐化学腐蚀的玻璃管制成,管内径(50 ± 0.8)mm,下端收缩成半球形,并焊接一梗管直径为 12mm 的直孔标准锥形旋塞,塞孔直径 6mm。量管上刻三个环线刻度:第一个刻度应在 50mL(关闭旋塞测量的容积)处,但应不在收缩的曲线部位;第二个刻度应在 250mL 处;第三个刻在距离 50mL 刻度上面(90 ± 0.5)cm 处。在此 90cm 内,以 250mL 刻度为零点向上下刻 1mm 标尺。刻度量管安装在一壁厚均匀的玻璃水夹套管内,水夹套管的外径不小于 70mm,带有进水管和出水管。水夹套管与刻度量管在顶和底可用橡皮塞连接或焊接,但底部的密封应尽量接近旋塞。

单位为毫米 　　　　　　　　　　　　　　　　　　单位为毫米

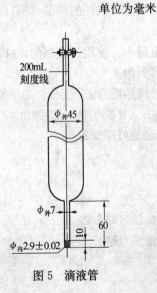

图 5　滴液管

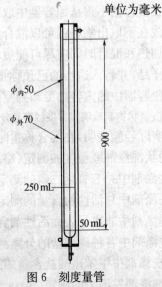

图 6　刻度量管

190

11.3.1.3 泡沫仪的安装

将组装好的刻度量管和夹套管牢固地安装于合适的支架上,使刻度量管呈垂直状态。将夹套管的进水管、出水管用橡皮管连接至超级恒温器的出水管和回水管。用可调式活动夹或用与滴液管及刻度量管管口相配的木质或塑料塞座将滴液管固定在刻度量管管口,使滴液管梗管下端与刻度量管上部(90cm)刻度齐平并严格地对准刻度量管的中心(即滴液管流出的溶液正好落到刻度量管的中心)。

11.3.2 超级恒温器:可控制水温于(40±0.5)℃。

11.3.3 温度计:分度小于或等于0.5℃,量程0℃~100℃。

11.3.4 容量瓶:1000mL。

11.4 程序

11.4.1 150mg/kg硬水的配制

称取0.0999g氯化钙(11.2.1),0.148g硫酸镁(11.2.2),用蒸馏水溶解于1000mL容量瓶中,并稀释至刻度,摇匀。

11.4.2 试验溶液的配制

称取试验样品2.5g,用150mg/kg硬水溶解,转移至1000mL容量瓶中,并稀释到刻度,摇匀。再将溶液置于(40±0.5)℃恒温水浴中陈化,从加水溶样开始总时间30min。

11.4.3 发泡力的测定

在试液陈化时,即启动水泵使循环水通过刻度管夹套,使水温稳定在(40±0.5)℃。刻度管内壁预先用铬酸硫酸洗液浸泡过夜,用蒸馏水冲洗至无酸。试验时先用蒸馏水冲洗刻度量管内壁,然后用试液冲洗刻度量管内壁,冲洗应完全,但在内壁不应留有泡沫。

自刻度量管底部注入试液至50mL刻度线以上,关闭刻度量管旋塞,静止5min,调节旋塞,使液面恰好在50mL刻度处。将滴液管用抽吸法注满200mL试液,按11.3.1.3的要求安放到刻度量管上口。打开滴液管的旋塞,使溶液流下,当滴液管中的溶液流完时,立即开启秒表并读取起始泡沫高度(取泡沫边缘与顶点的平均高度),在5min末再读取第二次读数。用新的试液重复以上试验2次~3次,每次试验前应将管壁用试液洗净。

注:试验中规定的水硬度、试液浓度、测定温度可按产品标准的要求予以改变,但应在试验报告中说明。

11.5 结果表示

试样的发泡力用起始或5min的泡沫高度毫米表示,取至少三次误差在允许范围的结果平均值作为最后结果。

11.6 精密度

在重复性条件下获得的两次独立试验结果之间的绝对差值不大于5mm,以大于5mm的情况不超过5%为前提。

12 洗涤剂中螯合剂(EDTA)含量的测定(滴定法)(略)

13 粉状洗涤剂表观密度的测定(给定体积称量法)(略)

14 粉状洗涤剂白度的测定(略)

15 洗涤剂中水分及挥发物含量的测定(烘箱法)(略)

16 洗涤剂中活性氧含量的测定(滴定法)(略)

17 洗涤剂中4A沸石含量的测定(滴定法)(略)

18 洗涤剂中蛋白酶的相对酶活力或含量的测定(略)

19 洗涤剂中有效氯的测定(滴定法)(略)

20 试验结果报告要求

试验结果报告应包括以下内容：

a) 所用测定方法(本国家标准编号的引用)；

b) 结果和所用的表示方法；

c) 测定过程中出现的任何异常现象；

d) 本标准未包括的任何操作或自选操作；

e) 试验日期及环境条件；

f) 其他需要说明的事项。

2.4 洗涤剂中总活性物含量的测定
GB/T 13173.2—2000
代替 GB/T 13173.2—1991

1 范围

本标准规定了洗涤剂中总活性物含量的测定方法。

本标准适用于测定粉(粒)状、液体和膏状洗涤剂中的总活性物含量,也适用于测定表面活性剂中的总活性物含量。

2 引用标准

下列标准所包含的条文,通过在本标准中引用而构成为本标准的条文。本标准出版时,所示版本均为有效。所有标准都会被修订,使用本标准的各方应探讨使用下列标准最新版本的可能性。

GB/T 5327—1985 表面活性剂名词术语

GB/T 13173.1—1991 洗涤剂样品分样方法

3 定义

本标准采用下列定义。

总活性物:见 GB/T 5327—1985 第 79 条术语。

4 试验原理

用乙醇萃取试验份,过滤分离,定量乙醇溶解物及乙醇溶解物中的氯化钠,产品中总活性物含量用乙醇溶解物含量减去乙醇溶解物中的氯化钠含量算得。需在总活性物含量中扣除水助溶剂时,可用三氯甲烷进一步萃取定量后的乙醇溶解物,然后扣除三氯甲烷不溶物而算得。

5 试剂

分析中应使用分析纯试剂和蒸馏水或去离子水。

5.1 95%乙醇(GB/T 679),新煮沸后冷却,用碱中和至对酚酞呈中性。

5.2 无水乙醇(GB/T 678),新煮沸后冷却。

5.3 硝酸银(GB/T 670),$c(AgNO_3)=0.1mol/L$ 标准溶液。

5.4 铬酸钾(HG 3—918),50g/L 溶液。

192

5.5 酚酞(GB/T 10729),10g/L 溶液。

5.6 硝酸(GB/T 626),0.5mol/L 溶液。

5.7 氢氧化钠(GB/T 629),0.5mol/L 溶液。

5.8 三氯甲烷(GB/T 682)。

6 仪器

6.1 吸滤瓶,250mL,500mL 或 1000mL。

6.2 古氏坩埚,30mL,铺滤纸圆片。

铺滤纸圆片时,先在钳埚底与多孔瓷板之间铺双层慢速定性滤纸圆片,然后再在多孔瓷板上面铺单层快速定性滤纸圆片,注意滤纸圆片的直径要尽量与坩埚底部直径吻合。

6.3 沸水浴。

6.4 烘箱,能控温于(105±2)℃。

6.5 烧杯,150mL,300mL。

6.6 干燥器,内盛变色硅胶或其他干燥剂。

6.7 量筒,25mL,100mL。

6.8 三角瓶,250mL。

6.9 玻璃坩埚,孔径 16～30μm,约 30mL。

7 取样

按 GB/T 13173.1 制备和贮存样品。

8 试验程序

8.1 定量乙醇溶解物和氯化钠含量测定总活性物含量(结果包含水助溶剂)(A 法)

8.1.1 乙醇溶解物含量的测定

精确称取样品(粉、粒状样品约 2g,液、膏体样品约 5g)准确至 0.001g,置于 150mL 烧杯(6.5)中,加入 5mL 蒸馏水,用玻璃棒不断搅拌,以分散固体颗粒和破碎团块,直到没有明显的颗粒状物。加入 5mL 无水乙醇(5.2),继续用玻璃棒搅拌,使样品溶解呈糊状,然后边搅拌边缓缓加入 90mL 无水乙醇(5.2),继续搅拌一会儿以促进溶解。静置片刻至溶液澄清,用倾泻法通过古氏坩埚(6.2)进行过滤[用吸滤瓶(6.1)吸滤]。将清液尽量排干,不溶物尽可能留在烧杯中,再以同样方法,每次用 25mL95％热乙醇(5.1)重复萃取、过滤,操作四次。

将吸滤瓶中的乙醇萃取液小心地转移至已称重的 300mL 烧杯(6.5)中,用 95％热乙醇(5.1)冲洗吸滤瓶三次,滤液和洗液合并于 300mL 烧杯(6.5)中(此为乙醇萃取液)。

将盛有乙醇萃取液的烧杯(6.5)置于沸腾水浴中,使乙醇蒸发至尽,再将烧杯外壁擦干,置于(105±2)℃烘箱(6.4)内干燥 1h,移入干燥器(6.6)中,冷却 30min 并称重(m_1)。

注:测定液体或膏体样品时,称样后直接加入 100mL 无水乙醇(5.2),加热、溶解、静置,用倾泻法通过古氏坩埚(6.2)进行过滤,以后步骤同上。

8.1.2 乙醇溶解物中氯化钠含量的测定

将已称重的烧杯中的乙醇萃取物分别用 100mL 蒸馏水、20mL95％乙醇(5.1)溶解洗涤至 250mL 三角瓶(6.8)中,加入酚酞溶液(5.5)3 滴,如呈红色,则以 0.5mol/L 硝酸溶液(5.6)中和至红色刚好退去;如不呈红色,则以 0.5mol/L 氢氧化钠溶液(5.7)中和至微红色,再以 0.5mol/L 硝酸溶液(5.6)回滴至微红色刚好退去。然后加入 1mL 铬酸钾指

193

示剂(5.4),用 0.1mol/L 硝酸银标准溶液(5.3)滴定至溶液由黄色变为橙色为止。

8.1.3 试验结果的计算

8.1.3.1 乙醇溶解物中氯化钠的质量(m_2)以克计,按式(1)计算:

$$m_2 = 0.0585V \times c \tag{1}$$

式中 0.0585——氯化钠的毫摩尔质量,g/m mol;

V——滴定耗用硝酸银标准溶液的体积,mL;

c——硝酸银标准溶液的浓度,mol/L。

8.1.3.2 样品中总活性物质量百分含量 X_1,按式(2)计算:

$$X_1(\%) = \frac{m_1 - m_2}{m} \times 100 \tag{2}$$

式中 m_1——乙醇溶解物的质量,g;

m_2——乙醇溶解物中氯化钠的质量,g;

m——试验份的质量,g。

总活性物的两次平行测定结果之差应不超过 0.3%,以两次平行测定的算术平均值作为结果,有效数字取到个位。

8.2 定量乙醇溶解物测定总活性物含量(结果不包括水助溶剂)(B法)

将按8.1.1条得到的乙醇溶解物称量物(m_1),用 80mL 三氯甲烷(5.8)以冲洗烧杯壁的方式加入烧杯。盖上表面皿,置烧杯于 50℃ 水浴中加热至溶解。稍澄清后,将上部清液通过已恒重并称准至 0.001g 的玻璃坩埚(6.9)过滤(用 250mL 吸滤瓶吸滤)。

每次再用 20mL 三氯甲烷(5.8)如此洗涤烧杯内壁及残余物和滤涡二次。将滤涡和烧杯置于(105±2)℃烘箱内干燥 1h,移入干燥器(6.6)内冷却 30min 后称量,得三氯甲烷不溶物(m_3)。

样品中总活性物质量百分含量 X_2,按式((3)计算:

$$X_2(\%) = \frac{m_1 - m_3}{m} \times 100 \tag{3}$$

式中 m_1——乙醇溶解物的质量,g;

m_3——乙醇溶解物中三氯甲烷不溶物的质量,g;

m——试验份的质量,g。

总活性物的两次平行测定结果之差应不超过 1.0%,以两次平行测定的算术平均值作为结果,有效数字取到个位。

2.5 手洗餐具用洗涤剂 GB 9985—2000
代替 GB 9985—1988 GB/T 9986—1988

1 范围

本标准规定了手洗餐具用洗涤剂的技术要求、试验方法、检验规则和标志、包装、运输、贮存等要求。

本标准适用于由表面活性剂和助剂等配方生产的手洗餐具用洗涤剂(以下简称"餐具

洗涤剂")。

2 引用标准

下列标准所包含的条文,通过在本标准中引用而构成为本标准的条文。本标准出版时,所示版本均为有效。所有标准都会被修订,使用本标准的各方应探讨使用下列标准最新版本的可能性。

GB 4789.2—1994 食品卫生微生物学检验菌落总数测定

GB 4789.3—1994 食品卫生微生物学检验 大肠菌群测定

GB/T 6367—1997 表面活性剂 已知钙硬度水的制备(idt ISO 2174:1990)

GB/T 6368—1993 表面活性剂 水溶液 pH 值的测定 电位法(neq ISO 4316:1977)

GB 14930.1—1994 食品工具、设备用洗涤剂卫生标准

GB/T 15818—1995 阴离子和非离子表面活性剂 生物降解度试验方法(eqv JIS K3363:1990)

QB 1994—1994 浴液

国家技术监督局令[1995]第 43 号《定量包装商品计量监督规定》

3 技术要求

3.1 材料要求

餐具洗涤剂配方中所用表面活性剂的生物降解度应不低于 90%。

3.2 感官指标

3.2.1 外观:液体产品不分层,无悬浮物或沉淀;粉状产品均匀无杂质,不结块。

3.2.2 气味:不得有其他异味,加香产品应符合规定香型。

3.2.3 稳定性(液体产品)于－3℃～－10℃的冰箱中放置 24h,取出恢复至室温时观察无结晶,无沉淀;(40±1)℃的保温箱中放置 24h,取出立即观察不分层,不混浊,且不改变气味。

3.3 理化指标

餐具洗涤剂的理化指标应符合表 1 的规定。

表 1 手洗餐具用洗涤剂的理化指标

项　目	指　标	项　目	指　标
总活性物含量,/% ≥	15	甲醇,mg/g ≤	1
pH(25℃,1%溶液)	4.0～10.5	甲醛,mg/g ≤	0.1
去污力	不小于标准餐具洗涤剂	砷(1%溶液中以砷计),mg/kg ≤	0.05
荧光增白剂	不得检出	重金属(1%溶液中以铅计),mg/kg ≤	1
注:本表中黑体字为强制性指标。			

3.4 微生物指标

餐具洗涤剂的菌落总数和大肠菌群指标执行 GB 14930.1 规定。

3.5 定量包装要求

餐具洗涤剂每批产品的小包装净含量应符合国家技术监督局令[1995]第 43 号《定量包装商品计量监督规定》的要求。

4 试验方法

4 外观

取样品在非阳光直射条件下,按指标要求,凭感觉器官观察辨别。

4.2 气味:感官检验。

4.3 总活性物含量的测定

在一般情况下,餐具洗涤剂产品的总活性物含量按 QB 1994—1994 中 5.3.1 方法一"乙醇萃取法"测定。当餐具洗涤剂产品配方中含有不完全溶于乙醇的表面活性剂组分时,则按"三氯甲烷萃取法"测定。若产品配方中含有尿素,乙醇萃取法的总活性物含量应将尿素扣除;三氯甲烷萃取法则应对定量后的萃取物进行尿素测定并给予扣除。

4.3.1 方法一 乙醇萃取法,按 QB 1994—1994 中 5.3.1 规定进行。

4.3.2 方法二 三氯甲烷萃取法,按附录 A 中 A1 规定进行。

尿素含量测定按附录 A 中 A2 规定进行。

4.4 pH 的测定,按 GB/T 6368 的规定进行。

4.5 去污力的评价,按附录 B 规定进行。

4.6 荧光增白剂的限量试验,按附录 C 规定进行。

4.7 甲醇含量的测定(对于液体产品),按附录 D 规定进行。

4.8 甲醛含量的测定(对于液体产品),按附录 E 规定进行。

4.9 砷的测定,按附录 F 规定进行。

4.10 重金属限量试验,按附录 G 规定进行。

附录 A～G(略)

4.11 微生物检验:菌落总数和大肠菌群分别按 GB 4789.2 和 GB 4789.3 规定进行。

4.12 表面活性剂的生物降解度按 GB/T 15818 的规定进行。

4.13 净含量的测定,按国家技术监督局令[1995]第 43 号《定量包装商品计量监督规定》进行。

5 检验规则

5.1 检验分类

5.1.1 型式检验

型式检验项目包括第 3 章规定的全部项目,但其中表面活性剂的生物降解度若已知可不测,其余各项遇有下列情况之一时应进行型式检验。

　　a) 正式生产后原料、工艺有较大改变或配方调整可能影响产品质量时;

　　b) 正常生产时,应定期进行型式检验;

　　c) 长期停产后恢复生产时;

　　d) 出厂检验结果与上次型式检验结果有较大差异时;

　　e) 国家行业管理部门和质量监督机构可对任意项提出和进行型式检验。

5.1.2 出厂检验

出厂检验项目为 3.2,3.3 中总活性物和 pH 及 3.5 中的规定。

5.2 产品组批与抽样规则

5.2.1 产品按批交付和抽样验收,一次交付的同条件生产的同一类型、规格、批号的产品组成一交付批。

生产单位交付的产品,应先经其质量检验部门按本标准检验,符合本标准并出具产品质量检验合格证明方可出厂。

收货单位根据产品质量检验合格证明收货或按本标准抽样验收。

5.2.2 取样

收货单位验收、仲裁检验所需的样品,应根据产品批量大小按表2确定样本大小。

表2 批量和样本大小

批量,箱	≤50	51～150	151～500	501～3200	3200 以上
样本大小	3	5	8	13	20

在交货地点随机抽取箱样本。验收包装质量时,检查样箱中的全部小包装,合格判定率为10%,检验理化指标时,从每个样本箱中随机取2瓶(袋),再从各瓶(袋)取出等量样品,使总量约3kg〔若取2瓶(袋)不够时,可适当增加瓶(袋)数〕。混匀后分装在三个洁净、干燥的样品瓶内加盖密封。标签上应注明样品名称、商标、生产日期或批号、生产单位、取样日期、取样人。交收双方各执一份进行检验,第三份由交货方保管,备仲裁检验用,保管期不超过一个月。

5.3 判定规则

理化检验结果按修约值比较法判定合格与否。如指标有一项不合格,可双方会同重新取两倍箱样本采取样品对不合格项进行复检,复检结果仍不合格,则判该批产品不合格。

交收双方因复检结果不同,如不能取得协议时,可商请仲裁检验,仲裁结果为最后依据。

6 标志、包装、运输、贮存(略)

2.6 洗发液(膏)QB/T 1974—2004

1 范围

本标准规定了洗发液(膏)的产品分类、要求、试验方法、检验规则和标志、包装、运输、贮存。

本标准适用于以表面活性剂或脂肪酸盐类为主体复配而成的、具有清洁人的头皮和头发、并保持其美观作用的洗发液(膏)。

2 规范性引用文件

下列文件中的条款通过本标准的引用而成为本标准的条款。凡是注日期的引用文件,其随后所有的修改单(不包括勘误的内容)或修订版均不适用于本标准,然而,鼓励根据本标准达成协议的各方研究是否可使用这些文件的最新版本。凡是不注日期的引用文件,其最新版本适用于本标准。

GB/T 5173　表面活性剂和洗涤剂　阴离子活性物的测定　直接两相滴定法

GB 5296.3　消费品使用说明　化妆品通用标签

GB/T 13173.6　洗涤剂发泡力的测定

GB/T 13531.1　化妆品通用试验方法　pH值的测定

QB/T 1684　化妆品检验规则

QB/T 1685 化妆品产品包装外观要求

QB/T 2470 化妆品通用试验方法 滴定分析(容量分析)用标准溶液的制备

JJF 1070—2000 定量包装商品净含量计量检验规则

国家技术监督局令[1995]第 43 号 定量包装商品计量监督规定

卫法监发[2002]第 229 号 化妆品卫生规范

3 产品分类

按产品的形态可分为洗发液和洗发膏两类。

4 要求

4.1 卫生指标应符合表 1 的要求。使用的原料应符合卫法监发[2002]第 229 号规定。

表 1 卫生指标

项 目		要 求
微生物指标	细菌总数/(CFU/g)	≤1000 (儿童用产品≤500)
	霉菌和酵母菌总数/(CFU/g)	≤100
	粪大肠菌群	不得检出
	金黄色葡萄球菌	不得检出
	绿脓杆菌	不得检出
有毒物质限量	铅/(mg/kg)	≤40
	汞/(mg/kg)	≤1
	砷/(mg/kg)	≤10

4.2 感官、理化指标应符合表 2 的要求。

表 2 感官、理化指标

项 目		要 求	
		洗 发 液	洗 发 膏
感官指标	外观	无异物	
	色泽	符合规定色泽	
	香气	符合规定香型	
理化指标	耐热	(40±1)℃保持 24h,恢复至室温后无分离现象	
	耐寒	−5℃～−10℃保持 24h,恢复至室温后无分离析水现象	
	pH	4.0～8.0 (果酸类产品除外)	4.0～10.0
	泡沫(40℃)/mm	透明型≥100 非透明型≥50 (儿童产品≥40)	≥100
	有效物/%	成人产品≥10.0 儿童产品≥8.0	—
	活性物含量(以 100%K₁₂计)/%	—	≥8.0

4.3 净含量偏差

应符合国家技术监督局令［1995］第 43 号规定。

5 试验方法

5.1 卫生指标

按卫法监发［2002］第 229 号中规定的方法检验。

5.2 感官指标

5.2.1 外观、色泽

取试样在室温和非阳光直射下目测观察。

5.2.2 香气

取试样用嗅觉进行鉴别。

5.3 理化指标

5.3.1 耐热（洗发液）

5.3.1.1 仪器

a）恒温培养箱：温控精度±1℃；

b）试管：ϕ20mm×120mm。

5.3.1.2 操作程序

将试样分别倒入 2 支 ϕ20mm×120mm 的试管内,使液面高度约 80mm,塞上干净的胶塞,把一支待检的试管置于预先调节至(40±1)℃的恒温培养箱内。24h 后取出,恢复至室温后与另一试管的试样进行目测比较。

5.3.2 耐热（洗发膏）

5.3.2.1 仪器

恒温培养箱：温控精度±1℃。

5.3.2.2 操作程序

预先将恒温培养箱调节到(40±1)℃,把包装完整的试样一瓶置于恒温培养箱内。24h 后取出,恢复至室温后目测观察。

5.3.3 耐寒（洗发液）

5.3.3.1 仪器

a）冰箱：温控精度±2℃；

b）试管：ϕ20mm×120mm。

5.3.3.2 操作程序

将试样分别倒入 2 支 ϕ20mm×120mm 的试管内,使液面高度约 80mm,塞上干净的胶塞,把一支待检的试管置于预先调节至−5℃～−10℃的冰箱内。24h 后取出,恢复至室温后与另一试管的试样进行目测比较。

5.3.4 耐寒（洗发膏）

5.3.4.1 仪器

冰箱：温控精度±2℃。

5.3.4.2 操作程序

预先将冰箱调节到−5℃～−10℃,把包装完整的试样一瓶置于冰箱内。24h 后取出,恢复至室温后目测观察。

5.3.5 pH

按 GB/T 13531.1 中规定的方法测定（稀释法）。

5.3.6 泡沫（洗发液）

5.3.6.1 仪器

a) 罗氏泡沫仪；

b) 温度计：精度±2℃；

o) 天平：精度 0.1g；

d) 超级恒温仪：精度±1℃；

e) 量筒：100mL；

f) 烧杯：1000mL。

5.3.6.2 试剂

1500mg/kg 硬水：称取无水硫酸镁（$MgSO_4$）3.7g 和无水氯化钙（$CaCl_2$）5.0g，充分溶解于 5000mL 蒸馏水中。

5.3.6.3 操作程序

将超级恒温仪预热至（40±1）℃，使罗氏泡沫仪恒温在（40±1）℃。称取样品 2.5g，加入 1500mg/kg 硬水 100mL，再加入蒸馏水 900mL，加热至（40±1）℃。搅拌使样品均匀溶解，用 200mL 定量漏斗吸取部分试液，沿泡沫仪管壁冲洗一下。然后取试液放入泡沫仪底部对准标准刻度至 50mL，再用 200mL 定量漏斗吸取试液，固定漏斗中心位置，放下试液，立即记下泡沫高度。结果保留整数位。

5.3.7 泡沫（洗发膏）

按 GB/T 13173.6 中规定的方法测定。

试液质量浓度：2%。

5.3.8 有效物（洗发液）

5.3.8.1 总固体

5.3.8.1.1 仪器

a) 温度计：精度 0.2℃；

b) 分析天平：精度 0.0002g；

c) 恒温烘箱：精度±1℃；

d) 烧杯：250mL；

e) 干燥器。

5.3.8.1.2 操作程序

在烘干恒重的烧杯中称取试样 2g（精确至 0.0002g），于（105±1）℃恒温烘箱内烘干 3h，取出放入干燥器中冷却至室温，称其质量（精确至 0.0002g）。

5.3.8.1.3 结果表示

总固体的含量，数值以%表示，按公式（1）计算。

$$总固体(\%) = \frac{m_3 - m_1}{m_2 - m_1} \times 100 \qquad (1)$$

式中 m_1——空烧杯的质量，单位为克（g）；

m_2——烘干前试样和烧杯的质量，单位为克（g）；

m_3——烘干后残余物和烧杯的质量,单位为克(g)。

结果保留一位小数。

5.3.8.2 无机盐(乙醇不溶物)

5.3.8.2.1 仪器

a) 温度计:精度 0.2℃;

b) 分析天平:精度 0.0002g;

c) 恒温干燥箱:精度±2℃;

d) 水浴加热器;

e) 古氏坩埚:30mL;

f) 锥形抽滤瓶:500mL;

B) 抽滤器或小型真空泵;

h) 量筒:100mL;

i) 干燥器。

5.3.8.2.2 试剂

95%中性乙醇(化学纯):取适量95%乙醇,加入几滴酚酞指示剂,用0.1 mol/L氢氧化钠溶液滴定至微红色。

5.3.8.2.3 操作程序

利用5.3.8.1.2中烘干的试样,加入90%中性乙醇100mL,在水浴中加热至微沸,取出。轻轻搅拌,使样品尽量溶解。静置沉淀后,将上层澄清液倒入已恒重并铺有滤层的古氏坩埚内,用抽滤器过滤至抽滤瓶中,尽可能将固体不溶物留在烧杯中,并用适量95%中性乙醇洗涤烧杯二次。洗涤液和沉淀一起移入已恒重的古氏坩埚内过滤,滤液于同一抽滤瓶中。将古氏坩埚放入(105±1)℃的烘箱内,恒温3h,取出放入干燥器内冷却至室温后称重(精确至0.0002g)。

5.3.8.2.3 结果表示

无机盐含量,数值以%表示,按公式(2)计算。

$$无机盐(\%) = \frac{m_1}{m_0} \times 100 \qquad (2)$$

式中 m_1——古氏坩埚中沉淀物的质量,单位为克(g);

m_0——试样的质量,单位为克(g)。

结果保留一位小数。

5.3.8.3 氯化物

5.3.8.3.1 仪器

棕色酸式滴定管。

5.3.8.3.2 试剂

a) 铬酸钾(分析纯):5%;

b) 0.1mol/L硝酸银标准溶液:称取分析纯硝酸银16.989g,用水溶解并移入1L棕色容量瓶中,稀释至刻度,摇匀。按QB/T 2470中的方法标定。

5.3.8.3.3 操作程序

在5.3.8.2.3中所过滤的滤液中,滴入几滴酚酞指示剂,用酸碱溶液调节使溶液呈微红色,然后加入 5% 铬酸钾 2mL~3mL,用 0.1mol/L 硝酸银标准溶液滴定至红色缓慢褪去,最后呈橙色时为终点。

5.3.8.3.4 结果表示

氯化物含量(以氯化钠计),数值以%表示,按公式(3)计算。

$$氯化物(\%) = \frac{c \times V \times 0.0585}{m} \times 100 \tag{3}$$

式中 c——硝酸银标准溶液的浓度,单位为摩尔每升(mol/L);

V——滴定试样时消耗的硝酸银标准溶液的体积,单位为毫升(mL);

0.0585——与 1.00mL 硝酸银标准溶液 $[c(AgNO_3) = 1.0000mol/L]$ 相当的以克(g)表示的氯化钠的质量,单位为克每毫摩尔(g/mmol);

m——试样的质量,单位为克(g)。

结果保留一位小数。

5.3.8.4 有效物含量

有效物含量,数值以%表示,按公式(4)计算。

$$有效物(\%) = 总固体(\%) - 无机盐(\%) - 氯化物(\%) \tag{4}$$

式中总固体(%)、无机盐(%)、氯化物(%)分别按公式(1)、公式(2)、公式(3)计算。

结果保留一位小数。

5.3.9 活性物(洗发膏)

按 GB/T 5173 中规定的方法测定。

5.4 净含量偏差

按 JJF 1070—2000 中 6.1.1 规定的方法测定。

6 检验规则

按 QB/T 1684 执行。

7 标志、包装、运输、贮存、保质期(略)

2.7 护发素 QB/T 1975—2004

1 范围

本标准规定了护发素的要求、试验方法、检验规则和标志、包装、运输、贮存。

本标准适用于以由抗静电剂、柔软剂和各种护发剂配制而成的乳状产品,用于漂洗头发、使头发有光泽且易于梳理的漂洗型护发素。

2 规范性引用文件

下列文件中的条款通过本标准的引用而成为本标准的条款。凡是注日期的引用文件,其随后所有的修改单(不包括勘误的内容)或修订版均不适用于本标准,然而,鼓励根据本标准达成协议的各方研究是否可使用这些文件的最新版本。凡是不注日期的引用文件,其最新版本适用于本标准。

GB 5296.3 消费品使用说明 化妆品通用标签

GB/T 13531.1 化妆品通用试验方法 pH 值的测定

QB/T 1684 化妆品检验规则

QB/T 1685 化妆品产品包装外观要求

JJF 1070-2000 定量包装商品净含量计量检验规则

国家技术监督局令[1995]第43号 定量包装商品计量监督规定

卫法监发[2002]第229号 化妆品卫生规范

3 要求

3.1 卫生指标应符合表1的要求。使用的原料应符合卫法监发[2002]第229号规定。

表1 卫生指标

项 目		要 求
微生物指标	细菌总数/(CFU/g)	≤1000 (儿童用产品≤500)
	霉菌和酵母菌总数/(CFU/g)	≤100
	粪大肠菌群	不得检出
	金黄色葡萄球菌	不得检出
	绿脓杆菌	不得检出
有毒物质限量	铅/(mg/kg)	≤40
	汞/(mg/kg)	≤1
	砷/(mg/kg)	≤10

3.2 感官、理化指标应符合表2的要求。

表2 感官、理化指标

项 目		要 求
感官指标	外观	无异物
	色泽	符合规定色泽
	香气	符合规定香型
理化指标	耐热	(40±1)℃保持24h,恢复至室温后无分层现象
	耐寒	-50℃～-10℃保持24h,恢复至室温后无分层现象
	pH	2.5～7.0
	总固体/%	≥4.0

3.3 净含量偏差

应符合国家技术监督局令[1995]第43号规定。

4 试验方法

4.1 卫生指标

按卫法监发[2002]第229号中规定的方法检验。

4.2 感官指标

4.2.1 外观、色泽

取试样在室温和非阳光直射下目测观察。

4.2.2 香气

取试样用嗅觉进行鉴别。

4.3 理化指标

4.3.1 耐热

4.3.1.1 仪器

a) 恒温培养箱:温控精度±1℃;

b) 试管:ϕ20mm×120mm。

4.3.1.2 操作程序

将试样分别倒入 2 支 ϕ20mm×120mm 的试管内,使液面高度约 80mm,塞上干净的胶塞,把一支待检的试管置于预先调节至(40±1)℃的恒温培养箱内。24h 后取出,恢复至室温后与另一试管的试样进行目测比较。

4.3.2 耐寒

4.3.2.1 仪器

a) 冰箱:温控精度±2℃;

b) 试管:ϕ20mm×120mm。

4.3.2.2 操作程序

将试样分别倒入 2 支 ϕ20mm×120mm 的试管内,使液面高度约 80mm,塞上干净的胶塞,把一支待检的试管置于预先调节至－5℃～－10℃的冰箱内。24h 后取出,恢复至室温后与另一试管的试样进行目测比较。

4.3.3 pH

按 GB/T 13531.1 中规定的方法测定(稀释法)。

4.3.4 总固体

4.3.4.1 仪器

a) 温度计:精度 0.2℃;

b) 分析天平:精度 0.0002g;

c) 恒温烘箱:精度±1℃;

d) 扁形称量瓶:100mL;

e) 干燥器。

4.3.4.2 操作程序

在烘干恒重的扁形称量瓶中称取试样 2g(精确至 0.0002g),于(105±1)℃恒温烘箱内烘干 3h,取出放入干燥器中冷却至室温,称其质量(精确至 0.0002g)。

4.3.4.3 结果表示

总固体的含量,数值以%表示,按公式(1)计算。

$$总固体(\%) = \frac{m_3 - m_1}{m_2 - m_1} \times 100 \tag{1}$$

式中 m_1——空扁形称量瓶的质量,单位为克(g);

m_2——烘干前试样和烧杯的质量,单位为克(g);

m_3——烘干后残余物和烧杯的质量,单位为克(g)。

结果保留一位小数。

4.4 净含量偏差

按 JJF 1070—2000 中 6.1.1 规定的方法测定。

5 检验规则

按 QB/T 1684 执行。

6 标志、包装、运输、贮存、保质期

6.1 销售包装的标志

按 GB 5296.3 执行。

6.2 包装

按 QB/T 1685 执行。

6.3 运输

应轻装轻卸,按箱子图示标志堆放。避免剧烈震动、撞击和日晒雨淋。

6.4 贮存

应贮存在温度不高于38℃的常温通风干燥仓库内,不得靠近水源、火炉或暖气。贮存时应距地面至少20cm,距内墙至少50cm,中间应留有通道。按箱子图示标志堆放,并严格掌握先进先出原则。

6.5 保质期

在符合规定的运输和贮存条件下,产品在包装完整和未经启封的情况下,保质期按销售包装标注执行。

附录C 常用参数

一、指示剂

附表 3-1 酸碱指示剂

指示剂名称	变色范围 pH 值	颜色变化		配制方法
		酸型色	碱型色	
甲基紫	1.0~1.5	黄	蓝	0.25g 溶于 100mL 水
百里酚蓝(第一次变色)	1.2~2.8	红	黄	0.10g 溶于 100mL 20%乙醇
茜素黄	1.9~3.3	红	黄	0.10g 溶于 100mL 水
溴酚蓝	3.0~4.6	黄	蓝	0.10g 溶于 7.45mL 0.02mol/L 氢氧化钠溶液,用水稀释至 250mL
甲基橙	3.0~4.4	红	黄	0.10g 溶于 100mL 水
溴甲酚绿	3.8~5.4	黄	蓝	0.10g 溶于 0.02mol/L 氢氧化钠溶液 7.15mL,用水稀释至 250mL
甲基红	4.2~6.2	红	黄	0.10g 溶于 0.02mol/L 氢氧化钠溶液 18.60mL,用水稀释至 250mL
溴甲酚紫	5.2~6.8	黄	紫	0.10g 溶于 0.02mol/L 氢氧化钠溶液 9.25mL,用水稀释至 250mL
溴百里酚蓝	6.0~7.6	黄	蓝	0.10g 溶于 0.02mol/L 氢氧化钠溶液 8.0mL,用水稀释至 250mL
甲酚红	7.2~8.8	黄	红	0.10g 溶于 0.02mol/L 氢氧化钠溶液 13.1mL,用水稀释至 250mL
百里酚蓝(第二次变色)	8.0~9.6	黄	蓝	同第一次变色
酚酞	7.4~10.0	无色	红	1.0g 溶于 60mL 乙醇,用水稀释至 100mL
百里酚酞	9.3~10.5	无色	蓝	0.10g 溶于 100mL 乙醇
茜素黄 GG	10.0~12.0	黄	紫	0.10g 溶于 5%乙醇 100mL
靛蓝二磺酸钠	11.6~14.0	蓝	黄	0.25g 溶于 50%乙醇 100mL

附表 3-2 吸附指示剂

指示剂名称	颜色变化		待测离子	适用 pH 值	滴定剂	配制方法
	溶液	沉淀				
荧光黄	黄绿	玫瑰色	Cl^-、Br^-、I^-、SCN^-	7	$AgNO_3$	0.2%钠盐水溶液
二氯荧光黄	黄绿	红	Cl^-、Br^-、I^-	4	$AgNO_3$	0.1%钠盐水溶液
曙红	橙	紫红	Br^-、I^-、Pb^{2+}	>1	$AgNO_3$、SO_4^{2-}、MoO_4^{2-}	0.5%钠盐水溶液
四碘荧光黄	红	紫红	I^-、MoO_4^{2-}		$AgNO_3$、$Pb(NO_3)_2$	0.5%钠盐水溶液
溴酚蓝	黄绿	绿蓝	Cl^-、I^-、Hg^{2+}	微酸性	$AgNO_3$、Cl^-、Br^-	0.1%钠盐水溶液
茜素红	黄	红	$Fe(CN)_6^{4-}$、SCN^-、MoO_4^{2-}		$Pb(NO_3)_2$、$AgNO_3$	0.4%水溶液

附表 3-3　混合指示剂

指示剂溶液组成	变色 pH 值	颜色变化	
		酸型色	碱型色
1 体积 0.1%甲基黄的乙醇溶液 1 体积 0.1%亚甲基蓝的乙醇溶液	3.25	蓝紫	绿
1 体积 0.1%溴甲酚绿钠盐水溶液 1 体积 0.02%甲基紫水溶液	4.3	橙	蓝绿
1 体积 0.2%甲基红乙醇溶液 3 体积 0.1%溴甲酚绿乙醇溶液	5.1	酒红	绿
1 体积 0.1%氯酚红钠盐水溶液 1 体积 0.1%苯胺蓝水溶液	5.8	绿	紫
1 体积 0.1%溴甲酚紫钠盐水溶液 1 体积 0.1%溴百里香酚蓝钠盐水溶液	6.7	黄	紫蓝
1 体积 0.1%中性红乙醇溶液 1 体积 0.1%亚甲基蓝乙醇溶液	7.0	紫蓝	绿
1 体积 0.1%甲酚红钠盐水溶液 3 体积 0.1%百里香酚蓝钠盐水溶液	8.3	黄	紫
1 体积 0.1%百里香酚蓝的 50%乙醇溶液 3 体积 0.1%酚酞的 50%乙醇溶液	9.0	黄	紫
1 体积 0.1%百里香酚酞乙醇溶液 1 体积 0.1%酚酞乙醇溶液	9.9	无色	紫
1 体积 0.1%茜素黄乙醇溶液 1 体积 0.1%百里香酚酞乙醇溶液	10.2	黄	紫

附表 3-4　氧化还原指示剂

指示剂名称	变色电位		颜色变化		配 制 方 法
	pH 值	电位/V	氧化型	还原型	
亚甲基蓝	0	+2.9	无色	蓝	0.05%氯化亚甲基蓝水溶液
	5.0	−0.010			
	7.0	−0.125			
	9.0	−0.199			
1-奈酚-2-磺酸靛酚	0	+0.54	无色	红	0.02%的水溶液
	7.0	+0.123			
二苯胺	0	+0.8	无色	紫	1%的浓硫酸溶液
二苯胺对磺酸	0	+0.85	无色	蓝紫	0.2%的钠盐水溶液
羊毛罂红 A	0	+1.00	黄绿	橙红	0.1%的水溶液
对苯基氨茴酸	0	+1.08	无色	紫红	0.107%的水溶液
试亚铁灵	0	+1.14	红	淡蓝	1.5%的水溶液

附表 3-5　金属指示剂

指示剂名称	适宜 pH 值	被 测 离 子	配 制 方 法
铬黑 T(EBT 或 BT)	9～10	Mg^{2+}、Zn^{2+}、Cd^{2+}、Pb^{2+}、Hg^{2+}	0.05%～0.5%的乙醇溶液
钙指示剂(NN)	12～14	Ca^{2+}、Mg^{2+}	与氯化钠按 1：100 研磨均匀,与干燥氯化钠、硝酸钾或硫酸钾按 1：100 或 1：200 混合使用
酸性铬蓝 K	8～13	Ca^{2+}、Mg^{2+}、Zn^{2+}、Mn^{2+}	与萘酚绿 B 按 1：(2～2.5)混合使用
1-(2-吡啶偶氮)-2-萘酚(PAN)	1.9～12.2	Cu^{2+}、Bi^{3+}、Cd^{2+}、Pb^{2+}、Hg^{2+}、Zn^{2+}、Mn^{2+}、Fe^{3+} 等	0.01～0.1%的乙醇溶液
二甲酚橙(XO)	<1	Zn^{2+}	0.1g 溶于 100mL 稀乙醇
	1～2	Bi^{3+}	
	2.5～3.5	Th^{4+}	
	3～5	Sc^{3+}	
	5～6	Cd^{2+}、Pb^{2+}、Hg^{2+}、Zn^{2+}	
磺基水杨酸(SSal)	1.5～2.5	Fe^{3+}	1%～2%的水溶液

附表 3-6　各种指示液

指 示 液 名 称	配 制 方 法
二甲酚橙指示液(2g/L)	称取 0.20g 二甲酚橙,溶于水,稀释至 100mL
二苯胺磺酸钠指示液(5g/L)	称取 0.50g 二苯胺磺酸钠,溶于水,稀释至 100mL
二苯基偶氮碳酰肼指示液(0.25g/L)	称取 0.025g 二苯基偶氮碳酰肼,溶于乙醇,用乙醇稀释至 100mL
4-(2-吡啶偶氮)间苯二酚指示液(1g/L)	称取 0.10g 4-(2-吡啶偶氮)间苯二酚(PAR),溶于乙醇,用乙醇稀释至 100mL
甲基百里香酚蓝指示液	将 1.0g 甲基百里香酚蓝与 100.0g 硝酸钾,混匀,研细
甲基红指示液(1g/L)	称取 0.10g 甲基红,溶于乙醇,用乙醇稀释至 100mL
甲基红一次甲基蓝混合指示液	将次甲基蓝乙醇溶液(1g/L)与甲基红乙醇溶液(1g/L)按 1：2 体积比混合
甲基橙指示液(1g/L)	称取 0.10g 甲基橙,溶于 70℃的水中,冷却,稀释至 100mL
甲基紫指示液(0.5g/L)	称取 0.050g 甲基紫,溶于水,稀释至 100mL
对硝基酚指示液(1g/L)	称取 0.10g 对硝基酚,溶于乙醇,用乙醇稀释至 100mL
百里香酚酞指示液(1g/L)	称取 0.10g 百里香酚酞,溶于乙醇,用乙醇稀释至 100mL
百里香酚蓝指示液(1g/L)	称取 0.20g 百里香酚蓝,溶于乙醇,用乙醇稀释至 100mL
邻甲苯酚酞指示液(4g/L)	称取 0.40g 邻甲苯酚酞,溶于乙醇,用乙醇稀释至 100mL
邻甲苯酚酞络合指示液—萘酚绿 B 混合指示液	称取 0.10g 邻甲苯酚酞络合指示液、0.16g 萘酚绿 B 及 30.0g 氯化钠,混匀,研细
邻联甲苯胺指示液(1g/L)	称取 0.10g 邻联甲苯胺,加 10mL 盐酸及少量水溶解,稀释至 100mL
饱和 2,4-二硝基酚指示液	2,4-二硝基酚的饱和水溶液
吲哚醌指示液(2g/L)	溶液Ⅰ：称取 0.20g 吲哚醌,溶于硫酸,用硫酸稀释至 100mL。 溶液Ⅱ：称取 0.25g 三氯化铁($FeCl_3 \cdot 6H_2O$),溶于 1mL 水中,用硫酸稀释至 50mL,搅拌,直到不再产生气泡。 使用前立即将 5.0mL 溶液Ⅱ加入到 2.5mL 溶液Ⅰ中,用硫酸稀释至 100mL

208

指示液名称	配制方法
荧光素指示液(5g/L)	称取 0.50g 荧光素(荧光黄或荧光红),溶于乙醇,用乙醇稀释至 100mL
结晶紫指示液(5g/L)	称取 0.50g 结晶紫,溶于冰醋酸中,用冰醋酸稀释至 100mL
淀粉指示液(10g/L)	称取 1.0g 淀粉,加 5mL 水使成糊状,在搅拌下将糊状物加到 90mL 沸腾的水中,煮沸 1min~2min 冷却,稀释至 100mL。使用期为两周
1,10-菲啰啉亚铁指示液	称取 0.70g 硫酸亚铁(FeSO$_4$·7H$_2$O),溶于 70mL 水中,加 2 滴硫酸,加 1.5g 1,10-菲啰啉(C$_{12}$H$_8$N$_2$·H$_2$O)[或 1.76g1,10-菲啰啉盐酸盐(C$_{12}$H$_8$N$_2$·HCl·H$_2$O)]溶解后,稀释至 100mL。使用前制备
酚酞指示液(10g/L)	称取 1.0g 酚酞,溶于乙醇,用乙醇稀释至 100mL
铬黑 T 指示液	称取 1.0g 铬黑 T 与 100.0g 氯化钠混合,研细
铬黑 T 指示液(5g/L)	称取 0.50g 铬黑 T 和 2.0g 盐酸羟胺,溶于乙醇,用乙醇稀释至 100mL。此溶液使用前制备
硫酸铁铵指示液(80g/L)	称取 8.0g 硫酸铁铵[NH$_4$Fe(SO$_4$)$_2$·12H$_2$O],溶于水(加几滴硫酸),稀释至 100mL
紫尿酸铵指示液	称取 1.0g 紫尿酸铵及 200.0g 干燥的氯化钠,混匀,研细
溴百里香酚蓝指示液(1g/L)	称取 1.0g 溴百里香酚蓝,溶于乙醇[50%(体积分数)],用乙醇[50%(体积分数)]稀释至 100mL
溴甲酚绿指示液(1g/L)	称取 0.10g 溴甲酚绿,溶于乙醇,用乙醇稀释至 100mL
溴甲酚绿—甲基红指示液	将溴甲酚绿乙醇溶液(1g/L)与甲基红乙醇溶液(2g/L)按 3:1 体积比混合,摇匀
溴酚蓝指示液(0.4g/L)	称取 0.0400g 溴酚蓝,溶于水,稀释至 100mL
曙红钠盐指示液(5g/L)	称取 0.50g 曙红钠盐,溶于水,稀释至 100mL

二、常用试纸

附表 3-7　常用试纸

名称及颜色	制备方法	用途
淀粉—碘化钾试纸(无色)	将 3g 淀粉与 25mL 水搅匀,倾入 225mL 沸水中,再加 1g KI 及 1g 晶体 Na$_2$CO$_3$,用水稀释至 500mL,将滤纸浸入,取出后晾干	用以检出氧化剂(特别是游离卤素),作用时变蓝
刚果红试纸(红色)	将 0.5g 刚果红染料溶解于 1L 水中,加 5 滴醋酸,滤纸在温热溶液中浸渍后取出晾干	与无机酸作用变蓝(甲酸、一氯醋酸及草酸等有机酸也使它变蓝)
石蕊试纸(红及蓝)	用热的乙醇处理市售石蕊,以除去夹杂的红色素。1 份残渣与 6 份水浸煮并不断摇荡。滤去不溶物。将滤液分成两份:一份加稀 H$_3$PO$_4$ 或 H$_2$SO$_4$ 至变红;另一份加稀 NaOH 至变蓝,然后以这样溶液浸湿滤纸条,并在避光的、没有酸碱蒸气的房间中晾干	红:在碱性溶液中变蓝;蓝:在酸性溶液中变红
酚酞试纸(无色)	溶解 1g 酚酞于 100mL 95% 酒精中,摇荡溶液,同时加入 100mL 水,将滤纸放入浸渍后,取出置于无氨蒸气处晾干	在碱性溶液中变成深红色

名称及颜色	制备方法	用途
铅盐试纸（白色）	将滤纸浸于 3%醋酸铅溶液中,取出后在无 H_2S 的房间中晒干	用以检出痕迹的 H_2S,作用时变黑
姜黄试纸	取 5g 姜黄,在暗处与 40mL 乙醇浸煮,并不住摇荡。倾出溶液,用 120mL 乙醇与 100mL 水的混合液稀释之。保存于黑暗处的密闭器皿中。将滤纸放入浸渍后,取出置黑暗处晾干	与碱作用变成棕色(硼酸对它有同样的作用)
金莲橙 OO 试纸（橙黄 Ⅳ 试纸）	将 5g 金莲橙 OO 溶解在 100mL 水中,浸泡滤纸后晾干(开始为深黄色,晾干后变成鲜明的黄色)	pH 值变色范围 1.3～3.2 红色至黄色
硝酸银试纸	将滤纸浸入 25%的硝酸银溶液中,保存在棕色瓶中	检验硫化氢,作用时显黑色斑点
氯化汞试纸	将滤纸浸入 3%氯化汞乙醇溶液中,取出后晾干	比色法测砷(AsH_3)
溴化汞试纸	取 1.25g 溴化汞溶于 25mL 乙醇中,将滤纸浸入 1h 后,取出于暗处晾干,保存于密闭的棕色瓶中	比色法测砷(AsH_3)
氯化钯试纸	将滤纸浸入 0.2% $PdCl_2$ 溶液中,干燥后,再浸于 5%乙酸中,晾干	与 CO 作用呈黑色
中性红试纸（黄及红）	溶解 0.1g 中性红于 20mL 0.1mol/L 盐酸中,所得溶液用水稀释至 200mL。把滤纸(最好是用无灰滤纸)浸入于制备的指示剂溶液中数秒。新配制的红色试纸用水洗涤,并取一半浸在 1mol/L 氢氧化钠溶液中,至试纸变黄色后从氢氧化钠溶液中取出,制得的黄色或红色试纸置自来水流中小心洗涤 5min～10min,之后再用蒸馏水洗净、干燥	黄:在碱性介质中变红色,在强酸性介质中变蓝色;红:在碱性介质中变黄色,在强酸性介质中变蓝色
苯胺黄试纸（黄色）	将 5g 苯胺黄溶解在 100mL 水中,浸渍滤纸后晾干(开始试纸为黄色,晾干后变成鲜明的黄色)	在酸性介质中黄色变成红色
硫化铊试纸	将滤纸浸在 0.1mol/L 碳酸铊溶液中,然后放在硫化铵溶液中至变黑为止,取出晾干。制成试纸可维持 4 天	用以检出游离硫,作用时显红棕色斑点
亚硝酰铁氰化钠试纸	将滤纸浸在亚硝酰铁氰化钠溶液中,取出后晾干并保存于暗处	用以检出硫化物,作用时显紫红色
对二甲基苯代砷酸锆试纸	混合等分乙醇与浓盐酸,在其中溶解对二甲基苯代砷酸而制成 0.025%溶液,将滤纸浸在此溶液中数分钟,取出在空气中干燥后即呈玫瑰红色,再用 0.01%氯化锆酰在 1mol/L 盐酸溶液中浸 1min,纸即变棕色,然后用水、乙醇及乙醚顺序洗过,在真空中干燥	用于检出氟,作用时在褐色的试纸上生成无色斑,并有红色外圈
二苯氨基脲试纸	将滤纸浸在二苯氨基脲的乙醇饱和溶液中,取出后晾干。此试纸易失效,应用前新制	用于检出汞,作用时生成紫蓝色斑
硫氰化物试纸	将滤纸浸于饱和的硫氰化钾或硫氰化铵溶液中,取出后晾干	作用于高铁离子生成血红色

名称及颜色	制 备 方 法	用 途
硝酸马钱子碱试纸	将滤纸浸于硝酸马钱子碱的饱和溶液中,取出后晾干	作用于锡时生成红色斑
锌试纸	将滤纸浸入 0.3g 铜酸铵及 0.2g 亚铁氰化钾在 100mL 水中的溶液里,共浸入数分钟。取出使附着液体滴净后,将滤纸再浸在 18% 醋酸中,然后用水洗涤在室温下干燥	用于检出锌,作用时在红棕色的试纸上生成白色斑点
对二甲氨基偶氮苯代砷酸试纸	溶解 0.1g 对二甲氨基偶氮苯代砷酸于 100mL 乙醇中,在溶液中加入 5mL 浓盐酸将滤纸浸入所得的溶液中,然后在室温下干燥	用于检验锆,作用时呈现褐色斑点
黄原酸钠试纸	将滤纸浸入黄原酸钠的饱和溶液中,取出后阴干,立即浸入 10% 硝酸铜溶液中,取出用水淋洒、干燥	用于检出钼,作用时生成洋红色
蒽醌-1-偶氮二甲苯胺盐酸盐试纸	将蒽醌-1-偶氮二甲苯胺盐酸盐溶于饱和的氯化钠溶液中使其饱和,将滤纸浸于其中,取出后在空气中干燥,纸呈玫瑰色	用于检出锡,作用时生成蓝色斑,遇 HF 颜色褪去
蒽醌-1-偶氮二甲苯胺试纸	装饰滤纸浸入热的 0.05g～1g 蒽醌-1-偶氮二甲苯胺溶在含有 2 滴～3 滴浓硝酸的 100mL 乙醇溶液中,取出晾干	用于检出碲,作用时出现蓝色斑,为消除锑铋干扰可加 $NaNO_2$ 2 滴,如变玫瑰色示碲存在
2,4,6,2′,4′,6′-六硝基二苯胺试纸	在分析前临时将 0.2g 2,4,6,2′,4′,6′-六硝基二苯胺溶解在 2mL 碳酸钠溶液中,加 15mL 水,将滤纸浸入其中,取出后将滤纸贴在玻璃上,在热空气中干燥	检出钾,作用时生成红色斑
电极试纸	用下列两种溶液的等体积混合物把滤纸浸湿;①1g 酚酞溶于 100mL 乙醇中;②5g 氧化钠溶于 100mL 水中。再使试纸干燥	用于检定原电池的极的正负,在与负极导线接触呈粉红色
溴化钾—萤火黄试纸	0.2g 萤火黄、30g KBr、2gKOH 及 2gNa_2CO_3 溶于 100mL 水中,将滤纸浸入溶液后,晾干	与卤素作用呈红色
乙酸联苯胺试纸	2.86g 乙酸铜溶于水中与 475mL 饱和乙酸联苯胺溶液定容于 1L 容量瓶中混合,将滤纸浸入后晾干	与 HCN 作用呈蓝色
碘酸钾—淀粉试纸	将 1.07g KIO_3 溶于 100mL 0.05mol/L 硫酸中,加入新配制的 0.5% 淀粉溶液 100mL,将滤纸浸入后晾干	检验 NO、SO_2 等还原性气体,作用时呈蓝色
玫瑰红酸钠试纸	将滤纸浸于 0.2% 玫瑰红酸钠溶液中,取出后晾干,使用前新制备	检验银,作用时生成红色斑点
铁氰化钾及亚铁氰化钾试纸	将滤纸浸于饱和的铁氰化钾(或亚铁氰化钾)溶液中,取出后晾干	与亚铁离子(或铁离子)作用呈蓝色
α-安息香酮肟试纸	将滤纸浸入 5% 的 α-安息香酮肟的乙醇溶液中,取出后在室温下干燥	用于检出铜,作用时生成绿色斑

三、气体吸收剂

附表 3-8　气体吸收剂

被吸收气体	吸收剂	配制方法	吸收能力[①]	附注
CO	酸性 Cu_2Cl_2 溶液	100g Cu_2Cl_2 溶于 500mL HCl 中,用水稀释至 1L(加 Cu 片保存)	10	O_2 也反应
	氨性 Cu_2Cl_2 溶液	23g Cu_2Cl_2 加水 100mL,浓氨水 43mL 溶解(加 Cu 片保存)	30	
CO_2	KOH 溶液	250g KOH 溶于 800mL 水中	42	HCl、SO_2、H_2S、Cl_2 等也吸收
	$Ba(OH)_2$ 溶液	$Ba(OH)_2 \cdot 8H_2O$ 饱和溶液	少量	
Cl_2	KI 溶液	1mol/L KI 溶液	多量	用于容量分析
	Na_2SO_3 溶液	1mol/L Na_2SO_3 溶液	多量	
H_2	海绵钯	海绵钯 4g~5g		50℃反应 10min~15min
	胶态钯溶液	2g 胶态钯,加 5g 苦味酸,加 1mol/L NaOH 22mL,稀释至 100mL		
HCN	KOH 溶液	250g KOH 溶于 800mL 水中		
HCl	KOH 溶液	250g KOH 溶于 800mL 水中	多量	
	$AgNO_3$ 溶液	1mol/L $AgNO_3$ 溶液	多量	
H_2S	$CuSO_4$ 溶液	1%$CuSO_4$ 溶液		
	$Cd(Ac)_2$ 溶液	$Cd(Ac)_2$ 溶液		
N_2	Ba、Ca、Ce、Mg 等金属	使用 80 目~100 目的细粉	多量	在 800℃~1050℃使用
NH_3	酸性溶液	0.1mol/L HCl		
NO	$KMnO_4$ 溶液	0.1mol/L $KMnO_4$ 溶液		
	$FeSO_4$ 溶液	$FeSO_4$ 的饱和溶液,加 H_2SO_4 酸化		生成 $Fe(NO)^{2+}$ 反应慢
O_2	碱性焦性没食子酸溶液	焦性没食子酸(20%)- KOH(20%)- H_2O(60%)		15℃以下反应慢
	黄磷	固体	多量	反应快
	$Cr(Ac)_2$ 盐酸溶液	将 $Cr(Ac)_2$ 用 HCl 溶解		反应快
	$Na_2S_2O_3$ 溶液	50g $Na_2S_2O_3$ 溶于 25mL 6%NaOH 中	7	CO_2 也吸收
SO_2	KOH 溶液	250g KOH 溶于 800mL 水中	多量	用于容量分析
	I_2- KI 溶液	0.1mol/L I_2- KI 溶液	多量	
	H_2O_2 溶液	3% H_2O_2 溶液	多量	
不饱和烃	发烟硫酸	含 20%~25% SO_3 的 H_2SO_4(相对密度 1.94)	8	15℃以上使用
	溴溶液	5%~10% KBr 溶液用 Br_2 饱和		苯和乙炔吸收慢

① 1mL 吸收剂所吸收气体的体积

四、表面活性剂的临界胶束浓度(CMC)

附表 3-9　表面活性剂的临界胶束浓度(CMC)

化　合　物	溶　　剂	温度/℃	CMC/(mol/L)
阴离子型			
$C_8H_{17}SO_3^-Na^+$	H_2O	40	1.6×10^{-1}
$C_{10}H_{21}SO_3^-Na^+$	H_2O	10	4.8×10^{-2}
$C_{10}H_{21}SO_3^-Na^+$	H_2O	25	4.3×10^{-2}
$C_{10}H_{21}SO_3^-Na^+$	H_2O	40	4.0×10^{-2}
$C_{10}H_{21}SO_3^-Na^+$	0.1mol/L NaCl－H_2O	10	2.6×10^{-2}
$C_{10}H_{21}SO_3^-Na^+$	0.1mol/L NaCl－H_2O	25	2.1×10^{-2}
$C_{10}H_{21}SO_3^-Na^+$	0.1mol/L NaCl－H_2O	40	1.8×10^{-2}
$C_{10}H_{21}SO_3^-Na^+$	0.5mol/L NaCl－H_2O	10	7.9×10^{-3}
$C_{10}H_{21}SO_3^-Na^+$	0.5mol/L NaCl－H_2O	25	7.3×10^{-3}
$C_{10}H_{21}SO_3^-Na^+$	0.5mol/L NaCl－H_2O	40	6.5×10^{-3}
$C_{12}H_{25}SO_3^-Na^+$	H_2O	25	1.2×10^{-2}
$C_{12}H_{25}SO_3^-Na^+$	H_2O	40	1.1×10^{-2}
$C_{12}H_{25}SO_3^-Na^+$	0.1mol/L NaCl－H_2O	25	2.5×10^{-3}
$C_{12}H_{25}SO_3^-Na^+$	0.1mol/L NaCl－H_2O	40	2.4×10^{-3}
$C_{12}H_{25}SO_3^-Na^+$	0.5mol/L NaCl－H_2O	40	7.9×10^{-4}
$C_{14}H_{29}SO_3^-Na^+$	H_2O	40	2.5×10^{-3}
$C_{16}H_{33}SO_3^-Na^+$	H_2O	50	7.0×10^{-4}
$C_8H_{17}SO_4^-Na^+$	H_2O	40	1.4×10^{-1}
$C_{10}H_{21}SO_4^-Na^+$	H_2O	40	3.3×10^{-2}
$C_{11}H_{23}SO_4^-Na^+$	H_2O	21	1.6×10^{-2}
$C_{12}H_{25}SO_4^-Na^+$	H_2O	25	8.2×10^{-3}
$C_{12}H_{25}SO_4^-Na^+$	H_2O	40	8.6×10^{-3}
$C_{12}H_{25}SO_4^-Na^+$	H_2O－环己烷	25	7.4×10^{-3}
$C_{12}H_{25}SO_4^-Na^+$	H_2O－辛烷	25	8.1×10^{-3}
$C_{12}H_{25}SO_4^-Na^+$	H_2O－癸烷	25	8.5×10^{-3}
$C_{12}H_{25}SO_4^-Na^+$	H_2O－十七烷	25	8.5×10^{-3}
$C_{12}H_{25}SO_4^-Na^+$	H_2O－环己烯	25	7.9×10^{-3}
$C_{12}H_{25}SO_4^-Na^+$	H_2O－四氯化碳	25	6.8×10^{-3}
$C_{12}H_{25}SO_4^-Na^+$	H_2O－苯	25	6.0×10^{-3}
$C_{12}H_{25}SO_4^-Na^+$	31mol/L 二噁烷－H_2O	25	9.0×10^{-3}
$C_{12}H_{25}SO_4^-Na^+$	0.01mol/L NaCl－H_2O	21	5.6×10^{-3}
$C_{12}H_{25}SO_4^-Na^+$	0.03mol/L NaCl－H_2O	21	3.2×10^{-3}
$C_{12}H_{25}SO_4^-Na^+$	0.01mol/L NaCl－H_2O	21	1.5×10^{-3}

化 合 物	溶 剂	温度/℃	CMC/(mol/L)
阴离子型			
$C_{12}H_{25}SO_4^-Na^+$	0.01mol/L NaCl—H_2O—庚烷	20	1.4×10^{-3}
$C_{12}H_{25}SO_4^-Na^+$	0.01mol/L NaCl—H_2O—乙苯	20	1.1×10^{-3}
$C_{12}H_{25}SO_4^-Na^+$	0.01mol/L NaCl—H_2O—乙酸乙醋	20	1.8×10^{-3}
$C_{12}H_{25}SO_4^-Li^+$	H_2O	25	8.9×10^{-3}
$C_{12}H_{25}SO_4^-K^+$	H_2O	40	7.8×10^{-3}
$(C_{12}H_{25}SO_4^-)_2Ca^{2+}$	H_2O	70	3.4×10^{-3}
$C_{12}H_{25}SO_4^-N^+(CH_3)_4$	H_2O	25	5.5×10^{-3}
$C_{12}H_{25}SO_4^-N^+(C_2H_5)_4$	H_2O	30	4.5×10^{-3}
$C_{12}H_{25}SO_4^-N^+(C_3H_7)_4$	H_2O	25	2.2×10^{-3}
$C_{12}H_{25}SO_4^-N^+(C_4H_9)_4$	H_2O	30	1.3×10^{-3}
$C_{12}H_{25}SO_4^-Na^+$	H_2O	40	4.3×10^{-3}
$C_{14}H_{29}SO_4^-Na^+$	H_2O	25	2.1×10^{-3}
$C_{14}H_{29}SO_4^-Na^+$	H_2O	40	2.2×10^{-3}
$C_{15}H_{31}SO_4^-Na^+$	H_2O	40	1.2×10^{-3}
$C_{16}H_{33}SO_4^-Na^+$	H_2O	40	5.8×10^{-4}
$C_{18}H_{37}SO_4^-Na^+$	H_2O	50	2.3×10^{-4}
$C_{12}H_{25}CH(SO_4^-Na^+)C_3H_7$	H_2O	40	1.7×10^{-3}
$C_{10}H_{21}CH(SO_4^-Na^+)C_5H_{11}$	H_2O	40	2.4×10^{-3}
$C_8H_{17}CH(SO_4^-Na^+)C_7H_{15}$	H_2O	40	4.3×10^{-3}
$C_{13}H_{27}CH(CH_3)CH_2SO_4^-Na^+$	H_2O	40	8.0×10^{-4}
$C_{12}H_{25}CH(C_2H_5)CH_2SO_4^-Na^+$	H_2O	40	9.0×10^{-4}
$C_{11}H_{25}CH(C_3H_7)CH_2SO_4^-Na^+$	H_2O	40	1.1×10^{-3}
$C_{10}H_{21}CH(C_4H_9)CH_2SO_4^-Na^+$	H_2O	40	1.5×10^{-3}
$C_9H_{19}CH(C_5H_{11})CH_2SO_4^-Na^+$	H_2O	40	2×10^{-3}
$C_8H_{17}CH(C_6H_{13})CH_2SO_4^-Na^+$	H_2O	40	2.3×10^{-3}
$C_7H_{15}CH(C_7H_{15})CH_2SO_4^-Na^+$	H_2O	40	3×10^{-3}
$C_{10}H_{21}OC_2H_4SO_3^-Na^+$	H_2O	25	1.5×10^{-2}
$C_{10}H_{21}OC_2H_4SO_3^-Na^+$	0.1mol/L NaCl—H_2O	25	5.5×10^{-3}
$C_{10}H_{21}OC_2H_4SO_3^-Na^+$	0.5mol/L NaCl—H_2O	25	2.0×10^{-3}
$C_{12}H_{25}OC_2H_4SO_4^-Na^+$	H_2O	25	3.9×10^{-3}
$C_{12}H_{25}OC_2H_4SO_4^-Na^+$	0.1mol/L NaCl—H_2O	25	4.3×10^{-4}
$C_{12}H_{25}OC_2H_4SO_4^-Na^+$	0.5mol/L NaCl—H_2O	25	1.3×10^{-4}
$C_{12}H_{25}(OC_2H_4)_2SO_4^-Na^+$	H_2O	10	3.1×10^{-3}
$C_{12}H_{25}(OC_2H_4)_2SO_4^-Na^+$	H_2O	25	2.9×10^{-3}
$C_{12}H_{25}(OC_2H_4)_2SO_4^-Na^+$	H_2O	40	2.8×10^{-3}

（续）

化　合　物	溶　剂	温度/℃	CMC/(mol/L)
阴离子型			
$C_{12}H_{25}(OC_2H_4)_2SO_4^-Na^+$	0.1mol/L NaCl—H_2O	10	3.2×10^{-4}
$C_{12}H_{25}(OC_2H_4)_2SO_4^-Na^+$	0.1mol/L NaCl—H_2O	25	2.9×10^{-4}
$C_{12}H_{25}(OC_2H_4)_2SO_4^-Na^+$	0.1mol/L NaCl—H_2O	40	2.8×10^{-4}
$C_{12}H_{25}(OC_2H_4)_2SO_4^-Na^+$	0.5mol/L NaCl—H_2O	10	1.1×10^{-4}
$C_{12}H_{25}(OC_2H_4)_2SO_4^-Na^+$	0.5mol/L NaCl—H_2O	25	1.0×10^{-4}
$C_{12}H_{25}(OC_2H_4)_2SO_4^-Na^+$	0.5mol/L NaCl—H_2O	40	1.0×10^{-4}
$C_{12}H_{25}(OC_2H_4)_3SO_4^-Na^+$	H_2O	50	2.0×10^{-3}
$C_{12}H_{25}(OC_2H_4)_4SO_4^-Na^+$	H_2O	50	1.3×10^{-3}
$C_6H_{13}OOCCH_2SO_3^-Na^+$	H_2O	25	1.7×10^{-1}
$C_8H_{17}OOCCH_2SO_3^-Na^+$	H_2O	25	6.6×10^{-2}
$C_{10}H_{21}OOCCH_2SO_3^-Na^+$	H_2O	25	2.2×10^{-2}
$C_8H_{17}OOC(CH_2)_2SO_3^-Na^+$	H_2O	30	4.6×10^{-2}
$C_{10}H_{21}OOC(CH_2)_2SO_3^-Na^+$	H_2O	30	1.1×10^{-2}
$C_{12}H_{25}OOC(CH_2)2SO_3^-Na^+$	H_2O	30	2.2×10^{-3}
$C_{14}H_{29}OOC(CH_2)_2SO_3^-Na^+$	H_2O	40	9×10^{-4}
$C_4H_9OOCCH_2CH(SO_3^-Na^+)COOC_4H_9$	H_2O	25	2.0×10^{-1}
$C_5H_{11}OOCCH_2CH(SO_3^-Na^+)COOC_5H_{11}$	H_2O	25	5.3×10^{-2}
$C_6H_{13}OOCCH_2CH(SO_3^-Na^+)COOC_6H_{13}$	H_2O	25	1.4×10^{-2}
$C_4H_9CH(C_2H_5)CH_2OOCCH_2CH(SO_3^-Na^+)$ $COOCH_2CH(C_2H_5)C_4H_9$	H_2O	25	2.5×10^{-3}
$C_8H_{17}OOCCH_2CH(SO_3^-Na^+)COOC_8H_{17}$	H_2O	25	6.8×10^{-4}
$p-n-C_8H_{17}C_6H_4SO_3^-Na^+$	H_2O	35	1.5×10^{-2}
$p-n-C_{10}H_{21}C_6H_4SO_3^-Na^+$	H_2O	50	3.1×10^{-3}
$p-n-C_{12}H_{25}C_6H_4SO_3^-Na^+$	H_2O	60	1.2×10^{-3}
$C_{16}H_{33}-7-C_6H_4SO_3^-Na^+$	H_2O	45	5.1×10^{-5}
$C_{16}H_{33}-7-C_6H_4SO_3^-Na^+$	0.5mol/L NaCl—H_2O	45	3.2×10^{-6}
含氟阴离子型			
$C_7F_{15}COO^-K^+$	H_2O	25	2.9×10^{-2}
$C_7F_{15}COO^-Na^+$	H_2O	25	3.0×10^{-2}
$(CF_3)_2CF(CF_2)_4COO^-Na^+$	H_2O	25	3.0×10^{-2}
$n-C_8F_{15}SO_3^-Li^+$	H_2O	25	6.3×10^{-2}
阳离子型			
$C_8H_{17}N^+(CH_3)_3Br^-$	H_2O	25	1.4×10^{-1}
$C_{10}H_{21}N^+(CH_3)_3Br^-$	H_2O	25	6.8×10^{-2}
$C_{10}H_{21}N^+(CH_3)_3Cl^-$	H_2O	25	6.1×10^{-2}

215

化　合　物	溶　剂	温度/℃	CMC/(mol/L)
阳离子型			
$C_{12}H_{25}N^+(CH_3)_3Br^-$	H_2O	25	1.6×10^{-2}
$C_{12}H_{25}N^+(CH_3)_3Cl^-$	H_2O	25	2.0×10^{-2}
$C_{12}H_{25}N^+(CH_3)_3F^-$	$0.5mol/L\ NaF-H_2O$	31.5	8.4×10^{-3}
$C_{12}H_{25}N^+(CH_3)_3Cl^-$	$0.5mol/L\ NaCl-H_2O$	31.5	3.8×10^{-3}
$C_{12}H_{25}N^+(CH_3)_3Br^-$	$0.5mol/L\ NaBr-H_2O$	31.5	1.9×10^{-3}
$C_{12}H_{25}N^+(CH_3)_3NO_3^-$	$0.5mol/L\ NaNO_3-H_2O$	31.5	8×10^{-4}
$C_{14}H_{29}N^+(CH_3)_3Br^-$	H_2O	25	3.6×10^{-3}
$C_{14}H_{29}N^+(CH_3)_3Cl^-$	H_2O	25	4.5×10^{-3}
$C_{16}H_{33}N^+(CH_3)_3Br^-$	H_2O	25	9.2×10^{-4}
$C_{16}H_{33}N^+(CH_3)_3Cl^-$	H_2O	30	1.3×10^{-3}
$C_{12}H_{25}Pyr^+Br^-$①	H_2O	10	1.1×10^{-2}
$C_{12}H_{25}Pyr^+Br^-$	H_2O	25	1.1×10^{-2}
$C_{12}H_{25}Pyr^+Br^-$	H_2O	40	1.1×10^{-2}
$C_{12}H_{25}Pyr^+Br^-$	$0.1mol/L\ NaBr-H_2O$	10	2.7×10^{-3}
$C_{12}H_{25}Pyr^+Br^-$	$0.1mol/L\ NaBr-H_2O$	25	2.7×10^{-3}
$C_{12}H_{25}Pyr^+Br^-$	$0.1mol/L\ NaBr-H_2O$	40	2.8×10^{-3}
$C_{12}H_{25}Pyr^+Br^-$	$0.5mol/L\ NaBr-H_2O$	10	1.0×10^{-3}
$C_{12}H_{25}Pyr^+Br^-$	$0.5mol/L\ NaBr-H_2O$	25	1.0×10^{-3}
$C_{12}H_{25}Pyr^+Br^-$	$0.5mol/L\ NaBr-H_2O$	40	1.1×10^{-3}
$C_{12}H_{25}Pyr^+Cl^-$	H_2O	10	1.7×10^{-2}
$C_{12}H_{25}Pyr^+Cl^-$	H_2O	25	1.7×10^{-2}
$C_{12}H_{25}Pyr^+Cl^-$	H_2O	40	1.7×10^{-2}
$C_{12}H_{25}Pyr^+Cl^-$	$0.1mol/L\ NaCl-H_2O$	10	5.5×10^{-3}
$C_{12}H_{25}Pyr^+Cl^-$	$0.1mol/L\ NaCl-H_2O$	25	4.8×10^{-3}
$C_{12}H_{25}Pyr^+Cl^-$	$0.1mol/L\ NaCl-H_2O$	40	4.5×10^{-3}
$C_{12}H_{25}Pyr^+Cl^-$	$0.5mol/L\ NaCl-H_2O$	10	1.9×10^{-3}
$C_{12}H_{25}Pyr^+Cl^-$	$0.5mol/L\ NaCl-H_2O$	25	1.7×10^{-3}
$C_{12}H_{25}Pyr^+Cl^-$	$0.5mol/L\ NaCl-H_2O$	40	1.7×10^{-3}
$C_{12}H_{25}Pyr^+I^-$	H_2O	25	5.3×10^{-3}
$C_{14}H_{29}Pyr^+Br^-$	H_2O	30	2.6×10^{-3}
$C_{16}H_{33}Pyr^+Cl^-$	H_2O	25	9.0×10^{-4}
$C_{18}H_{37}Pyr^+Cl^-$	H_2O	25	2.4×10^{-4}
$C_{12}H_{25}N^+(C_2H_5)(CH_3)_2Br^-$	H_2O	25	1.4×10^{-2}
$C_{12}H_{25}N^+(C_4H_9)(CH_3)_2Br^-$	H_2O	25	7.5×10^{-3}
$C_{12}H_{25}N^+(C_6H_{13})(CH_3)_2Br^-$	H_2O	25	3.1×10^{-3}

化 合 物	溶 剂	温度/℃	CMC/(mol/L)
阳离子型			
$C_{12}H_{25}N^+(C_8H_{17})(CH_3)_2Br^-$	H_2O	25	1.1×10^{-3}
$C_{14}H_{29}N^+(C_2H_5)_3Br^-$	H_2O	25	3.1×10^{-3}
$C_{14}H_{29}N^+(C_3H_7)_3Br^-$	H_2O	25	2.1×10^{-3}
$C_{14}H_{29}N^+(C_4H_9)_3Br^-$	H_2O	25	1.2×10^{-3}
$C_{10}H_{21}N^+(CH_3)_2Br^-$	H_2O	25	1.8×10^{-3}
$C_{12}H_{25}N^+(CH_3)_2Br^-$	H_2O	25	1.7×10^{-4}
阴离子—阳离子盐			
$C_6H_{13}SO_4^- \cdot {}^+N(CH_3)_3C_6H_{13}$	H_2O	25	1.1×10^{-1}
$C_6H_{13}SO_4^- \cdot {}^+N(CH_3)_3C_8H_{17}$	H_2O	25	2.9×10^{-2}
$C_8H_{17}SO_4^- \cdot {}^+N(CH_3)_3C_6H_{13}$	H_2O	25	1.9×10^{-2}
$C_4H_9SO_4^- \cdot {}^+N(CH_3)_3C_{10}H_{21}$	H_2O	25	1.9×10^{-2}
$CH_3SO_4^- \cdot {}^+N(CH_3)_3C_{12}H_{25}$	H_2O	25	1.3×10^{-2}
$C_2H_5SO_4^- \cdot {}^+N(CH_3)_3C_{12}H_{25}$	H_2O	25	9.3×10^{-3}
$C_{10}H_{21}SO_4^- \cdot {}^+N(CH_3)_3C_4H_9$	H_2O	25	9.3×10^{-2}
$C_8H_{17}SO_4^- \cdot {}^+N(CH_3)_3C_8H_{17}$	H_2O	25	7.5×10^{-2}
$C_4H_9SO_4^- \cdot {}^+N(CH_3)_3C_{12}H_{25}$	H_2O	25	5.0×10^{-2}
$C_6H_{13}SO_4^- \cdot {}^+N(CH_3)_3C_{12}H_{25}$	H_2O	25	2.0×10^{-2}
$C_{10}H_{21}SO_4^- \cdot {}^+N(CH_3)_3C_{12}H_{25}$	H_2O	25	4.6×10^{-4}
$C_8H_{17}SO_4^- \cdot {}^+N(CH_3)_3C_{12}H_{25}$	H_2O	25	5.2×10^{-4}
$C_{12}H_{25}SO_4^- \cdot {}^+N(CH_3)_3C_{12}H_{25}$	H_2O	25	4.6×10^{-4}
两性型			
$C_8H_{17}N^+(CH_3)_2CH_2COO^-$	H_2O	27	2.5×10^{-1}
$C_{10}H_{21}N^+(CH_3)_2CH_2COO^-$	H_2O	23	1.8×10^{-2}
$C_{12}H_{25}N^+(CH_3)_2CH_2COO^-$	H_2O	23	1.8×10^{-3}
$C_{14}H_{29}N^+(CH_3)_2CH_2COO^-$	H_2O	23	1.8×10^{-4}
$C_{16}H_{33}N^+(CH_3)_2CH_2COO^-$	H_2O	23	2.0×10^{-5}
$C_8H_{17}(COO^-)N^+(CH_3)_3$	H_2O	27	9.7×10^{-2}
$C_8H_{17}CH(COO^-)N^+(CH_3)_3$	H_2O	60	8.6×10^{-2}
$C_{10}H_{21}CH(COO^-)N^+(CH_3)_3$	H_2O	27	1.3×10^{-2}
$C_{12}H_{25}CH(COO^-)N^+(CH_3)_3$	H_2O	27	1.3×10^{-3}
$C_{10}H_{21}CH(Pyr^+)COO^-$	H_2O	25	5.2×10^{-3}
$C_{12}H_{25}CH(Pyr^+)COO^-$	H_2O	25	6.0×10^{-4}
$C_{14}H_{29}CH(Pyr^+)COO^-$	H_2O	40	7.4×10^{-5}
$C_{10}H_{21}N^+(CH_3)(CH_2C_6H_5)CH_2COO^-$	$H_2O,pH=5.5\sim5.9$	25	5.3×10^{-3}
$C_{10}H_{21}N^+(CH_3)(CH_2C_6H_5)CH_2COO^-$	$H_2O,pH=5.5\sim5.9$	40	4.4×10^{-3}

化 合 物	溶 剂	温度/℃	CMC/(mol/L)
两性型			
$C_{10}H_{21}N^+(CH_3)(CH_2C_6H_5)CH_2CH_2SO_3^-$	$H_2O,pH=5.5\sim5.9$	40	4.6×10^{-3}
$C_{12}H_{25}N^+(CH_3)(CH_2C_6H_5)CH_2COO^-$	$H_2O,pH=5.5\sim5.9$	25	5.5×10^{-4}
$C_{12}H_{25}N^+(CH_3)(CH_2C_6H_5)CH_2COO^-$	H_2O—环己烷	25	3.7×10^{-4}
$C_{12}H_{25}N^+(CH_3)(CH_2C_6H_5)CH_2COO^-$	H_2O—异辛烷	25	4.2×10^{-4}
$C_{12}H_{25}N^+(CH_3)(CH_2C_6H_5)CH_2COO^-$	H_2O—庚烷	25	4.4×10^{-4}
$C_{12}H_{25}N^+(CH_3)(CH_2C_6H_5)CH_2COO^-$	H_2O—十二烷	25	4.9×10^{-4}
$C_{12}H_{25}N^+(CH_3)(CH_2C_6H_5)CH_2COO^-$	H_2O—七甲基壬烷	25	5.0×10^{-4}
$C_{12}H_{25}N^+(CH_3)(CH_2C_6H_5)CH_2COO^-$	H_2O—十六烷	25	5.3×10^{-4}
$C_{12}H_{25}N^+(CH_3)(CH_2C_6H_5)CH_2COO^-$	H_2O—甲苯	25	1.9×10^{-4}
$C_{12}H_{25}N^+(CH_3)(CH_2C_6H_5)CH_2COO^-$	$0.1mol/L\ NaBr$—H_2O	25	3.8×10^{-4}
$n-C_{12}H_{25}N(CH_3)_2O$	H_2O	27	2.1×10^{-3}
非离子型			
$C_8H_{17}CHOHCH_2OH$	H_2O	25	2.3×10^{-3}
$C_8H_{17}CHOHCH_2CH_2OH$	H_2O	25	2.3×10^{-3}
$C_{10}H_{21}CHOHCH_2OH^{②}$	H_2O	25	1.8×10^{-4}
$C_{12}H_{25}CHOHCH_2CH_2OH$	H_2O	25	1.3×10^{-5}
$C_{14}H_{29}(OC_2H_4)_6OH$	H_2O	25	1.0×10^{-5}
$C_{14}H_{29}(OC_2H_4)_8OH$	H_2O	15	1.1×10^{-5}
$C_{14}H_{31}(OC_2H_4)_8OH$	H_2O	25	9.0×10^{-6}
$C_{15}H_{29}(OC_2H_4)_8OH$	H_2O	40	7.2×10^{-6}
$C_{14}H_{29}(OC_2H_4)_8OH$	H_2O	15	4.1×10^{-6}
$C_{15}H_{31}(OC_2H_4)_8OH$	H_2O	25	3.5×10^{-6}
$C_{15}H_{31}(OC_2H_4)_8OH$	H_2O	40	3.0×10^{-6}
$C_{16}H_{33}O(OC_2H_4)_7OH$	H_2O	25	1.7×10^{-6}
$C_{16}H_{33}O(OC_2H_4)_9OH$	H_2O	25	2.1×10^{-6}
$C_{16}H_{33}O(OC_2H_4)_{12}OH$	H_2O	25	2.3×10^{-6}
$n-C_4H_9(OC_2H_4)_6OH$	H_2O	20	8.0×10^{-1}
$n-C_4H_9(OC_2H_4)_6OH$	H_2O	40	7.1×10^{-1}
$(CH_3)_2CHCH_2(OC_2H_4)_6OH$	H_2O	20	9.1×10^{-1}
$(CH_3)_2CHCH_2(OC_2H_4)_6OH$	H_2O	40	8.5×10^{-1}
$n-C_6H_{13}(OC_2H_4)_6OH$	H_2O	20	7.4×10^{-2}
$n-C_6H_{13}(OC_2H_4)_6OH$	H_2O	40	5.2×10^{-2}
$(C_2H_5)_2CHCH_2(OC_2H_4)_6OH$	H_2O	20	1.0×10^{-1}
$(C_2H_5)_2CHCH_2(OC_2H_4)_6OH$	H_2O	40	8.7×10^{-2}
$C_8H_{17}OC_2H_4OH$	H_2O	25	4.9×10^{-3}

化　合　物	溶　剂	温度/℃	CMC/(mol/L)
非离子型			
$C_8H_{17}(OC_2H_4)_3OH$	H_2O	25	7.5×10^{-3}
$C_8H_{17}(OC_2H_4)_6OH$	H_2O	25	9.9×10^{-3}
$(C_3H_7)_2CHCH_2(OC_2H_4)_6OH$	H_2O	20	2.3×10^{-2}
$C_{10}H_{21}(OC_2H_4)_4OH$	H_2O	25	6.8×10^{-4}
$C_{10}H_{21}(OC_2H_4)_6OH$	H_2O	25	9.0×10^{-4}
$C_{10}H_{21}(OC_2H_4)_8OH$	H_2O	15	1.4×10^{-3}
$C_{10}H_{21}(OC_2H_4)_8OH$	H_2O	25	1.0×10^{-3}
$C_{10}H_{21}(OC_2H_4)_8OH$	H_2O	40	7.6×10^{-4}
$(C_4H_9)_2CHCH_2(OC_2H_4)_6OH$	H_2O	20	3.1×10^{-3}
$(C_4H_9)_2CHCH_2(OC_2H_4)_9OH$	H_2O	20	3.2×10^{-3}
$C_{11}H_{23}(OC_2H_4)_8OH$	H_2O	15	4.0×10^{-4}
$C_{11}H_{23}(OC_2H_4)_8OH$	H_2O	25	3.0×10^{-4}
$C_{11}H_{23}(OC_2H_4)_8OH$	H_2O	40	2.3×10^{-4}
$C_{12}H_{25}(OC_2H_4)_2OH$	H_2O	10	3.8×10^{-5}
$C_{12}H_{25}(OC_2H_4)_2OH$	H_2O	25	3.3×10^{-5}
$C_{12}H_{25}(OC_2H_4)_2OH$	H_2O	40	3.2×10^{-5}
$C_{12}H_{25}(OC_2H_4)_3OH$	H_2O	10	6.3×10^{-5}
$C_{12}H_{25}(OC_2H_4)_3OH$	H_2O	25	5.2×10^{-5}
$C_{12}H_{25}(OC_2H_4)_3OH$	H_2O	40	5.6×10^{-5}
$C_{12}H_{25}(OC_2H_4)_4OH$	H_2O	10	8.2×10^{-5}
$C_{12}H_{25}(OC_2H_4)_4OH$	H_2O	25	6.4×10^{-5}
$C_{12}H_{25}(OC_2H_4)_4OH$	H_2O	40	5.9×10^{-5}
$C_{12}H_{25}(OC_2H_4)_5OH$	H_2O	10	9.0×10^{-5}
$C_{12}H_{25}(OC_2H_4)_5OH$	H_2O	25	6.4×10^{-5}
$C_{12}H_{25}(OC_2H_4)_5OH$	H_2O	40	5.9×10^{-5}
$C_{12}H_{25}(OC_2H_4)_6OH$	H_2O	20	8.7×10^{-5}
$C_{12}H_{25}(OC_2H_4)_7OH$	H_2O	10	12.1×10^{-5}
$C_{12}H_{25}(OC_2H_4)_7OH$	H_2O	25	8.2×10^{-5}
$C_{12}H_{25}(OC_2H_4)_7OH$	H_2O	40	7.3×10^{-5}
$C_{12}H_{25}(OC_2H_4)_8OH$	H_2O	10	1.5×10^{-4}
$C_{12}H_{25}(OC_2H_4)_8OH$	H_2O	25	1.0×10^{-4}
$C_{12}H_{25}(OC_2H_4)_8OH$	H_2O	40	9.3×10^{-5}
$C_{12}H_{25}(OC_2H_4)_9OH$	H_2O	23	10.0×10^{-5}
$C_{12}H_{25}(OC_2H_4)_{12}OH$	H_2O	23	14.0×10^{-5}
$C_{13}H_{27}(OC_2H_4)_8OH$	H_2O	15	3.2×10^{-5}

（续）

化　合　物	溶　剂	温度/℃	CMC/(mol/L)
非离子型			
$C_{13}H_{27}(OC_2H_4)_8OH$	H_2O	25	2.7×10^{-5}
$C_{13}H_{27}(OC_2H_4)_8OH$	H_2O	40	2.0×10^{-5}
$C_{16}H_{33}(OC_2H_4)_{15}H$	H_2O	25	3.1×10^{-6}
$C_{16}H_{33}(OC_2H_4)_{21}H$	H_2O	25	3.9×10^{-6}
$p-t-C_8H_{17}C_6H_4O(C_2H_4O)_2H$	H_2O	25	1.3×10^{-4}
$p-t-C_8H_{17}C_6H_4O(C_2H_4O)_3H$	H_2O	25	9.7×10^{-5}
$p-t-C_8H_{17}C_6H_4O(C_2H_4O)_4H$	H_2O	25	1.3×10^{-4}
$p-t-C_8H_{17}C_6H_4O(C_2H_4O)_5H$	H_2O	25	1.5×10^{-4}
$p-t-C_8H_{17}C_6H_4O(C_2H_4O)_6H$	H_2O	25	2.1×10^{-4}
$p-t-C_8H_{17}C_6H_4O(C_2H_4O)_7H$	H_2O	25	2.5×10^{-4}
$p-t-C_8H_{17}C_6H_4O(C_2H_4O)_8H$	H_2O	25	2.8×10^{-4}
$p-t-C_8H_{17}C_6H_4O(C_2H_4O)_9H$	H_2O	25	3.0×10^{-4}
$p-t-C_8H_{17}C_6H_4O(C_2H_4O)_{10}H$	H_2O	25	3.3×10^{-4}
$C_9H_{19}C_6H_4(OC_2H_4)_{10}OH$③	H_2O	25	7.5×10^{-5}
$C_9H_{19}C_6H_4(OC_2H_4)_{10}OH$③	3mol/L 尿素－H_2O	25	10.0×10^{-5}
$C_9H_{19}C_6H_4(OC_2H_4)_{10}OH$③	6mol/L 尿素－H_2O	25	24.0×10^{-5}
$C_9H_{19}C_6H_4(OC_2H_4)_{10}OH$③	3mol/L 氯化胍－H_2O	25	14.0×10^{-5}
$C_9H_{19}C_6H_4(OC_2H_4)_{10}OH$③	1.5mol/L 二噁烷－H_2O	25	10.0×10^{-5}
$C_9H_{19}C_6H_4(OC_2H_4)_{10}OH$③	3mol/L 二噁烷－H_2O	25	18.0×10^{-5}
$C_9H_{19}C_6H_4(OC_2H_4)_{31}OH$③	H_2O	25	1.8×10^{-4}
$C_9H_{19}C_6H_4(OC_2H_4)_{31}OH$③	3mol/L 尿素－H_2O	25	3.5×10^{-4}
$C_9H_{19}C_6H_4(OC_2H_4)_{31}OH$③	6mol/L 尿素－H_2O	25	7.4×10^{-4}
$C_9H_{19}C_6H_4(OC_2H_4)_{31}OH$③	3mol/L 氯化胍－H_2O	25	4.3×10^{-4}
$C_9H_{19}C_6H_4(OC_2H_4)_{31}OH$③	3mol/L 二噁烷－H_2O	25	5.7×10^{-4}
正辛基－β－D－葡萄苷	H_2O	25	2.5×10^{-2}
正葵基－β－D－葡萄苷	H_2O	25	2.2×10^{-3}
正十二烷基－β－D－葡萄苷	H_2O	25	1.9×10^{-4}
$n-C_6H_{13}[OCH_2CH(CH_3)]_2(OC_2H_4)_{9.9}OH$	H_2O	20	4.7×10^{-2}
$n-C_6H_{13}[OCH_2CH(CH_3)]_3(OC_2H_4)_{9.7}OH$	H_2O	20	3.2×10^{-2}
$n-C_6H_{13}[OCH_2CH(CH_3)]_4(OC_2H_4)_{9.9}OH$	H_2O	20	1.9×10^{-2}
$n-C_6H_{13}[OCH_2CH(CH_3)]_3(OC_2H_4)_{9.7}OH$	H_2O	20	1.1×10^{-2}
$C_6F_{13}CH_2CH_2(OC_2H_4)_{14}OH$	H_2O	20	6.1×10^{-4}
$C_6F_{13}CH_2CH_2(OC_2H_4)_{11.5}OH$	H_2O	20	4.5×10^{-4}
$C_8H_{17}CH_2CH_2N(C_2H_4OH)_2$	H_2O	20	1.6×10^{-4}
单月桂酸蔗糖酯	H_2O	25	3.4×10^{-4}

220

化 合 物	溶 剂	温度/℃	CMC/(mol/L)
非离子型			
单油酸蔗糖酯	H_2O	25	5.1×10^{-6}
$C_{11}F_{23}CON(C_2H_4OH)_2$	H_2O	25	2.6×10^{-4}
$C_{15}F_{31}CON(C_2H_4OH)_2$	H_2O	35	11.5×10^{-6}
硅烷基非离子型			
$(CH_3)_3SiO[Si(CH_3)_2O]_3Si(CH_3)_2CH_2(C_2H_4O)_{8.2}CH_3$	H_2O	25	5.6×10^{-5}
$(CH_3)_3SiO[Si(CH_3)_2O]_3Si(CH_3)_2CH_2(C_2H_4O)_{12.8}CH_3$	H_2O	25	2.0×10^{-5}
$(CH_3)_3SiO[Si(CH_3)_2O]_3Si(CH_3)_2CH_2(C_2H_4O)_{17.3}CH_3$	H_2O	25	1.5×10^{-5}
$(CH_3)_3SiO[Si(CH_3)_2O]_9Si(CH_3)_2CH_2(C_2H_4O)_{17.3}CH_3$	H_2O	25	5.0×10^{-5}

① Pyr^+ 为吡啶鎓盐（ $\bighexagon N^+ - R$ ）。

② 在克拉夫特(Krafft)点以下,过饱和溶液。

③ 亲水基是不均匀的,但分子蒸馏已将聚氧乙烯链的分布缩窄

五、不同温度时某些液体的表面张力

附表 3-10 不同温度时某些液体的表面张力

化 合 物	$\gamma/(mN/m)$						
	0℃	10℃	20℃	30℃	40℃	50℃	60℃
CH_2CHCH_2OH(丙烯醇)			25.63	24.92			
$C_6H_5NH_2$(苯胺)	45.42	44.38	43.30	42.24	41.20	40.1	38.4
CH_3COCH_3(丙酮)	25.21	25.0	23.32	22.01	21.16	19.9	18.61
CH_3CN(乙腈)			29.10	27.80			
$C_6H_5COCH_3$(苯乙酮)		39.5	38.21				
$C_6H_5CH_2OH$(苯甲醇)			29.69	38.94			
C_6H_6(苯)		30.26	28.90	27.61	26.26	24.98	23.72
C_6H_5Br(溴苯)		36.34	35.09				
H_2O(水)	75.64	74.22	72.75	71.18	69.56	67.91	66.18
C_6H_{14}(己烷)	20.52	19.4	18.42	17.4	16.35	15.3	14.2
$CH_2OHCHOHCH_2OH$(甘油)			63.40				
$(C_2H_5)_2O$(乙醚)			17.40	15.95			
CH_3OH(甲醇)	24.5	23.5	22.6	21.8	20.9	20.1	19.3
$HCOOCH_3$(甲酸甲酯)			24.64	23.09			
$C_6H_5NO_2$(硝基苯)	46.4	45.20	43.90	42.7	41.5	40.2	39.0
C_5H_5N(氮杂苯)			38.0		35.0		
CS_2(二硫化碳)			32.25	30.79			

化 合 物	$\gamma/(mN/m)$						
	0℃	10℃	20℃	30℃	40℃	50℃	60℃
C_4H_4S（硫茂）			33.10		30.1		
$C_6H_5CH_3$（甲苯）	30.8	29.6	23.53	27.40	26.2	25.0	23.8
CH_3COON（乙酸）	29.7	28.8	27.63	26.8	25.8	24.65	23.8
$(CH_3CO)_2O$（乙酐）			32.65	31.22	30.05	29.0	
$C_6H_5NHNH_2$（苯肼）			45.55	44.31			40.40
C_6H_5Cl（氯苯）	36.0	34.8	33.28	32.3	31.1	29.9	28.7
$CHCl_3$（氯仿）		28.50	27.28	25.89			21.73
CCl_4（四氯化碳）	29.38	28.05	26.70	25.54	24.41	23.22	22.38
C_2H_5OH（乙醇）	24.05	23.14	22.32	21.48	20.60	19.80	19.01
C_7H_{16}（正庚烷）		21.12	20.14	19.17	18.18	17.20	16.22
$C_{16}H_{34}$（十六烷）			27.47	26.62	25.76	24.91	24.06
C_6H_{12}（环己烷）		26.43	25.24	24.06	22.87	21.68	20.49

六、彼此互相饱和时两种液体的界面张力

附表 3-11　彼此互相饱和时两种液体的界面张力

液 体	$T/℃$	$\gamma/(mN/m)$	液 体	$T/℃$	$\gamma/(mN/m)$
水—正己烷	20	51.1	水—甲苯	25	36.1
水—正辛烷	20	50.8	水—乙基苯	17.5	31.35
水—四氯化碳	20	45	水—苯甲醇	22.5	4.75
水—乙醚	20	10.7	水—苯胺	20	5.77
水—异丁醇	18	2.1	汞—正辛烷	20	374.7
水—异戊醇	18	5.0	汞—异丁醇	20	342.7
水—正辛醇	20	8.5	汞—乙醚	20	379
水—二丙胺	20	1.66	汞—苯	20	357.2
水—庚酸	20	7.0	汞—甲苯	20	359
水—苯	20	35.00			

七、滴体积法测定表面张力的校正因子 F 值

附表 3-12　滴体积法测定表面张力的校正因子 F 值

V/r^3	F	V/r^3	F	V/r^3	F	V/r^3	F
37.04	0.2198	31.99	0.2216	27.83	0.2236	24.35	0.2254
36.32	0.2200	31.39	0.2218	27.33	0.2238	23.93	0.2257
35.25	0.2203	30.53	0.2222	26.60	0.2242	23.32	0.2261
34.56	0.2206	29.95	0.2225	26.13	0.2244	22.93	0.2263
33.57	0.2210	29.13	0.2229	25.44	0.2248	22.35	0.2267
32.93	0.2212	28.60	0.2231	25.00	0.2250	21.98	0.2270

V/r^3	F	V/r^3	F	V/r^3	F	V/r^3	F
21.43	0.2274	10.14	0.2403	5.544	0.2515	3.370	0.2592
21.08	0.2276	9.95	0.2407	5.486	0.2517	3.325	0.2594
20.56	0.2280	9.82	0.2410	5.400	0.2519	3.295	0.2595
20.23	0.2283	9.63	0.2413	5.343	0.2521	3.252	0.2597
19.74	0.2287	9.51	0.2415	5.260	0.2524	3.223	0.2598
19.43	0.2290	9.33	0.2419	5.206	0.2526	3.180	0.2600
18.96	0.2294	9.21	0.2422	5.125	0.2529	3.152	0.2601
18.66	0.2296	9.04	0.2425	5.073	0.2530	3.111	0.2603
18.22	0.2300	8.93	0.2427	4.995	0.2533	3.084	0.2604
17.94	0.2303	8.77	0.2431	4.944	0.2535	3.044	0.2606
17.52	0.2307	8.66	0.2433	4.869	0.2538	3.018	0.2607
17.25	0.2309	8.50	0.2436	4.820	0.2539	2.979	0.2609
16.86	0.2313	8.40	0.2439	4.747	0.2541	2.953	0.2611
16.60	0.2316	8.25	0.2442	4.700	0.2542	2.915	0.2612
16.23	0.2320	8.15	0.2444	4.630	0.2545	2.891	0.2613
15.98	0.2323	8.00	0.2447	4.584	0.2546	2.854	0.2615
15.63	0.2326	7.905	0.2449	4.516	0.2549	2.830	0.2616
15.39	0.2329	7.765	0.2453	4.471	0.2550	2.794	0.2618
15.05	0.2333	7.673	0.2455	4.406	0.2553	2.771	0.2619
14.83	0.2336	7.539	0.2458	4.363	0.2254	2.736	0.2621
14.61	0.2339	7.451	0.2460	4.299	0.2556	2.713	0.2622
14.30	0.2342	7.330	0.2464	4.257	0.2557	2.680	0.2623
13.99	0.2346	7.236	0.2466	4.196	0.2560	2.657	0.2624
13.79	0.2348	7.112	0.2469	4.156	0.2561	2.624	0.2626
13.50	0.2352	7.031	0.2471	4.096	0.2564	2.603	0.2627
13.31	0.2354	6.911	0.2474	4.057	0.2566	2.571	0.2628
13.03	0.2358	6.832	0.2476	4.000	0.2568	2.550	0.2629
12.84	0.2361	6.717	0.2480	3.961	0.2569	2.518	0.2631
12.58	0.2364	6.641	0.2482	3.906	0.2571	2.498	0.2632
12.40	0.2367	6.530	0.2485	3.869	0.2573	2.468	0.2633
12.15	0.2371	6.458	0.2487	3.805	0.2575	2.448	0.2634
11.98	0.2373	6.351	0.2490	3.779	0.2576	2.418	0.2635
11.74	0.2377	6.281	0.2492	3.727	0.2578	2.399	0.2636
11.58	0.2379	6.177	0.2495	3.692	0.2579	2.370	0.2637
11.35	0.2383	6.110	0.2497	3.641	0.2581	2.352	0.2638
11.20	0.2385	6.010	0.2500	3.608	0.2583	2.324	0.2649
10.97	0.2389	5.945	0.2502	3.559	0.2585	2.305	0.2640
10.83	0.2391	5.850	0.2505	3.526	0.2586	2.278	0.2641
10.62	0.2395	5.787	0.2507	3.478	0.2588	2.260	0.2642
10.48	0.2398	5.694	0.2510	3.447	0.2589	2.234	0.2643
10.27	0.2401	5.634	0.2512	3.400	0.2591	2.216	0.2644

V/r^3	F	V/r^3	F	V/r^3	F	V/r^3	F
2.190	0.2645	1.305	0.2646	0.8967	0.2580	0.6842	0.2496
2.173	0.2645	1.284	0.2645	0.8890	0.2578	0.6803	0.2495
2.148	0.2646	1.255	0.2644	0.8839	0.2577	0.6750	0.2491
2.132	0.2647	1.243	0.2643	0.8763	0.2575	0.6714	0.2489
2.107	0.2648	1.223	0.2642	0.8713	0.2573	0.6662	0.2486
2.091	0.2648	1.216	0.2641	0.8638	0.2571	0.6627	0.2484
2.067	0.2649	1.204	0.2640	0.8589	0.2569	0.6575	0.2481
2.052	0.2649	1.180	0.2639	0.8516	0.2567	0.6541	0.2479
2.028	0.2650	1.177	0.2638	0.8468	0.2565	0.6488	0.2476
2.013	0.2651	1.167	0.2637	0.8395	0.2563	0.6457	0.2474
1.990	0.2652	1.148	0.2635	0.8349	0.2562	0.6401	0.2470
1.975	0.2652	1.130	0.2632	0.8275	0.2559	0.6374	0.2468
1.953	0.2652	1.113	0.2629	0.8232	0.2557	0.6336	0.2465
1.939	0.2652	1.096	0.2625	0.8163	0.2555	0.6292	0.2463
1.917	0.2654	1.079	0.2622	0.8117	0.2553	0.6244	0.2460
1.903	0.2654	1.072	0.2621	0.8056	0.2551	0.6212	0.2457
1.882	0.2655	1.062	0.2619	0.8005	0.2549	0.6165	0.2454
1.868	0.2655	1.056	0.2618	0.7940	0.2547	0.6133	0.2453
1.847	0.2655	1.046	0.2616	0.7894	0.2545	0.6086	0.2449
1.834	0.2656	1.040	0.2614	0.7836	0.2543	0.6055	0.2446
1.813	0.2656	1.036	0.2613	0.7786	0.2541	0.6016	0.2443
1.800	0.2656	1.024	0.2611	0.7720	0.2538	0.5979	0.2440
1.781	0.2657	1.015	0.2609	0.7679	0.2536	0.5934	0.2437
1.768	0.2657	1.009	0.2608	0.7611	0.2534	0.5904	0.2435
1.758	0.2657	1.000	0.2606	0.7575	0.2532	0.5864	0.2431
1.749	0.2657	0.994	0.2604	0.7513	0.2529	0.5831	0.2429
1.705	0.2657	0.9852	0.2602	0.7472	0.2527	0.5787	0.2426
1.687	0.2658	0.9793	0.2601	0.7412	0.2525	0.5440	0.2428
1.534	0.2658	0.9706	0.2599	0.7372	0.2523	0.5120	0.2440
1.519	0.2657	0.9648	0.2597	0.7311	0.2520	0.4552	0.2486
1.457	0.2657	0.9564	0.2595	0.7273	0.2518	0.4064	0.2555
1.443	0.2656	0.9507	0.2594	0.7214	0.2516	0.3644	0.2638
1.433	0.2656	0.9423	0.2592	0.7175	0.2514	0.3280	0.2722
1.418	0.2655	0.9368	0.2591	0.7116	0.2511	0.2963	0.2806
1.395	0.2654	0.9286	0.2589	0.7080	0.2509	0.2685	0.2888
1.380	0.2652	0.9232	0.2587	0.7020	0.2506	0.2441	0.2974
1.372	0.2649	0.9151	0.2585	0.6986	0.2504		
1.349	0.2648	0.9098	0.2584	0.6931	0.2501		
1.327	0.2647	0.9019	0.2582	0.6894	0.2499		

八、环法测定表面张力的校正因子 F 值

附表 3—13 环法测定表面张力的校正因子 F 值

R^3/V	$R/r=30$	32	34	36	38	40	42	44	46	48	50	52	54	56	58	60	65	70	75	80
0.30	1.012	1.018	1.024	1.029	1.034	1.038	1.042	1.046	1.049	1.052	1.054									
0.31	1.006	1.013	1.0018	1.024	1.028	1.033	1.039	1.041	1.044	1.046	1.049									
0.32	1.001	1.008	1.0012	1.019	1.023	1.028	1.033	1.035	1.039	1.041	1.045									
0.33	0.9959	1.003	1.0008	1.014	1.018	1.029	1.028	1.030	1.035	1.036	1.040									
0.34	0.9913	0.998	1.0003	1.010	1.014	1.019	1.023	1.026	1.031	1.032	1.036									
0.35	0.9865	0.993	0.999	1.006	1.008	1.015	1.019	1.022	1.026	1.027	1.031									
0.36	0.9824	0.989	0.995	1.002	1.005	1.010	1.015	1.018	1.022	1.024	1.027									
0.37	0.9781	0.985	0.991	0.998	1.001	1.006	1.011	1.014	1.018	1.020	1.024									
0.38	0.9743	0.981	0.987	0.995	0.998	1.003	1.007	1.010	1.015	1.017	1.020									
0.39	0.9707	0.977	0.983	0.991	0.994	1.000	1.004	1.007	1.011	1.013	1.017									
0.40	0.9672	0.974	0.980	0.986	0.991	0.9988	1.000	1.004	1.008	1.010	1.013	1.016	1.018	1.020	1.021	1.022				
0.41	0.9636	0.970	0.976	0.983	0.987	0.9922	0.997	1.001	1.005	1.007	1.010	1.013	1.015	1.017	1.019	1.019				
0.42	0.9605	0.968	0.973	0.980	0.984	0.9892	0.994	0.998	1.002	1.004	1.007	1.010	1.013	1.014	1.016	1.017				
0.43	0.9577	0.964	0.970	0.977	0.981	0.9863	0.991	0.995	0.999	1.001	1.005	1.007	1.010	1.011	1.014	1.014				
0.44	0.9546	0.961	0.967	0.974	0.979	0.9833	0.988	0.992	0.997	0.998	1.002	1.005	1.007	1.009	1.011	1.011				
0.45	0.9521	0.959	0.965	0.971	0.976	0.9809	0.986	0.990	0.993	0.996	0.9993	1.002	1.004	1.006	1.009	1.009				
0.46	0.9491	0.956	0.962	0.969	0.973	0.9779	0.983	0.987	0.991	0.994	0.9968	1.000	1.002	1.004	1.006	1.007				
0.47	0.9467	0.954	0.960	0.966	0.971	0.9757	0.980	0.985	0.988	0.992	0.9945	0.998	1.000	1.002	1.004	1.005				
0.48	0.9443	0.951	0.957	0.963	0.968	0.9732	0.978	0.983	0.986	0.989	0.9922	0.995	0.997	0.999	1.002	1.003				
0.49	0.9419	0.949	0.955	0.961	0.966	0.9710	0.976	0.981	0.984	0.987	0.9899	0.993	0.995	0.997	1.000	1.001				
0.50	0.9402	0.946	0.952	0.959	0.964	0.9687	0.973	0.978	0.981	0.985	0.9876	0.991	0.993	0.995	0.997	0.9984				
0.51	0.9378	0.944	0.950	0.956	0.961	0.9665	0.971	0.976	0.979	0.983	0.9856	0.989	0.991	0.993	0.995	0.9965				
0.52	0.9354	0.942	0.948	0.954	0.959	0.9645	0.969	0.974	0.977	0.981	0.9836	0.987	0.989	0.991	0.994	0.9945				

（续）

R^3/V	$R/r=30$	32	34	36	38	40	42	44	46	48	50	52	54	56	58	60	65	70	75	80
0.53	0.9337	0.940	0.946	0.952	0.957	0.9625	0.967	0.972	0.975	0.979	0.9815	0.985	0.987	0.990	0.992	0.9929				
0.54	0.9315	0.938	0.944	0.950	0.955	0.9603	0.965	0.970	0.974	0.977	0.9797	0.983	0.986	0.988	0.990	0.9909				
0.55	0.9298	0.938	0.942	0.948	0.953	0.9585	0.964	0.968	0.972	0.975	0.9779	0.981	0.984	0.986	0.988	0.9892				
0.56	0.9281	0.934	0.940	0.946	0.951	0.9567	0.962	0.966	0.970	0.974	0.9763	0.980	0.982	0.984	0.986	0.9878				
0.57	0.9626	0.932	0.939	0.944	0.949	0.9550	0.960	0.964	0.968	0.972	0.9745	0.978	0.980	0.983	0.984	0.9861				
0.58	0.9247	0.930	0.938	0.942	0.947	0.9532	0.958	0.963	0.966	0.970	0.9730	0.976	0.979	0.981	0.982	0.9842				
0.59	0.9230	0.929	0.935	0.940	0.946	0.9515	0.956	0.961	0.965	0.968	0.9714	0.975	0.977	0.979	0.981	0.9827				
0.60	0.9215	0.927	0.933	0.939	0.944	0.9497	0.954	0.959	0.963	0.967	0.9701	0.973	0.976	0.978	0.979	0.9813				
0.62	0.9184	0.924	0.930	0.936	0.941	0.9467	0.951	0.956	0.960	0.964	0.9669	0.970	0.973	0.975	0.976	0.9784				
0.64	0.9150	0.921	0.927	0.932	0.938	0.9439	0.948	0.953	0.957	0.961	0.9643	0.968	0.970	0.972	0.973	0.9754				
0.66	0.9121	0.918	0.925	0.930	0.935	0.9408	0.946	0.950	0.954	0.959	0.9614	0.965	0.967	0.969	0.971	0.9728				
0.68	0.9093	0.915	0.915	0.927	0.932	0.9382	0.943	0.948	0.951	0.956	0.9590	0.963	0.965	0.967	0.968	0.9703				
0.70	0.9064	0.912	0.919	0.924	0.929	0.9532	0.940	0.945	0.949	0.953	0.9563	0.960	0.962	0.964	0.966	0.9678				
0.72	0.9037	0.910	0.916	0.921	0.927	0.9328	0.937	0.943	0.946	0.951	0.9542	0.957	0.960	0.962	0.964	0.9656				
0.74	0.9012	0.907	0.913	0.919	0.924	0.9303	0.935	0.940	0.944	0.949	0.9519	0.955	0.958	0.960	0.962	0.9636				
0.76	0.8987	0.905	0.911	0.916	0.922	0.9277	0.933	0.938	0.942	0.947	0.9495	0.953	0.956	0.958	0.960	0.9616				
0.78	0.8964	0.902	0.908	0.914	0.920	0.9258	0.930	0.936	0.939	0.944	0.9475	0.951	0.954	0.956	0.958	0.9598				
0.80	0.8937	0.900	0.906	0.912	0.918	0.9230	0.928	0.933	0.937	0.942	0.9454	0.949	0.952	0.954	0.956	0.9581				
0.82	0.8917	0.898	0.904	0.909	0.915	0.9211	0.926	0.931	0.935	0.940	0.9436	0.947	0.950	0.952	0.954	0.9563				
0.84	0.8894	0.895	0.902	0.907	0.913	0.9190	0.924	0.929	0.933	0.938	0.9419	0.946	0.949	0.951	0.953	0.9548				
0.86	0.8874	0.893	0.900	0.905	0.911	0.9171	0.922	0.927	0.932	0.936	0.9402	0.944	0.947	0.949	0.951	0.9534				
0.88	0.8853	0.891	0.898	0.903	0.909	0.9152	0.921	0.926	0.930	0.934	0.9384	0.942	0.945	0.947	0.950	0.9517				
0.90	0.8831	0.889	0.896	0.902	0.907	0.9131	0.919	0.924	0.928	0.933	0.9367	0.940	0.943	0.946	0.948	0.9504				
0.92	0.8809	0.887	0.894	0.900	0.905	0.9114	0.917	0.922	0.926	0.931	0.9350	0.939	0.942	0.945	0.947	0.9489				
0.94	0.8791	0.885	0.892	0.898	0.904	0.9097	0.915	0.920	0.925	0.929	0.9333	0.937	0.940	0.943	0.945	0.9476				
0.96	0.8770	0.883	0.890	0.896	0.902	0.9074	0.914	0.919	0.923	0.928	0.9320	0.936	0.939	0.942	0.944	0.9462				

226

R^3/V	$R/r=30$	32	34	36	38	40	42	44	46	48	50	52	54	56	58	60	65	70	75	80
0.98	0.8754	0.882	0.888	0.894	0.900	0.9064	0.912	0.917	0.922	0.926	0.9305	0.934	0.937	0.940	0.943	0.9452				
1.00	0.8734	0.880	0.886	0.892	0.899	0.9047	0.910	0.916	0.920	0.925	0.9290	0.933	0.936	0.939	0.941	0.9438				
1.05	0.8688	0.875	0.882	0.888	0.895	0.9007	0.906	0.912	0.916	0.921	0.9253	0.929	0.932	0.936	0.938	0.9408				
1.10	0.8644	0.871	0.878	0.885	0.891	0.8970	0.903	0.908	0.913	0.917	0.9217	0.925	0.929	0.933	0.935	0.9378				
1.15	0.8602	0.867	0.875	0.881	0.888	0.8937	0.900	0.905	0.910	0.914	0.9183	0.922	0.926	0.930	0.933	0.9352				
1.20	0.8561	0.864	0.871	0.878	0.885	0.8904	0.897	0.902	0.907	0.911	0.9154	0.920	0.923	0.927	0.930	0.9324				
1.25	0.8521	0.860	0.868	0.875	0.882	0.8874	0.893	0.899	0.904	0.908	0.9125	0.916	0.920	0.924	0.927	0.9300				
1.30	0.8484	0.856	0.864	0.871	0.878	0.8845	0.891	0.896	0.901	0.905	0.9097	0.914	0.917	0.921	0.925	0.9277				
1.35	0.8451	0.853	0.861	0.869	0.876	0.8819	0.888	0.893	0.898	0.903	0.9068	0.911	0.915	0.919	0.922	0.9253				
1.40	0.8420	0.850	0.858	0.866	0.873	0.8794	0.885	0.891	0.896	0.900	0.9043	0.909	0.913	0.916	0.920	0.9232				
1.45	0.8387	0.847	0.855	0.863	0.871	0.8764	0.883	0.888	0.893	0.898	0.9014	0.906	0.910	0.914	0.918	0.9207				
1.50	0.8356	0.844	0.853	0.861	0.868	0.8744	0.881	0.886	0.991	0.895	0.8995	0.904	0.908	0.912	0.916	0.9190				
1.55	0.8327	0.841	0.850	0.858	0.866	0.8722	0.878	0.883	0.888	0.893	0.8970	0.901	0.906	0.910	0.914	0.9171				0.9382
1.60	0.8297	0.839	0.848	0.856	0.863	0.8700	0.876	0.881	0.886	0.891	0.8947	0.899	0.904	0.908	0.912	0.9152	0.922	0.928	0.933	0.9365
1.65	0.8272	0.836	0.845	0.853	0.861	0.8678	0.874	0.879	0.884	0.889	0.8927	0.897	0.902	0.906	0.910	0.9133	0.921	0.927	0.931	0.9354
1.70	0.8245	0.834	0.843	0.851	0.859	0.8658	0.872	0.877	0.882	0.886	0.8906	0.895	0.900	0.904	0.909	0.9116	0.919	0.925	0.930	0.9341
1.75	0.8217	0.831	0.840	0.849	0.857	0.8638	0.870	0.875	0.880	0.884	0.8886	0.893	0.898	0.902	0.907	0.9097	0.918	0.924	0.929	0.9328
1.80	0.8194	0.829	0.838	0.847	0.855	0.8618	0.868	0.873	0.878	0.882	0.8867	0.891	0.896	0.900	0.905	0.9080	0.916	0.922	0.927	0.9317
1.85	0.8168	0.827	0.836	0.845	0.853	0.8596	0.866	0.871	0.876	0.881	0.8849	0.889	0.895	0.899	0.903	0.9066	0.915	0.921	0.926	0.9305
1.90	0.8143	0.824	0.834	0.843	0.851	0.8578	0.864	0.869	0.874	0.879	0.8831	0.888	0.893	0.897	0.902	0.9047	0.913	0.919	0.925	0.9291
1.95	0.8119	0.822	0.832	0.841	0.849	0.8559	0.862	0.867	0.872	0.877	0.8815	0.886	0.891	0.895	0.900	0.9034	0.912	0.918	0.923	0.9281
2.00	0.8098	0.820	0.832	0.839	0.847	0.8539	0.860	0.865	0.870	0.875	0.8798	0.884	0.890	0.893	0.899	0.9016	0.910	0.917	0.922	0.9270
2.10	0.8056	0.816	0.826	0.835	0.843	0.8502	0.856	0.862	0.867	0.872	0.8768	0.881	0.886	0.890	0.895	0.8991	0.908	0.914	0.920	0.9247
2.20	0.8015	0.812	0.822	0.831	0.839	0.8464	0.853	0.858	0.864	0.869	0.8738	0.879	0.883	0.887	0.892	0.8962	0.905	0.911	0.917	0.9226
2.30	0.7976	0.808	0.818	0.828	0.835	0.8428	0.849	0.855	0.861	0.866	0.8710	0.876	0.880	0.884	0.890	0.8935	0.903	0.909	0.915	0.9206
2.40	0.7636	0.804	0.814	0.824	0.832	0.8393	0.846	0.852	0.857	0.863	0.8680	0.873	0.878	0.882	0.887	0.8910	0.900	0.907	0.913	0.9185
2.50	0.7898	0.800	0.811	0.820	0.828	0.3360	0.843	0.849	0.854	0.860	0.8651	0.870	0.875	0.879	0.884	0.8884	0.898	0.904	0.910	0.9166

（续）

R^3/V	$R/r=30$	32	34	36	38	40	42	44	46	48	50	52	54	56	58	60	65	70	75	80
2.60	0.7861	0.797	0.807	0.817	0.825	0.8325	0.840	0.846	0.851	0.857	0.8624	0.868	0.872	0.877	0.882	0.8859	0.895	0.902	0.908	0.9145
2.70	0.7824	0.793	0.803	0.813	0.822	0.8291	0.836	0.843	0.848	0.854	0.8598	0.865	0.870	0.874	0.880	0.8837	0.893	0.900	0.906	0.9126
2.80	0.7788	0.790	0.800	0.810	0.818	0.8260	0.834	0.840	0.846	0.852	0.8570	0.862	0.867	0.872	0.877	0.8813	0.891	0.898	0.904	0.9107
2.90	0.7752	0.786	0.796	0.806	0.815	0.8230	0.831	0.837	0.843	0.849	0.8545	0.860	0.865	0.870	0.875	0.8790	0.889	0.896	0.902	0.9089
3.00	0.7716	0.783	0.793	0.803	0.812	0.8200	0.828	0.834	0.841	0.864	0.8521	0.858	0.863	0.868	0.873	0.8770	0.887	0.894	0.900	0.9068
3.10	0.7677	0.779	0.790	0.800	0.809	0.8170	0.825	0.832	0.838	0.844	0.8494	0.855	0.860	0.866	0.871	0.8750	0.885	0.892	0.899	0.9049
3.20	0.7644	0.776	0.787	0.797	0.806	0.8140	0.822	0.829	0.835	0.842	0.8472	0.853	0.858	0.864	0.869	0.8730	0.883	0.890	0.897	0.9030
3.30	0.7610	0.772	0.783	0.793	0.803	0.8113	0.820	0.827	0.833	0.840	0.8440	0.851	0.856	0.862	0.866	0.8710	0.881	0.888	0.895	0.9012
3.40	0.7572	0.769	0.780	0.790	0.800	0.8083	0.817	0.824	0.831	0.837	0.8324	0.849	0.854	0.860	0.864	0.8688	0.879	0.886	0.893	0.8993
3.50	0.7542	0.766	0.777	0.788	0.798	0.8057	0.814	0.822	0.829	0.835	0.8404	0.847	0.852	0.858	0.862	0.8668	0.877	0.884	0.892	0.8974
3.60						0.8063					0.8407	0.847	0.852	0.858	0.863	0.8672				
3.75						0.8002					0.8357	0.842	0.848	0.853	0.858	0.8629				
4.00						0.7945					0.8311	0.837	0.843	0.849	0.854	0.8590				
4.25						0.7890					0.8267	0.833	0.839	0.845	0.850	0.8553				
4.50						0.7838					0.8225	0.829	0.835	0.841	0.847	0.8518				
4.75						0.7787					0.8185	0.825	0.832	0.838	0.843	0.8483				
5.00						0.7738					0.8147	0.822	0.828	0.834	0.840	0.8451				
5.25						0.7691					0.8109	0.818	0.825	0.831	0.837	0.8420				
5.50						0.7645					0.8073	0.815	0.821	0.828	0.834	0.8389				
5.75						0.7599					0.8038	0.811	0.818	0.825	0.830	0.8359				
6.00						0.7555					0.8003	0.808	0.815	0.821	0.827	0.8330				
6.25						0.7511					0.7969	0.805	0.812	0.818	0.825	0.8302				
6.50						0.7468					0.7936	0.801	0.808	0.815	0.822	0.8274				
6.75						0.7426					0.7903	0.798	0.806	0.813	0.819	0.8246				
7.00						0.7384					0.7871	0.795	0.803	0.810	0.816	0.8220				
7.25						0.7343					0.7839	0.792	0.800	0.807	0.813	0.8194				
7.50						0.7302					0.7807	0.789	0.797	0.804	0.811	0.8168				

228

九、某些表面活性剂的 HLB 值

附表 3-14 某些表面活性剂的 HLB 值

表面活性剂	商品名称	类型①	HLB 值
失水山梨醇三油酸酯	Span 85(斯盘 85)	N	1.8
失水山梨醇三油酸酯	Arlacel 85	N	1.8
失水山梨醇三硬脂酸酯	Span 65	N	2.1
乙二醇脂肪酸酯	Emcol EO—50	N	2.7
丙二醇脂肪酸酯	Emcol PO—50	N	3.4
丙二醇单硬脂酸酯	("纯"化合物)	N	3.4
失水山梨醇倍半油酸酯	Arlacel 83	N	3.7
甘油单硬脂酸酯	("纯"化合物)	N	3.8
失水山梨醇单油酸酯	Span 80	N	4.3
失水山梨醇单硬脂酸酯	Span 60	N	4.7
二乙二醇脂肪酸酯	Emcol DP—50	N	5.1
二乙二醇单月桂酸酯	Atlas G—2124	N	6.1
失水山梨醇单棕榈酸酯	Span 40	N	6.7
四乙二醇单硬脂酸酯	Atlas G—2147	N	7.7
聚氧丙烯硬脂酸酯	Atlas G—3608	N	8
失水山梨醇单月桂酸酯	Span 20	N	8.6
聚氧乙烯脂肪酸酯	Emulpor VN—430	N	9
聚氧乙烯月桂醚	Brij 30	N	9.5
聚氧乙烯失水山梨醇单硬脂酸酯	Tween 61(吐温 61)	N	9.6
聚氧乙烯失水山梨醇单油酸酯	Tween 81	N	10.0
聚氧乙烯失水山梨醇三硬脂酸酯	Tween 65	N	10.5
聚氧乙烯失水山梨醇三油酸酯	Tween 85	N	11
聚氧乙烯单油酸酯	PEG 400 单油酸酯	N	11.4
烷基芳基磺酸盐	Altas G—3300	A	11.7
三乙醇胺油酸盐		A	12
烷基酚聚氧乙烯醚	Igepal CA—630	N	12.8
聚氧乙烯单月桂酸酯	PEG 400 单月桂酸酯	N	13.1
聚氧乙烯蓖麻油	Altas G—1794	N	13.3
聚氧乙烯失水山梨醇单月桂酸酯	Tween 21	N	13.3
聚氧乙烯失水山梨醇单硬脂酸酯	Tween 60	N	14.9
聚氧乙烯失水山梨醇单油酸酯	Tween 80	N	15
聚氧乙烯失水山梨醇单棕榈酸酯	Tween 40	N	15.6
聚氧乙烯失水山梨醇单月桂酸酯	Tween 20	N	16.7
油酸钠		A	18

表面活性剂	商品名称	类型①	HLB值
油酸钾		A	20
N—十六烷基—N—乙基吗啉基乙基硫酸盐	Atlas G—263	C	25~30
月桂基硫酸钠（十二烷基硫酸钠）	（纯化合物）	A	40
聚醚 L31	Pluronic L31	N	3.5
聚醚 L61	Pluronic L61	N	3
聚醚 L81	Pluronic L81	N	2
聚醚 L42	Pluronic L42	N	8
聚醚 L62	Pluronic L62	N	7
聚醚 L72	Pluronic L72	N	6.5
聚醚 L63	Pluronic L63	N	11
聚醚 L64	Pluronic L64	N	15
聚醚 F68	Pluronic F68	N	29
聚醚 F88	Pluronic F88	N	24
聚醚 F108	Pluronic F108	N	27
聚醚 L35	Pluronic L35	N	18.5

①N—非离子；A—负离子；C—正离子

十、不同温度时 KCl 水溶液的电导率

附表 3-15　不同温度时 KCl 水溶液的电导率

$T/℃$	$k/(S/cm)$		
	0.01mol/L	0.02mol/L	0.10mol/L
10	0.001020	0.00194	0.00933
11	0.001045	0.002043	0.00956
12	0.001070	0.002093	0.00979
13	0.001095	0.002142	0.01002
14	0.001021	0.002193	0.01025
15	0.001147	0.002243	0.01048
16	0.001173	0.002294	0.01072
17	0.001199	0.002345	0.01095
18	0.001225	0.002397	0.01119
19	0.001251	0.002449	0.01143
20	0.001278	0.002501	0.01167
21	0.001305	0.002553	0.01191
22	0.001332	0.002606	0.01215
23	0.001359	0.002659	0.01239

T/℃	$\kappa/(S/cm)$		
	0.01mol/L	0.02mol/L	0.10mol/L
24	0.001386	0.002712	0.01264
25	0.001413	0.002765	0.01288
26	0.001441	0.002819	0.01313
27	0.001468	0.002873	0.01337
28	0.001496	0.002927	0.01362
29	0.001524	0.002981	0.01387
30	0.001552	0.003036	0.01412
31	0.001581	0.003091	0.01437
32	0.001609	0.003146	0.01462
33	0.001638	0.003201	0.01488
34	0.001667	0.003256	0.01513
35		0.003312	0.01539

十一、某些常用干燥剂的特性

附表 3-16 某些常用干燥剂的特性

干燥剂	适宜于干燥下列物质	不能用于干燥下列物质	附 注
P_2O_5	中性和酸性气体、乙炔、二硫化碳、烃类、卤素衍生物、酸类	碱类、醇类、醚类、HCl、NF、NH_3	潮解,干燥气体时必须和填料混合
H_2SO_4	中性和酸性气体	不饱和化合物、酸类、酮类、碱类、H_2S、HI、NH_3	不能用于真空干燥和升温干燥
碱石灰 CaO BaO	中性和碱性气体、胺类、醇类、醚类	醛类、酮类、酸性物质	特别适用于干燥气体
NaOH KOH	氨、胺类、醚类、烃、碱类	醛类、酮类、酸性物质	潮解,一般用于预防干燥
K_2CO_3	丙酮、胺类、醇类、肼类、腈类、碱类、卤素衍生物	酸性物质	潮解
金属钠	醚类、烃类、叔胺类	氯代烃类、醇类,其他和钠作用的物质	与氯代烃类接触时有爆炸危险
$CaCl_2$	烷烃、烯烃、卤素衍生物、丙酮、醚类、醛类、硝基化合物、中性气体、HCl、二硫化碳	酯类、醇类、胺类、NH_3	价廉的干燥剂,一般含有碱性杂质
$Mg(ClO_4)_2$	气体,包括氨	易氧化的有机物质	多用于分析目的,有爆炸危险
Na_2SO_3、$MgSO_4$	酯类、酮类		

十二、干燥剂干燥空气的效果

附表 3-17　干燥剂干燥空气的效果

干　燥　剂	水蒸气含量/(g/m^3)	干　燥　剂	水蒸气含量/(g/m^3)
空气冷却至 $-194\,^{\circ}\!C$	1.6×10^{-23}	Al_2O_3	0.003
P_2O_5	2×10^{-5}	$CaSO_4$	0.004
BaO	0.00065	MgO	0.008
$Mg(ClO_4)_2$	0.0005	空气冷却到 $-72\,^{\circ}\!C$	0.016
$Mg(ClO_4)_2\cdot 3H_2O$	0.002	硅胶	0.03
KOH(熔融)	0.002	空气冷却到 $-21\,^{\circ}\!C$	0.045
$H_2SO_4(100\%)$	0.003	$CaBr_2$	0.14
NaOH(熔融)	0.16	$ZnCl_2$	0.85
CaO	0.2	$ZnBr_2$	1.16
$H_2SO_4(95.1\%)$	0.3	$CuSO_4$	1.4
$CaCl_2$(熔融)	0.36		

十三、适用于某些气体的干燥剂

附表 3-18　适用于某些气体的干燥剂

气　　体	干　燥　剂	气　　体	干　燥　剂
O_2、N_2、CO、CO_2	$CaCl_2$、P_2O_5	HI	CaI_2
SO_2	H_2SO_4(浓)	H_2S	$CaCl_2$
CH_4		O_3	$CaCl_2$、P_2O_5
H_2	$CaCl_2$、P_2O_5、H_2SO_4(适用于不太精确的工作)	NH_3	KOH、CaO、BaO、$Mg(ClO_4)_2$
		乙烯	H_2SO_4(浓,冷)
HCl、Cl_2	$CaCl_2$、H_2SO_4(浓)	乙炔	NaOH、P_2O_5
HBr	$CaBr_2$		

十四、适用于某些液体的干燥剂

附表 3-19　适用于某些液体的干燥剂

液　体	干　燥　剂	液　体	干　燥　剂
卤代烃类	P_2O_5、H_2SO_4、$CaCl_2$	氮碱类(易氧化)	$CaCl_2$
醛类	$CaCl_2$	二硫化碳	$CaCl_2$、P_2O_5
胺类	NaOH、KOH、K_2CO_3、CaO、BaO、碱石灰	醇类	K_2CO_3、$CuSO_4$、CaO、Na_2SO_4、BaO、Ca、碱石灰
肼类	K_2CO_3		
酮类	K_2CO_3、高级酮类用 $CaCl_2$ 干燥	饱和烃类	P_2O_5、H_2SO_4、Na、$CaCl_2$、NaOH、KOH
酸类(HCl、HF 除外)	Na_2SO_4、、P_2O_5	不饱和烃类	$CaCl_2$、Na、P_2O_5
		酚类	Na_2SO_4
腈类	K_2CO_3	醚类	$CaCl_2$、Na、$CuSO_4$、CaO、NaOH、KOH、碱石灰
硝基化合物	$CaCl_2$、Na_2SO_4		
碱类	KOH、K_2CO_3、BaO、NaOH	酯类	K_2CO_3、Na_2SO_4、$MgSO_4$、$CaCl_2$、P_2O_5

十五、由水或雪和盐组成的冷却剂

附表 3-20 由水或雪和盐组成的冷却剂

盐	A/g	Δt/℃	B/g	冰盐点/℃
$CaCl_2$	126.9	23.2	42.2	−55
$FeCl_2$	—	—	49.7	−55
$MgCl_2$	—	—	27.5	−33.6
$NaCl$	36	2.5	30.4	−21.2
$(NH_4)_2SO_4$	75	6.4	62	−19
$NaNO_3$	75	18.5	59	−18.5
NH_4NO_3	60	27.2	45	−17.3
NH_4Cl	30	18.4	25	−15.8
KCl	30	12.6	30	−11.1
$Na_2S_2O_3$	70	18.7	42.8	−11
$MgSO_4$	41.5	8.0	23.4	3.9
KNO_3	16	9.8	13	−2.9
Na_2CO_3	14.8	9.1	6.3	−2.1
K_2SO_4	12	3	6.5	−1.6
CH_3COONa	51.1	15.4	—	—
$KSCN$	150	34.5	—	—
NH_4Cl	133	31.2	—	—

十六、由冰或雪和两种盐组成的冷却剂

附表 3-21 由冰或雪和两种盐组成的冷却剂

盐的混合物	Δt/℃	盐的混合物	Δt/℃
24.5g KCl + 4.5g KNO_3	11.8	52g NH_4NO_3 + 55g $NaNO_3$	25.8
13.5 g KNO_3 + 26g NH_4Cl	17.8	20g NH_4Cl + 40g $NaCl$	30
12g KCl + 19.4g NH_4Cl	18	13g NH_4Cl + 37.5g $NaNO_3$	30.7
62g $NaNO_3$ + 10.7g KNO_3	19.4	38g KNO_3 + 13g NH_4Cl	31
62g $NaNO_3$ + 69g $(NH_4)_2SO_4$	20	2g KNO_3 + 112g $KSCN$	34.1
18.8g NH_4Cl + 44g NH_4NO_3	22.1	39.5g NH_4SCN + 55.4g $NaNO_3$	37.4
12g NH_4Cl + 50.5g $(NH_4)_2SO_4$	22.5	41.6g NH_4NO_3 + 41.6g $NaCl$	40
9g KNO_3 + 74g NH_4NO_3	25		

十七、由水和两种盐组成的冷却剂

附表 3-22 由水和两种盐组成的冷却剂

盐的混合物(100g 水)	冷却 Δt/℃	盐的混合物(100g 水)	冷却 Δt/℃
22g NH_4Cl + 51g $NaNO_3$	9.8	100g NH_4NO_3 + 100g Na_2CO_3	35
29g NH_4Cl + 18g KNO_3	10.6	84g $NFLSCN$ + 60g $NaNO_3$	36
72g NH_4NO_3 + 60g $NaNO_3$	17	13g NH_4NO_3 + 146g $KSCN$	39.2
82g NH_4SCN + 15g KNO_3	20.4	54g NH_4NO_3 + 83g NH_4SCN	39.6
31.2g NH_4Cl + 31.2g KNO_3	27		

十八、固体二氧化碳(干冰)冷却剂

附表 3-23　固体二氧化碳(干冰)冷却剂

液　体	$t/℃$	液　体	$t/℃$
二甘醇二乙醚	-52	氯仿	-77
氯乙烷	-60	乙醚	-77
乙醇(85.5%)	-68	三氯乙烯	-78
乙醇(100%)	-72	丙酮	-86
三氯化磷	-76		

十九、常用浴的加热温度

附表 3-24　常用浴的加热温度

常用浴	温度范围/℃	常用浴	温度范围/℃
酒精低温浴	$-100\sim41,-41\sim1$	砂浴	400 以下
水浴	98 以下	铜或铅	500 以下
液体石蜡	200 以下	锡	600 以下
油浴(棉籽油或 58~62 号汽缸油)	250 以下	铅青铜(90%Cu,10%Al 合金)	700 以下
空气浴	300 以下		

二十、液体浴介质

附表 3-25　液体浴介质

介　质	熔点/℃	沸点/℃	使用的温度范围/℃	黏度/(mPa·S)
萘($C_{10}H_8$)	80.2	217.9	80~200	0.776(在 100℃)
润滑油	—	—	20~175	30(在 80℃)
乙二醇	-12.3	197.2	10~180	21(在 20℃)
导热姆 A	12.1	260	15~225	1.0(在 100℃)
(73.5%二苯氧化物,26.5%联苯)二苯甲酮	48.1	305.9	50~275	4.79(在 55℃)
80%H_3PO_4,20%HPO_3	<20	—	20~250	
三甘醇	-5	287.4	0~250	47.8(在 20℃)
甘油(丙三醇)	—	290	$-20\sim260$	1069(在 20℃)
硅油	-48	—	$-40\sim250$	
66.7% H_3PO_4	—	—	125~310	—
33.3% H_3PO_3	—	—	125~310	—
石蜡	约 50	—	60~300	—

介　　　质	熔点/℃	沸点/℃	使用的温度范围/℃	黏度/(mPa・S)
硫酸	10.5	330	20～300	—
硬芝麻油	约60	约350	60～320	—
汞	−38.9	356.58	−35～350	1.5(在20℃)
四甲基硅酸酯	<−48	436～441	20～400	—
硫	112.8	444.6	120～400	7.1(在150℃)
51.3% KNO_3	219	—	230～500	—
48.7% NaNO_3	219	—	230～500	17.7(在149℃)
40% NaNO_2	142	—	150～500	17.7(在149℃)
7% NaNO_3	142	—	150～500	17.7(在149℃)
53% KNO_3	142	—	150～500	17.7(在149℃)
铅	327.4	1613	350～800	2.58(在350℃)
焊锡(50%Pb,50%Sn)	225	—	250～800	—
40% NaOH,60% KOH	167	—	200～1000	—

二十一、市售酸和氨水的近似密度和浓度

附表3-26　市售酸和氨水的近似密度和浓度

试 剂 名 称	密　　度	含量/%	浓度/(mol/L)
盐酸	1.18～1.19	36～38	11.6～12.4
硝酸	1.39～1.40	65.0～68.0	14.4～15.2
硫酸	1.83～1.84	95～98	17.8～18.4
磷酸	1.69	85	14.6
高氯酸	1.68	70.0～72.0	11.7～12.0
乙酸(无水)	1.05	99.8(优级纯)	
		99.0(分析纯化学纯)	17.4
氢氟酸	1.13	40	22.5
氢溴酸	1.49	47.0	8.6
氢碘酸	1.7	57	7.5
	1.5	45	5.2
	1.1	10	0.85
氨水	0.91～0.90	25.0～28.0	13.3～14.8

二十二、常用表面活性剂

附表3-27　常用表面活性剂

分类	化学式	名称	洗涤剂	润湿剂	渗透剂	乳化剂	分散剂	发泡剂	抗静电剂	染色助剂	杀菌剂	其他
阴离子表面活性剂 — 羧酸盐型	$RCOONa$	肥皂	✓			✓	✓					纤维油基料
		松香钠钾皂				✓	✓					
硫酸盐型	$R-O-SO_3^- \cdot Na^+$	R=$C_{12}H_{25}$月桂醇硫酸酯钠盐	✓	✓								洗涤毛织品
		R=$C_{16}H_{33}$十六醇硫酸酯钠盐						✓		✓	✓	
		R=$C_{18}H_{35}$油醇硫酸酯钠盐						✓				
硫酸化油型	$CH_3(CH_2)_5-\overset{OH}{CH}-CH_2CH=CH(CH_2)_7-COOCH_2$ $CH_3(CH_2)_5-CH-CH_2CH=CH(CH_2)_7-COOCH$ $CH_3(CH_2)_5-\underset{OSO_3Na}{CH}-CH_2CH=CH(CH_2)_7-COOCH_2$	红油(硫酸化蓖麻油)	✓			✓				✓	✓	纤维整理剂
硫酸化烯烃型	$R-\underset{OSO_3Na}{CH}-CH_2$	硫酸化 $C_{12}\sim C_{18}$ 的 $\alpha-$烯烃	✓									液体洗涤剂
磺酸盐型	$C_{12}H_{25}-\langle\bigcirc\rangle-SO_3Na$	十二烷基苯磺酸钠	✓	✓		✓	✓					
	$C_{17}H_{33}CO-\underset{CH_3}{N}-CH_2-CH_2-SO_3Na$	N—甲基—N—油酰基牛磺酸钠(胰加漂T)	✓							✓		
	$C_8H_{17}OOCH_2$ $C_8H_{17}OOCH_2-SO_3Na$	磺基琥珀酸二(2—乙基己基)酯钠盐(渗透剂OT)			✓							
	$\underset{H_9C_4}{\overset{H_9C_4}{}}$ 萘 $-SO_3Na$	烷基萘磺酸钠(拉开粉BX)	✓	✓								
磷酸酯盐型	$R-O-\overset{O}{\underset{O-Na}{P}}-O-Na$	高级醇磷酸酯二钠盐						✓	✓			
	$\overset{R-O}{\underset{R-O}{}}P\overset{O}{-O-Na}$	高级醇磷酸双酯钠盐						✓	✓			

236

（续）

分类		化学式	名称	用途									
				洗涤剂	润湿剂	渗透剂	乳化剂	分散剂	发泡剂	抗静电剂	染色助剂	杀菌剂	其他
阳离子型表面活性剂	胺盐型	$RCH_2NH_2 \cdot HCl$	R＝C₁₁椰子胺 R＝C₁₇牛脂胺 R＝C₄₉H₂₉松香胺									√ √ √	
		$C_{17}H_{35}COOCH_2\!-\!CH_2\!-\!N\!\!\begin{array}{l}CH_2CH_2OH\\ \\CH_2CH_2OH\end{array}\!\!\cdot HCOOH$	三乙醇胺单硬酯酸酯(索罗明A)										纤维柔软整理剂
		2－十七烯基-羟乙基咪唑啉结构式 $C_{17}H_{33}$	2－十七烯基-羟乙基咪唑啉(胺220)										破乳剂
	季铵盐型	$C_{12}H_{25}\!-\!\overset{+}{N}(CH_3)_3 \cdot Cl^-$	十二烷基三甲基氯化铵							√			
		$C_{12}H_{25}\!-\!\overset{+}{N}(CH_3)_2\!-\!CH_2\!-\!C_6H_5 \cdot Cl^-$	十二烷基二甲基苄基氯化铵							√		√	粘胶凝固液中的添加剂
		$C_{17}H_{35}\overset{O}{C}\!-\!\overset{CH_3}{\overset{+}{N}}\!-\!C_5H_5 \cdot Cl^-$	十八酰胺甲基氯化吡啶						√	√	√		防水剂
		$C_{17}H_{35}CONHCH_2CH_2\!-\!CH_2\!-\!\overset{CH_3}{\underset{CH_3}{\overset{+}{N}}}\!-\!CH_2CH_2OH \cdot NO_3^-$	十八酰基氨丙基二甲基羟乙基硝酸季铵盐							√		√	
		$C_{16}H_{33}\!-\!\overset{+}{N}\!-\!C_5H_5 \cdot Cl^-$	十六烷基氯化吡啶							√	√	√	防水剂、染料固色剂
两性表面活性剂	氨基酸型	$C_{12}H_{25}NHCH_2CH_2COONa$	十二烷基氨基丙酸钠	√									
		$C_{12}H_{25}NHCH_2CH_2NHCH_2CH_2NHCH_2$ $HCl \cdot HOOC$	[N－乙基[N－乙基(N－12烷基)]}氨基乙酸盐									√	纤维柔软剂、缩绒剂

237

分类		化 学 式	名 称	用 途							
				洗涤剂	润湿渗透剂	渗透剂	乳化剂	分散剂	发泡剂	抗静电剂	染色助剂	杀菌剂	其他

分类		化 学 式	名 称	洗涤剂	润湿渗透剂	渗透剂	乳化剂	分散剂	发泡剂	抗静电剂	染色助剂	杀菌剂	其他
两性表面活性剂	甜菜碱型	$R-\overset{CH_3}{\underset{CH_3}{N^+}}-CH_2COO^-$	R＝C_{12}十二烷基二甲基甜菜碱 R＝C_{18}十八烷基二甲基甜菜碱	√ √						√ √	√ √		纤维柔软剂、缩绒剂
		$C_{12}H_{25}-\overset{CH_2CH_2OH}{\underset{CH_2CH_2OH}{N^+}}-CH_2COO^-$	十二烷基二羟基乙基甜菜碱	√						√	√		纤维柔软剂、缩绒剂
非离子表面活性剂	聚乙二醇型	$C_9H_{19}-\!\!\bigcirc\!\!-O-(CH_2CH_2O)_n-H$	壬烷基酚环氧乙烷加成物	√	√	√							酶退浆渗透剂、织物树脂整理剂、次氯酸钠漂白渗透剂
		$R-O-(CH_2CH_2O)_n-H$	R＝C_{12}椰子油还原醇、月桂醇环氧乙烷加成物 R＝C_{16}十六醇环氧乙烷加成物（O：R 为 C_{12}～C_{18} 的烷基，n 为 15～16）	√ √		√ √				√ √	√ √		
		$C_{17}H_{35}COO-(CH_2CHO)_{15}-H$	硬脂酸与 15mol 环氧乙烷加成物				√			√			纤维油剂
		$C_{17}H_{33}COO-(CH_2CH_2O)_9-H$	聚乙二醇 400 油酸单酯				*		√				*油溶性乳化剂

238

分类		化 学 式	名 称	用 途								
				洗涤剂	润湿剂	渗透剂	乳化剂	分散剂	发泡剂	抗静电剂	染色助剂	杀菌剂	其他
非离子表面活性剂	多元醇型	HO—(CH₂CH₂O)ᵦ—(CH₂CH₂O)ₐ—(CH₂CH₂O)꜀—H 丨CH₃	聚醚	√			√						低泡洗剂、粘胶原液添加剂
		C₁₁H₂₃COOCH₂ 丨CH—OH 丨CH₂—OH	月桂酸单甘油酯				√						纤维油剂、食品化妆品乳化剂
		C₁₇H₃₅COOCH₂ 丨CH—OH 丨CH₂—OH	硬脂酸单甘油酯	√			√						食品添加剂
		R—COO— 失水山梨醇	斯盘—20: 失水山梨醇月桂酸单酯				√		√				消泡剂
			斯盘—40: 失水山梨醇棕榈酸单酯				√						纤维油剂
			斯盘—60: 失水山梨醇硬脂酸单酯				√						
			斯盘—80: 失水山梨醇油酸单酯				√		√				消泡剂
			吐温—20: 斯盘20+环氧乙烷				√		√				纤维柔软剂
			吐温—40: 斯盘40+环氧乙烷				√		√				
			吐温—60: 斯盘60+环氧乙烷				√		√				
			吐温—80: 斯盘80+环氧乙烷				√		√				

（续）

分类		化学式	名称	洗涤剂	润湿渗透剂	乳化剂	分散剂	发泡剂	抗静电剂	染色助剂	杀菌剂	其他
非离子表面活性剂	多元醇型	$C_{12}H_{21}O_{10}COOR$	蔗糖脂肪酸酯	√		√						食品、医药添加剂
		$C_{11}H_{23}CON\begin{matrix}CH_2CH_2OH\\CH_2CH_2OH\end{matrix}$	1:1型月桂酰二乙醇胺	√								泡沫稳定剂、增黏剂
		$C_{11}H_{23}CON\begin{matrix}CH_2CH_2OH\\CH_2CH_2OH\end{matrix}$ $HN\begin{matrix}CH_2CH_2OH\\CH_2CH_2OH\end{matrix}$	1:2型月桂酰二乙醇胺	√								

二十三、不同温度时水的密度、黏度及空气界面上的表面张力

附表 3-28 不同温度时水的密度、黏度及空气界面上的表面张力

$t/℃$	$d/(g/cm^3)$	$\eta/(10^{-3}Pa\cdot s)$	$\gamma/(mN/m)$	$t/℃$	$d/(g/cm^3)$	$\eta/(10^3 Pa\cdot s)$	$\gamma/(mN/m)$
0	0.99987	1.787	75.64	21	0.99802	0.9779	72.59
5	0.99999	1.519	74.92	22	0.99780	0.9548	72.44
10	0.99973	1.307	74.22	23	0.99756	0.9325	72.28
11	0.99963	1.271	74.07	24	0.99732	0.9111	72.13
12	0.99952	1.235	73.93	25	0.99707	0.8904	71.97
13	0.99940	1.202	73.78	26	0.99681	0.8705	71.82
14	0.99927	1.169	73.64	27	0.99654	0.8513	71.66
15	0.99913	1.139	73.49	28	0.99626	0.8327	71.50
16	0.99897	1.109	73.34	29	0.99597	0.8148	71.35
17	0.99880	1.081	73.19	30	0.99567	0.7975	71.18
18	0.99862	1.053	73.05	40	0.99224	0.6529	69.56
19	0.99843	1.027	72.90	50	0.98807	0.5468	67.91
20	0.99823	1.002	72.75	90	0.96534	0.3147	60.75

240

参 考 文 献

[1] 宋小平,韩长日. 精细有机化工产品. 北京:中国石化出版社,2001.

[2] 张兆玉,李群. 新编化工产品配方工艺手册. 吉林:科学技术出版社,1997.

[3] 章思规. 精细有机化学品技术手册. 北京:科学出版社,1991.

[4] 魏文德. 有机化工原料大全. 北京:化学工业出版社,1994.

[5] 王道,孟声,凌爱连,等. 国外最新精细化工产品配方及工艺. 北京:科学技术出版社,1990.

[6] 朱洪法. 精细化工产品配方与制造. 第四版. 北京:金盾出版社,1998.

[7] 殷宗泰. 精细化工概论. 北京:化学工业出版社,1985.

[8] 吴绍祖,张玉兰. 实用精细化工. 兰州:兰州大学出版社,1993.

[9] 赵何为,朱承炎. 精细化工实验. 上海:华东化工学院出版社,1992.

[10] 周春隆. 精细化工实验法. 北京:中国石化出版社,1998.

[11] 张跃,王丽娟. 精细化学品精编. 北京:化学工业出版社,2003.

[12] 郑淳之. 精细化工产品分析方法手册. 北京:化学工业出版社,2002.

[13] 宋启煌. 精细化工工艺学. 北京:化学工业出版社,2004.

[14] 张友兰. 有机精细化学品合成及应用实验. 北京:化学工业出版社,2005.

[15] 刘程主. 表面活性剂应用手册. 北京:化学工业出版社,1992.

[16] 陈荣折. 表面活性剂化学与应用. 北京:纺织工业出版社,1990.

[17] 毛培坤. 表面活性剂产品工业分析. 北京:化学工业出版社,2003.

[18] 合成材料助剂手册编写组. 合成材料助剂手册. 北京:化学工业出版社,1985.

[19] 郑平. 煤炭腐植酸的生产和应用. 北京:化学工业出版社,1991.

[20] 黄茂福. 助剂品种手册. 北京:纺织工业出版社,1990.

[21] 张景河. 现代润滑油与燃料添加剂. 北京:中国生化出版社,1992.

[22] 冯亚青,王利军,陈立功,等. 助剂化学及工艺学. 北京:化学工业出版社,2001.

[23] 李子东. 实用粘接手册. 上海:上海科学技术文献出版社,1987.

[24] 杨玉宣,等. 合成胶粘剂. 北京:科学出版社,1985.

[25] 涂料工艺编委会. 涂料工艺. 第三版. 北京:化学工业出版社,2002.

[26] 沈春林. 涂料配方手册. 北京:中国石化出版社,2003.

[27] 化学工业部涂料技术培训班. 涂料工艺手册. 第七册、第八册. 北京:化学工业出版社,1985.

[28] 上海市化轻公司第二化工供应部. 化工产品应用手册合成材料助剂. 食品添加剂. 上海:上海科学技术出版社,1988.

[29] 刘程,周汝忠. 食品添加剂实用大全. 北京:北京工业大学出版社,1994.

[30] 宋小平,韩长日. 香料与食品添加剂制造技术. 北京:科学技术文献出版社,2000.

[31] 煌强,刘幼君. 香料产品开发与应用. 上海:上海科学技术出版社,1994.

[32] 刘树文. 合成香料技术手册. 北京:中国轻工业出版社,2000.

[33] 冯德基. 日用化工产品. 北京:化学工业出版社,1994.

[34] 宋小平,韩长日,仇厚援. 日用化工品制造技术. 北京:科学技术文献出版社,1998.

[35] 章永年. 液体洗涤剂. 北京:中国轻工业出版社,1993.

[36] 化妆品生产工艺编写组. 化妆品生产工艺. 北京:中国轻工业出版社,1989.

[37] 裘炳毅. 化妆品化学与工艺技术大全. 北京:中国轻工业出版社,1997.

[38] 周学良. 日用化学品. 北京:化学工业出版社,2003.

[39] 廖文胜. 液体洗涤剂——新原料·新配方. 北京:化学工业出版社,2001.

[40] 徐宝财,郑福平. 日用化学品与原材料分析手册. 北京:化学工业出版社,2002.

[41] 化学工业出版社组织. 日用化学品手册. 北京:化学工业出版社,1999.

[42] Corvari L,Mckee J R,Zanger M. The synthesis of 2′—bromostyrene. J. Chem. Edo. ,1991,88(2):161.

[43] 化学工业部染料工业科技情报中心站. 化工产品手册·染料. 北京:化学工业出版社,1985.

[44] 杨新玮,肖刚,何岩彬,等. 世界染料品种——2000 年. 沈阳:全国染料工业信息中心,2001.

[45] 范文琴,王炜. 基础化学实验. 北京:中国铁道出版社,2006.

[46] 周春隆,穆振义. 有机颜料——结构、特性及应用. 北京:化学工业出版社,2002.

[47] 高濂,郑珊,张青红. 纳米氧化钛光催化材料及应用. 北京:化学工业出版社,2002.

[48] Lepore G P,Persaud L,Langford C H. Supporting titanium dioxide photocatalysts on silica gel and hydrophobically modified silica gel. J. Photochem. Photobiol. A:Chem,1996,98:103.

[49] Qu P,Zhao J,Zang I,et al. Enhancement of the photoinduced electron tranter from cationic dyes to colloidal TiO_2 particles by addition of an anionic surfactant in acidic media. Colloids and Surfaces A:Ynysicocnemicai and Engineering Aspects,1998,138:39.

[50] 陈荣沂. 染料化学. 北京:纺织工业出版社,1992.

[51] 强亮生,王慎敏. 精细化工实验. 哈尔滨:哈尔滨工业大学出版社,1996.

[52] 姜麟忠. 催化氢化在有机合成中的应用. 北京:化学工业出版社,1987.